POLYHEDRA IN CHEMISTRY

化学中的多面体

周公度　著

北京大学出版社
PEKING UNIVERSITY PRESS

内 容 简 介

本书将化学中的结构化学和数学中的几何学结合在一起,用多面体几何学了解分子和晶体中原子排布的规律性和图像。以几何学中对多面体的分类为依据,由简到繁、由浅入深,由基础的内容到化学学科前沿的新进展,用作者提出的计算多面体骨架键价数的方法,分析原子间的成键情况,同时以数百幅精美的结构图形引导读者将二维结构扩展到三维空间,分析多面体结构中原子间所形成的化学键,探讨分子和晶体的结构、性质和应用的关系,提高认识水平。

本书可作学习无机化学和结构化学的参考书,也可供相关科研人员参考。

图书在版编目(CIP)数据

化学中的多面体/周公度著. —北京: 北京大学出版社,2009.6
ISBN 978-7-301-09214-9

Ⅰ.化… Ⅱ.周… Ⅲ.结构化学 Ⅳ.O641

中国版本图书馆 CIP 数据核字(2009)第 083207 号

书　　　名	化学中的多面体
著作责任者	周公度　著
责 任 编 辑	郑月娥
标 准 书 号	ISBN 978-7-301-09214-9
出 版 发 行	北京大学出版社
地　　　址	北京市海淀区成府路 205 号　　100871
网　　　址	http://www.pup.cn　　新浪微博:@北京大学出版社
电 子 信 箱	zye@pup.pku.edu.cn
电　　　话	邮购部 010-62752015　发行部 010-62750672　编辑部 010-62767347
印 刷 者	河北博文科技印务有限公司
经 销 者	新华书店
	787 毫米×1092 毫米　16 开本　14.75 印张　360 千字
	2009 年 6 月第 1 版　2024 年 12 月第 6 次印刷
定　　　价	38.00 元

前　言

我和多面体结缘已超过半个世纪。早在 20 世纪 50 年代中期,我曾参加制作教学和科研用的上百件晶体结构和分子结构的模型,糊制课堂展示用的晶体外形多面体,通过这些工作使我对多面体有了实际的认识。60 年代初,我依靠多面体的知识及晶体的空间对称性,利用非常有限的衍射数据,较完美地测定出 $Ag(Ag_6O_8)NO_3$ 的晶体结构,阐明它的化学性质和物理性质,大大地增加了我对多面体的兴趣。70 年代起,我主讲结构化学基础课时,较深入地探讨圆球密堆积中的配位多面体,探讨其中空隙多面体的分布和连接方式,阐述金属和离子化合物的结构和性质,获得较好的教学效果。80 年代,我利用文献中对各种多面体骨架的价电子数目、相关结构的理论解释,以及所积累的数据,提出计算多面体骨架键价数的公式,用于硼烷及金属原子簇化合物的键价和化学键,较好地阐明原子簇化合物的结构、性能和应用。80 年代后期以来的 20 年间,我应香港中文大学麦松威教授和李伟基教授的邀请,十多次访问香港,共同编写了《现代化学的晶体学》和《高等无机结构化学》。在这过程中,对各类化合物结构中存在的多面体及原子间化学键有了较系统的了解和归纳,我们还进一步探讨研究了各种原子簇化合物多面体骨架的空间结构、键价数、化学键和它们性质间的联系,并在国内外出版的书籍中加以介绍。在这期间,化学领域中出现的球碳及其化合物、合金、主族元素和过渡金属元素簇合物等多面体结构不断涌现,使我对结构化学和多面体几何学间的联系深感兴趣。我和多面体的缘份也进一步加深。

上述这些缘份,使我萌发了写作本书的意愿,将我长期以来所得的心得体会,加以归纳整理,为学习化学特别是结构化学写一本参考教材。希望它有助于读者在学习化学时将纸面上的二维结构知识,扩展到三维空间,加深对结构和性能的理解,也希望它在读者的科研工作中起到启迪思维作用,更深入有效地提高对所研究的化合物的结构、性能和应用之间关系的认识。

在本书出版之际,作者深切地感谢北京大学化学学院和香港中文大学化学系的同仁长期对我的关怀与帮助,使我能在这两块肥沃的宝地上耕耘写作。感谢中山大学施开良教授审阅本书书稿,并提供宝贵意见。感谢郑月娥同志细致的编辑加工。

在化学科学的汪洋大海中,本书的一孔之见,难免有所偏颇和差错,恳请读者不吝指正。

周公度

2009 年 3 月于北京大学中关园

书 评 摘 录

在作者 50 多年的教学和科研生涯中,常常与多面体打交道,所以作者在该书的前言中说:"我和多面体结缘已超过了半世纪。"在多面体领域作者辛勤耕耘、积累了 50 多年,以他深厚的专业底蕴撰写《化学中的多面体》,可谓水到渠成,收成正果。

该书的最大亮点是创新性。作者采用学科渗透、融合的思路,把化学中的结构化学与数学中的几何学结合在一起,以多面体几何学来了解分子和晶体中原子排布的规律性和图像,讨论分子和晶体的结构和性质。众所周知,多面体几何学是研究宏观世界空间形式的学科,作者将其引入由原子、分子组成的微观世界里,用于探索研究化学物质的微观结构,把宏观与微观有机地结合起来,促进人们提高对化学物质结构与性质的认识。这是一种新的尝试,能带给读者以极大的启示。

——施开良(中山大学化学与化工学院教授)

摘自:施开良.介绍一本好书——《化学中的多面体》[J].大学化学,2010,25(3):87~88

目　　录

I

第1章　绪　言

本书将化学中的结构化学和数学中的几何学结合在一起,用多面体几何学了解分子和晶体中原子排布的规律性和图像,讨论分子和晶体的结构和性质。

多面体是由点、线、面等几何元素构成的一种立体图像,它简洁多姿、引人入胜,点、线、面间的几何参数相互协调统一、奇巧和谐。多面体几何学是研究现实世界中空间形式的科学,是建筑设计、制造物件、探索创新等各行各业的数学基础之一。

在微观世界中,原子互相协调、对称和谐地排列出来的形象,蕴藏着丰富的科学内涵,等待人们去探索研究。结合多面体几何学,研究化学物质的微观结构,提高对物质的结构和性质的认识水平,对促进化学科学的发展将会起着重要的作用。

回顾历史,放眼世界。地球上最大的实心的多面体建筑是4800年前建造的胡夫金字塔,它位于埃及首都开罗市郊的吉萨。塔身由230多万块平均重约2.5吨的多面体形巨石砌成,每块巨石均经精工磨制,堆砌后缝隙严密连小刀也插不进去。胡夫金字塔为四方锥形,如图1.1.1(a)所示,塔高146.6 m,这是地球到太阳距离(即149 504 000 km)的十亿分之一。底面为正方形,各边长度相等,每条边长230.1 m,底面和锥面的夹角为51.87°。人们多么希望找到资料和信息,探索当年设计者为什么要建造这么巨大的多面体,研究它的设计和大小尺寸所蕴含着的内涵。

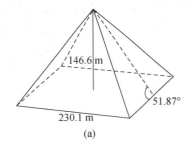　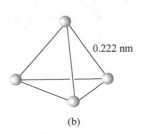

(a)　　　　　　　　　　　　(b)

图 1.1.1　最大的多面体和最小的多面体

(a) 最大的实心多面体建筑:胡夫金字塔,

(b) 最小的独立存在的多面体分子: P_4 四面体分子

学习化学,了解结构。化学家测得在室温下稳定存在的最小的多面体是 P_4 分子,它是由4个磷原子组成的正四面体,其形状如图1.1.1(b)所示。它的6条边长度相等,都是0.222 nm,1 nm(纳米)是1 m(米)长度的十亿分之一。从这个结构和数据,人们会联想出一系列问题:微小的分子为什么呈现多面体形状? 磷原子靠什么作用力相互结合成四面体? 为什么最小的多面体分子不是由同族的氮原子组成的 N_4 四面体分子? 在单质和化合物中,原子间究竟能形成什么样的多面体?

下面以近二十多年发现的两件事为例,说明在你身边常常就存在着一些重要的科学内容(包括和多面体有关的内容),等待人们去探索。

　　第一件事发生在 1992 年 6 月,地处浙江省龙游县小南海镇衢江边上的石岩背村,四位农民将他们祖祖辈辈居住村庄中的几口水塘的水抽干,发现在他们所居住村庄的地下,有七个巨大的人工开凿的石窟,它们是大小不同,但是形状相似,如图 1.1.2 所示的多面体形。这种形状像四方锥体从中切出四分之一。或者说将四个窟拼在一起,窟内空间形状像四方锥形的金字塔。其中最大的石窟底部面积达 2000 m²,和一个足球场的大小相近,窟底深达 20 余米,有六层楼房高,窟底水平地面和内壁垂直,窟顶和内壁呈 135°向洞口延伸。村民的发现,引起了轰动,经勘查,这七个石窟自成一体,互不相通,其平面分布,宛

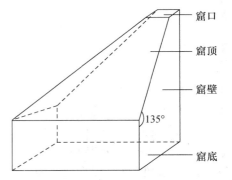

图 1.1.2　龙游石窟内部开凿出来的形状

如天上北斗七星的排列。在石岩背村附近的地下约有 50 个石窟,而距离该村不远沿衢江上下游又各有一批石窟群。

　　迄今还没有找到有关石窟的任何历史文字记载。它们的开凿年代,采用的多面体空间的内涵、目的和用途,开凿的方法等等,都是待解之谜。以已知最大的那个石窟来分析,试想窟内凿出岩石的体积达 2 万立方米,工程如此浩大,怎么完成? 石窟外部没有任何石屑堆积,去向何方? 为什么要凿成这种出入不便、容易积水的多面体形? 凿岩时在内壁形成的无数条痕均按同一弧度平行分布,间隔 2 cm,长短一致、深浅相同,靠什么机械去凿成? 石窟积水被抽干时,底部没有遗留灰炭、铁凿、锄锹残骸,没有陶瓷碗罐碎片,为何清理得如此干净? 因此也没有得到可以用来分析开凿年代和用途等的遗物和材料。

　　龙游石窟内部开凿时都留有擎柱支撑着洞顶,多则四根少则一根,粗细不一,都是三棱柱形。最粗的横截三角形面边长分别为 2.97 m, 2.74 m 和 1.55 m。这是面数最少的多面体擎柱,如图 1.1.3(a)所示。

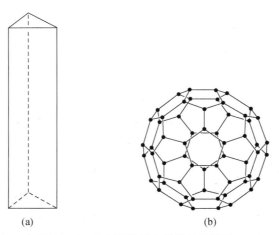

(a)　　　　　　　　　　(b)

图 1.1.3　(a) 面数最少的棱柱体擎柱,

(b) 面数很多的球碳分子的代表 C₆₀

　　第二件事发生在 1985 年,Kroto 和 Smalley 等发现了球碳 C_{60},它是一类纯粹由碳原子组成,面的数目很多的多面体形分子的代表。C_{60} 分子有 32 个面,C_{70} 分子有 37 个面。C_{60} 的多面

体分子形状示于图 1.1.3(b)。人们在生产和生活中长期和碳打交道,科学家关注于碳的研究已有几百年,化学家合成含碳的化合物超过一千多万种(至 1985 年)。就在这个人们所熟悉的领域,发现了碳的多面体形的单质和化合物分子。这一发现进一步把化学和多面体紧密地联系在一起,人们更加关注多面体和化学的关系。

随着化学的发展,许多多面体形状的分子不断涌现,除球碳单质及其化合物外,ⅢA 族元素硼、铝、镓、铟和铊的单质、裸原子簇、多面体形化合物,其他主族元素和过渡金属元素等组成的多面体形分子,各种离子的配位多面体等,它们的结构越来越吸引着化学家们的注意,成为化学的一个热点。

现实的许多物质常呈现多面体的外形,例如合成生产得到的金刚石、蔗糖和氯化钠等物质常常是一粒一粒具有多面体外形的晶体,它们的大小和形状虽不完全相同,但可以看出它们有一定的共性,这些成为鉴别和使用它们的重要依据。晶体内部的结构从多面体几何学出发常能得到更深刻、生动的图像,更精确的结构数据和深入探讨的途径。

面对多面体,化学家们常常会思考和启发出各种各样的问题,例如:

自己所研究的结构属于什么样的多面体? 它的几何特征怎样理解和表达?

构成多面体的面、棱边和顶点的几何图像,体现出自然的和谐之美,这和原子之间的相互作用以及它们之间的化学键有什么联系?

多面体之间可以互相转变,怎样从原子、分子的结构深入理解它们和多面体的关系?

在三维多面体分子中,原子间形成什么样的化学键? 是否近邻原子间的连线都可以代表共价键? 如果价电子数不足以使全部连线都形成正常的二中心二电子共价键,它们会形成什么样的键?

多面体中原子间是什么样的化学键使它们结合成多面体分子? 在三维空间中这些化学键怎样表达?

多面体的结构和性质怎样关联? 怎样利用这种结构和性质的关系开发出它们的应用?

多面体间怎样相互连接? 相互连接后又产生了什么样的新多面体结构,这种结构又有什么样的性质和应用?

上述所列问题仅仅是多面体几何学和化学结构相关的内容的一小部分,是引导读者在学习和工作时进行思考的问题。下面以作者学习时的一点体会为例,讨论几何学与化学的关系,以供参考(详细内容参看 4.2 节)。

对于多面体原子簇(M_n)中原子间形成什么样的化学键问题,作者试着按价键理论方法,根据 M_n 的几何构型,按下面步骤指认它们的化学键:

(1) 计算 M_n 已有的价电子数(g)。

(2) 计算 M_n 的键价数(b)。

(3) 当键价数 b 值等于多面体的棱边数,可以认为每条棱边为 2c-2e M—M 键。

(4) 当键价数 b 值大于或小于棱边数,则可结合实际测定的 M_n 的几何构型,认为棱边上两个原子间形成多重键或分数键,或者是在多面体的三角形面形成 3c-2e MMM 键,写出它们的价键结构式,作为一种共振杂化体的表示式。实际的结构介于多种共振杂化体之间。

在指认多面体原子间的化学键时,要注意:

(1) 3c-2e 键和 2c-2e 键的总数应等于或少于 M_n 内部原子的价电子对数目;

(2) 形成 3c-2e 键的三角形面的边,不和 2c-2e 键重合;

（3）在有等同键价数的多种成键方式中，2c-2e 键数目较多的成键方式较稳定。

表达多面体原子簇中原子间的化学键，本书以虚线围成的三边形阴影面表示 3c-2e 键，原子间的实线段表示 2c-2e 键。

本书的写作是向化学同仁介绍有关多面体的基本知识，以及作者在解决与多面体有关的化学结构和性质时所得的一些体会和心得。写作的目标，首先是提供一些参考材料，通过对三维多面体的了解达到扩展知识，增加启迪思考问题的途径。其次是提供一本学习无机化学和结构化学的参考书，深入多面体中原子间的几何关系，探讨它的化学键类型，以及描述和表达分子中原子间的结构，扩展结构、性能和应用的内容。再次是为学习化学的学生开设一门"化学中的多面体"课程提供教材。作者抛砖引玉，期待和盼望下一步能与从事化学多媒体工作的同志们一起，编写出可以拼接转动、剖析结构、色彩鲜艳、形象生动、易懂易学的一本电子教材。

第 2 章　多面体几何学

2.1　多面体概述

多面体(polyhedron)是由多个多边形平面围成的封闭的空间体系。多面体分为凸多面体(convex polyhedra)和凹多面体(concave polyhedra)两大类。在凸多面体中,汇聚在每个顶点的多边形面角度的总和小于 $360°$,本书主要讨论这类凸多面体。多面体的形状变化无穷,其中正多面体和半正多面体各自都有着明确的几何特征,它们和化学的关系最为密切。

组成多面体的几何要素是多边形面、面相交的棱边以及几个面汇聚在一起的顶点。在凸多面体中,面的数目(f)、顶点数目(v)和棱边数目(e)符合下面的公式:

$$f + v = e + 2 \qquad (2.1.1)$$

这公式称为欧拉(Euler)公式。

多边形面(polygon)是由多条直线(即棱边)和多个顶点组成的封闭形平面,是构成多面体的基本要素。本章 2.2 节将首先讨论多边形面。

在多面体中,正多面体(regular polyhedra)最为重要。正多面体是指只由一种正多边形面组成的凸多面体,在每种正多面体的全部顶点上,多边形面的汇聚连接情况完全相同,它的双面角(即在多面体内部测量相邻两个面间的夹角,又称二面角)小于 $180°$,都为一个定值。正多面体只有 5 种。正多面体又称为柏拉图多面体(Platonic polyhedra)。本章 2.3 节将对 5 种正多面体予以详细介绍。

半正多面体(semi-regular polyhedra)是指由一种或多种边长相同的正多边形面组成,而又不属于正多面体的凸多面体。半正多面体可分两类:一类是每一种半正多面体都是由两种或三种正多边形面组成,在各个顶点上正多边形面汇聚在一起,面的数目和连接情况完全相同,本书将它们记为半正多面体(Ⅰ),属于这类的有 13 种阿基米德多面体(Archimedean polyhedra)以及数目无限的棱柱体(prism)和反棱柱体(antiprism)。这类半正多面体将在 2.4 节中介绍。另一类是由一种或多种正多边形面组成,但在各个顶点上正多边形面汇聚连接情况不是完全相同的多面体,本书将它们记为半正多面体(Ⅱ),已知这类半正多面体共有 92 种,它们将在 2.5 节中讨论。

除上述正多面体和半正多面体外,其他数目无限而且实际工作中经常出现的多面体都统称为不规整多面体(non-regular polyhedra)。它们的形式多样、内容丰富。本书结合化学结构的要求,从三个方面加以讨论。

第一,卡塔蓝多面体(Catalan polyhedra)。

由于在各个半正多面体(Ⅰ)中全部的顶点上,面的连接情况完全相同,因而它们的每一种对偶多面体(dual polyhedra,或称共轭多面体)是由一种类型的多边形面组成,这种面不是正多边形面,所得的多面体不属于半正多面体。其中 13 种阿基米德多面体对应的 13 种对偶多面体,首先由卡塔蓝完整地描述,通常称它们为卡塔蓝多面体。

第二,加帽、切角等衍生的多面体。

以正多面体和半正多面体为基础,对它们进行加帽、切角、对接等方法衍生出各种各样的多面体,用它们描述实际的结构情况。

第三,变形多面体。

根据化学结构的实际情况,将和它相近的一种多面体为基础进行一些操作,例如将这种多面体沿某个方向进行拉伸、压缩或旋转,使它变形,成为适合于实际结构的变形多面体。

2.2　多 边 形 面

2.2.1　正多边形面的几何学

了解多面体几何学的第一步要先了解围成多面体的各个多边形面的性质。多边形面有两种:(a) 凸多边形面(convex polygon),它是指在多条边围成的面内,每个顶点上两条边间的夹角 α 都小于 π,如图 2.2.1(a)所示。本节主要讨论组成凸多面体中的凸多边形面。(b) 凹多边形面(concave polygon),它是指多边形面内,至少有一个顶点上两条边间的夹角 α 大于 π,如图 2.2.1(b)所示。

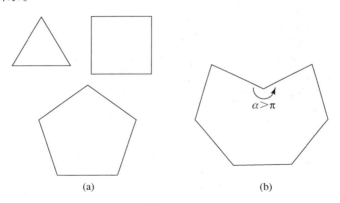

图 2.2.1　(a) 凸多边形面和(b)凹多边形面

当一个多边形面中每个顶点的角度都相同时,称为等角多边形面(equiangular polygon);若一个多边形面每条边等长,称等边多边形面(equilateral polygon);一个等角又等边的多边形面称为正多边形面(regular polygon)。正多边形面的几何参数列于表 2.2.1 中。表中以 $[n]$ 作为正 n 边形面的记号。表中列出部分计算公式,便于读者了解这些数值是怎样得到的。表中所列数值都是以边长 l 作为 1 单位长度所得的数值。

图 2.2.2 示出 $n=3,4,5,6,7,8,10,12$ 等边长相同的正多边形面的形状。多边形面中顶角(α)、中心角(β)、内接圆半径(R_i)和外接圆半径(R_c)等所代表的意义,则以正五边形面为例,示出于图 2.2.3 中。在图 2.2.3 中左边列出计算 R_i,R_c 和面积的计算公式。这些公式都是以 $l=1$ 进行计算的。

表 2.2.1 正多边形面的几何参数

多边形面	顶角 α	中心角 β	内接圆半径 R_i/l	外接圆半径 R_c/l	面积 A/l^2
[3]	$\frac{\pi}{3}=60°$	$\frac{2\pi}{3}=120°$	$\sqrt{3}/6=0.2887$	$\sqrt{3}/3=0.5774$	$\sqrt{3}/4=0.4330$
[4]	$\frac{2\pi}{4}=90°$	$\frac{\pi}{2}=90°$	$\frac{1}{2}$	$\sqrt{2}/2=0.7071$	1
[5]	$\frac{3\pi}{5}=108°$	$\frac{2\pi}{5}=72°$	$0.5/\tan(72°/2)=0.6882$	$(50+10\sqrt{5})^{1/2}/10=0.8507$	$5\times0.6882/2=1.7205$
[6]	$\frac{4\pi}{6}=120°$	$\frac{\pi}{3}=60°$	$\sqrt{3}/2=0.8660$	1	$3\sqrt{3}/2=2.5981$
[7]	$\frac{5\pi}{7}=128.57°$	$\frac{2\pi}{7}=51.43°$	$0.5/\tan(\pi/7)=1.0383$	$0.5/\sin(\pi/7)=1.1524$	$7\times1.0383/2=3.6341$
[8]	$\frac{6\pi}{8}=135°$	$\frac{\pi}{4}=45°$	$(1+\sqrt{2})/2=1.2701$	$(4+2\sqrt{2})^{1/2}/2=1.3065$	$2\sqrt{2}+1=4.8284$
[10]	$\frac{8\pi}{10}=144°$	$\frac{\pi}{5}=36°$	$(5+2\sqrt{5})^{1/2}/2=1.5388$	$(1+\sqrt{5})/2=1.6180$	$5(5+2\sqrt{5})^{1/2}/2=7.6942$
[12]	$\frac{10\pi}{12}=150°$	$\frac{\pi}{6}=30°$	$(\sqrt{3}+2)/2=1.8660$	$(2+\sqrt{3})^{1/2}/2=1.9319$	$3\sqrt{3}+6=11.1961$

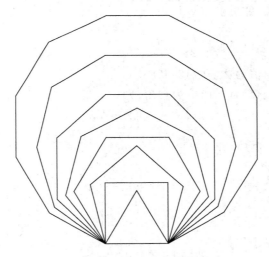

图 2.2.2 [n]正多边形面的形状

$$\tan\left(\frac{\beta}{2}\right)=\frac{0.5}{R_i}, \quad R_i=0.5/\tan(\beta/2)$$

$$\sin\left(\frac{\beta}{2}\right)=\frac{0.5}{R_c}, \quad R_c=0.5/\sin(\beta/2)$$

面积 $A=n(0.5R_i)$

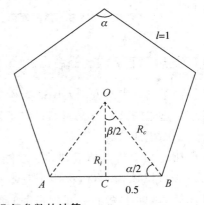

图 2.2.3 正五边形面记号及几何参数的计算

2.2.2 多面体的面角

可以证明,由 v 个顶点组成的多面体,面角的总和值为

$$v \times 360° - 720°$$

下面举例说明:

例1 四面体[见图 2.2.4(a)]

面角的总和值 $= 4 \times 360° - 720° = 720°$

围绕每个顶点的面角值为 $720°/4 = 180°$

每个顶点由 3 个面汇聚而成,每个角为 $180°/3 = 60°$

例2 立方体[见图 2.2.4(b)]

顶点数 $v = 8$

面角总和值 $= 8 \times 360° - 720° = 2160°$

围绕每个顶点的面角值为 $2160°/8 = 270°$

每个顶点由 3 个面汇聚而成,每个角为 $270°/3 = 90°$

例3 五角棱柱体[见图 2.2.4(c)]

顶点数 $v = 10$

面角总和值 $= 10 \times 360° - 720° = 2880°$

围绕每个顶点的面角值为 $2880°/10 = 288°$

每个顶点由 3 个面汇聚而成,两个为直角,另一个角度值为

$$288° - 180° = 108°$$

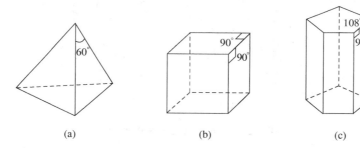

(a)   (b)   (c)

图 2.2.4 多面体的面角:(a) 四面体,(b) 立方体,(c) 五角棱柱体

2.2.3 五边形面和五行说

五行说是指:我国古代人民认为构成宇宙的五种基本元素是金、木、水、火、土,将它们称为"五行"。这里"行"的含义是"行为"、"性能",五行即五种不同性能的物质,它们相克相生,相互结合起来而生成万物。

五行相克相生的具体规律是:水能灭火,故谓之水克火;火能熔化金属,即火克金;金属做成的刀斧可以砍伐木材,称为金克木;木材制成农具,可用来耕地翻土,即木克土;土筑堤垒坡可以挡水,即土克水。五行相生的次序为:木生火(木燃烧生火),火生土(火燃烧后的

遗烬为土),土生金(土即矿石,它经过冶炼而得金属),金生水(金属能凝聚水汽而成水),水生木(用水灌溉,树木生长)。

将五行按图 2.2.5 所示的木、火、土、金、水的次序排在五边形面的五个顶角上,相邻的实线箭头(→)的次序是相生,隔一个的虚线箭头(--→)的次序是相克。次序井然,终而复始。五行说是按朴素的辩证唯物主义的观点,将物质相互转化演变的物理化学性质用生动优美的多边形面的几何图形加以归纳总结而得。

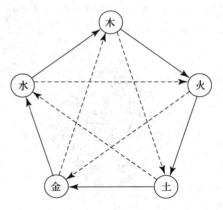

图 2.2.5 五行说的相克相生规律

2.3 正多面体

2.3.1 正多面体概念

多面体是由若干个多边形面围成的一个封闭空间体系。在多面体中每一条边都为两个面所公用,这两个面的夹角称为双面角(又称二面角)。

正多面体(regular polyhedron)满足下列条件:

(1) 所有多边形面都是凸多边形面;

(2) 所有多边形面都是正多边形面,即等角而又等边的凸多边形面;

(3) 在一个多面体中,所有多边形面大小尺度都是全等的;

(4) 在一个多面体中,所有的顶点是相同的,都处在同一个圆球面上;

(5) 所有的双面角都是相等的。

正多面体只有五种,它们是四面体(3^4,tetrahedron)、立方体(4^6,cube)、八面体(3^8,octa-hedron)、五角十二面体(5^{12},dodecahedron)和三角二十面体(3^{20},icosahedron)。

人们对正多面体的认识已有很久的历史。古希腊哲学家认为宇宙中存在四种元素,即火、气、水、土,它们是万物之基,一切物体都含有这四种元素,只是份量各不相同。柏拉图(Plato,公元前 428—348 年)认为,这些元素经由神圣意念的设计,使其具有各自特定的、由平面组成的几何形状。土的各个平面呈方形,构成立方体。所以土和岩石具有质密、坚实稳固的特性。其他三种元素分别由三角形面组成的四面体、八面体和二十面体表示。鉴于火是穿透力最强的元素,具有最尖锐的顶角,即四面体;气成八面体,穿透力也较强;水是二十面体,接近球形,有润滑性。这四种基是构成世界上一切物体的实体元素。

柏拉图的上述思想为亚里士多德(Aristotle,公元前 384—322 年)所继承和发扬。他认为还应加上第五种元素,即以太,以五角十二面体表示。以太不是实体元素,但它作完美形式的循环运动,宇宙天体是由以太构成的。

开普勒(J. Kepler,1571—1630 年)在五种多面体上作图,以表明每种元素的特性,表达当时人们对四种元素和宇宙的理解,如图 2.3.1 所示。例如立方体代表土,他就画了在土地上生长的大树、修整土地用的工具以及在土中生长的胡萝卜。所以后人将五种正多面体称为柏拉图多面体（Platonic polyhedra）。

气　　　　火

以太

水　　　　土

图 2.3.1　正多面体和柏拉图的自然哲学

2.3.2　正多面体的几何参数和对称性

表 2.3.1 列出五种正多面体的几何参数和对称性。五种正多面体都有着非常高的对称性，它们的一个重要特征是不存在旋转对称轴的单轴，而是每一个对称轴都和其他几个等同的对称轴通过对称性联系起来。四面体属 T_d 点群，它没有对称中心，只有四重反轴（$\overline{4}$）和 3-重轴。立方体和八面体属 O_h 点群，它们有 2-,3-,4-重轴的对称性。五角十二面体和三角二十面体属 I_h 点群，它们有 2-,3-,5-重轴的对称性。图 2.3.2 示出五种正多面体的形状以及它具有的对称轴，每种对称轴只画一个，示出它在多面体中的排布，另外还画出该多面体沿每种对称轴的投影图。

表 2.3.1 五种正多面体的几何参数和对称性

多面体	四面体	立方体	八面体	五角十二面体	三角二十面体
面的边数	3	4	3	5	3
面数	4	6	8	12	20
顶点数	4	8	6	20	12
会聚顶点的面数	3	3	4	3	5
边的数目	6	12	12	30	30
点群	T_d	O_h	O_h	I_h	I_h
对称轴及其（数目）	$\overline{4}(3)$	2(6)	2(6)	2(15)	2(15)
	3(4)	3(4)	3(4)	3(10)	3(10)
		4(3)	4(3)	5(6)	5(6)

（a）四面体，T_d

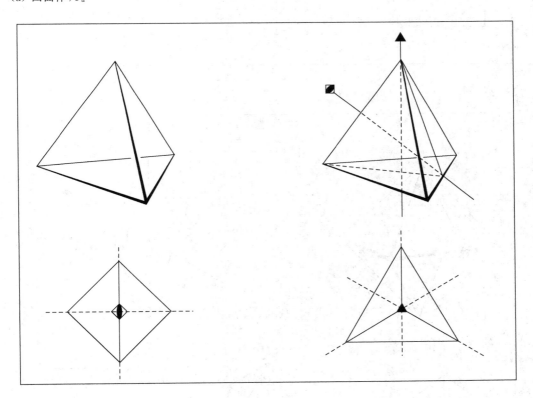

（b）立方体，O_h

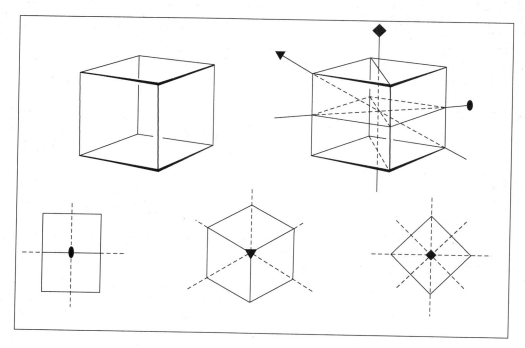

（c）八面体，O_h

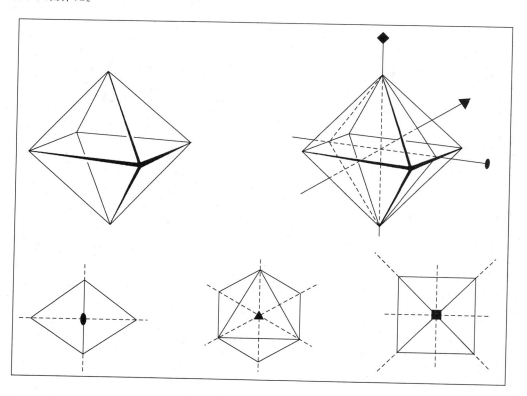

（d）五角十二面体，I_h

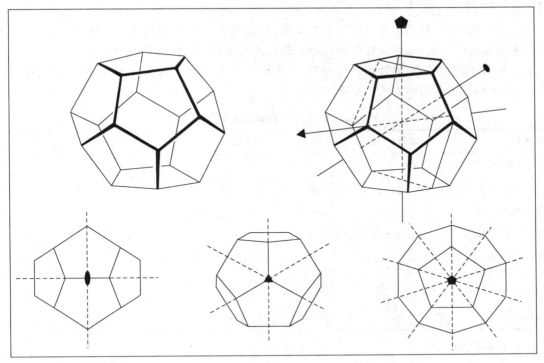

（e）三角二十面体，I_h

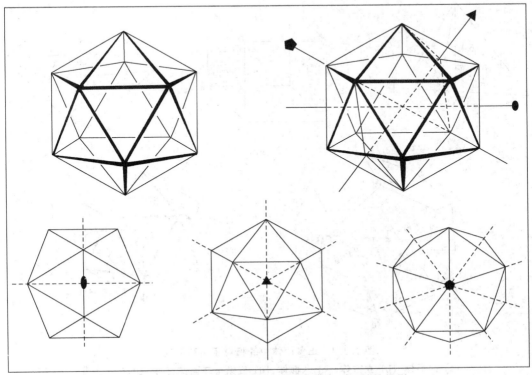

图 2.3.2　正多面体的形状、对称轴及沿对称轴的投影

13

2.3.3　正多面体的几何尺度

对化学家而言,利用多面体探讨化学问题,形象地了解分子和晶体的结构,应熟识多面体几何学及其大小尺度,即多面体中各个特定位置间的距离、夹角、面积和体积等数据。表2.3.2列出正多面体的大小尺度数据。这些数据都是以每条边的长度都取值为 1 单位而得。图2.3.3示出每种正多面体中的相对距离和角度。

表 2.3.2　正多面体的大小尺度 *

多面体	四面体	立方体	八面体	五角十二面体	三角二十面体
边长/单位长度	1	1	1	1	1
中心到顶点距离	$\sqrt{6}/4=0.6124$	$\sqrt{3}/2=0.8660$	$\sqrt{2}/2=0.7071$	$\tau\sqrt{3}/2=1.4013$	$5^{1/4}\sqrt{\tau}/2=0.9511$
中心到面心距离	$\sqrt{6}/12=0.2041$	$1/2$	$\sqrt{6}/6=0.4083$	$(\tau^5/4\sqrt{5})^{1/2}=1.1135$	$\tau^2/2\sqrt{3}=0.7558$
中心到棱心距离	$\sqrt{2}/4=0.3536$	$\sqrt{2}/2=0.7071$	$1/2$	$\tau^2/2=1.3090$	$\tau/2=0.8090$
中心对边的两端的夹角	109.47°	70.53°	90°	41.47°	63.43°
双面角	72.53°	90°	109.47°	138.18°	116.57°
体积	$\sqrt{3}/6=0.2887$	1	$\sqrt{2}/3=0.4714$	$(15+7\sqrt{5})/4=7.6632$	$5\tau^2/6=2.1817$

* $\tau=(1+\sqrt{5})/2=1.61803$

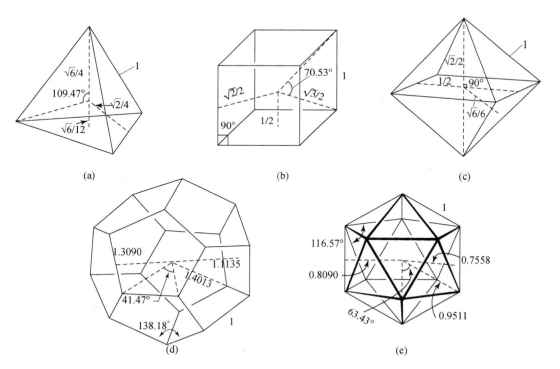

图 2.3.3　正多面体中的相对距离和角度

(a) 四面体,(b) 立方体,(c) 八面体,(d) 五角十二面体,(e) 三角二十面体

2.3.4 正多面体间的对偶关系

当两个正多面体有着相同的棱边数目,而一个正多面体的顶点数等于另一个正多面体的面数,这时将一个多面体的面的中心点作为另一个多面体的顶点,将相邻顶点相互连接形成新的多面体,这两个多面体具有相互对偶性(duality),它们形成对偶多面体(dual polyhedra),这两个对偶多面体有着相同的对称性。选择合适的大小,使它们的顶点处在同一个球面上,而且一个多面体的棱边和对偶多面体的棱边互相垂直,每个多面体的顶点准确地处于另一个多面体面中心点的外侧。立方体和正八面体都有 12 条棱边,其中一个的面数等于另一个的顶点数,它们相互对偶。正三角二十面体和正五角十二面体都有 30 条边,其中一个的面数等于另一个的顶点数,它们形成对偶多面体。正四面体和另一个正四面体对偶,两个对偶的正四面体,其面数、顶点数和棱边数均相同,两个大小相同的对偶正四面体,其 8 个顶点形成正立方体的 8 个顶点。图 2.3.4 示出正多面体的对偶关系。

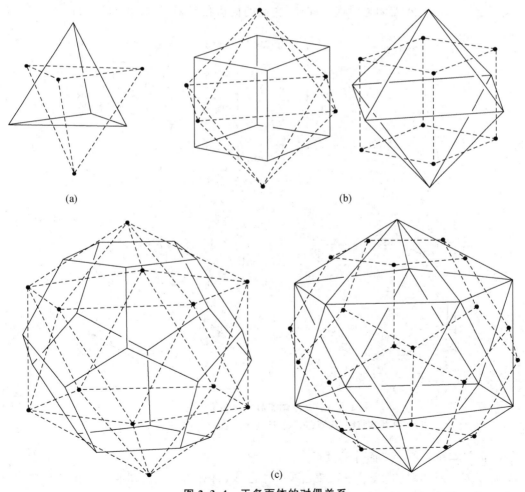

(a)　　　　　　　　　　(b)

(c)

图 2.3.4　正多面体的对偶关系

(a) 正四面体,(b) 立方体和正八面体,(c) 正十二面体和正二十面体

2.3.5　正多面体相互间的关系

正多面体的对称性较高,相互之间有着密切的联系。上小节中讨论的对偶关系就是其中的一种。下面再以立方体和五角十二面体为例,表达多面体间的相互关系,帮助更深入地理解这些正多面体的几何特征和它们的对称性特点。

1. 立方体和其他正多面体

在正多面体中,立方体展现的方方正正的几何外形,在日常生活中接触最多,最易理解,是人们最熟识的一种正多面体。下面讨论立方体和其他四种正多面体间的关系。

（1）立方体和四面体的关系

间隔地取立方体的 4 个顶点作为四面体的顶点,相互连线,即得正四面体。立方体的 4 条体对角线分别通过四面体的 4 条三重对称轴,如图 2.3.5(a) 所示。

（2）立方体和八面体的关系

取立方体 6 个面的中心点作为八面体的顶点,相互连线,即得正八面体,如图 2.3.5(b) 所示。实际上立方体和八面体是对偶多面体,它们的棱边数目相同,对称性也相同。

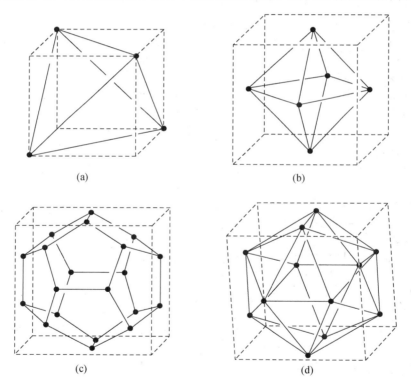

图 2.3.5　立方体和其他正多面体的关系
(a) 四面体,(b) 八面体,(c) 五角十二面体,(d) 三角二十面体

（3）立方体和五角十二面体的关系

在立方体三对相对的面上,平行棱边画一中心线,将五角十二面体的 3 对互相垂直又相对的两条边安放在此中心线上,如图 2.3.5(c) 所示。这时,立方体的 4 条体对角线分别穿过 4 对不处在立方体面上的五角十二面体的顶点。

（4）立方体和三角二十面体的关系

仿照五角十二面体,在立方体的 3 对相对的面中心线上安放三角二十面体的 3 对相对的边,这时这 3 对边互相垂直,并分别和立方体的边平行。立方体的 4 条体对角线分别穿过三角二十面体的 4 对相互平行的三角形面的中心,如图 2.3.5(d)所示。

2. 五角十二面体和其他正多面体的关系

（1）五角十二面体和四面体

图 2.3.6(a)示出五角十二面体和四面体之间的关系。由图可见,任取五角十二面体的一个顶点作为四面体的顶点,沿五角十二面体中 3 条棱边相隔两个顶点的第三个顶点作为其他 3 个四面体的顶点,即可连线描出四面体,从中可以看出四面体的 4 条三重对称轴和五角十二面体的三重对称轴是一致的。

（2）五角十二面体和立方体

图 2.3.6(b)示出的图形显示立方体是处在五角十二面体的内部,共用五角十二面体的一些顶点,是内接立方体,它比图 2.3.5(c)中的外接立方体要小,但是这两个立方体的取向是一致的。如果在一个图上画出这两个大小不同的立方体,就可看到它们有着相同的体对角线。

（3）五角十二面体和八面体

取五角十二面体 3 对相互垂直的棱边,以它们的中心点作为八面体的顶点,相互连线,即得八面体,如图 2.3.6(c)。

（4）五角十二面体和三角二十面体

这是一对对偶多面体,它们有着相同数目的棱边、相同的对称性。以五角十二面体的每个面的中心点作为三角二十面体的顶点,作图连线,即成三角二十面体,如图 2.3.4(c)所示。

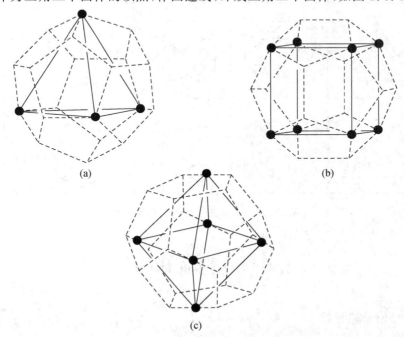

(a)   (b)

(c)

图 2.3.6 五角十二面体和其他正多面体的关系
(a) 四面体,(b) 立方体,(c) 八面体

在上述基础上,将正多面体之间的全部关系图形示于图 2.3.7 中。图中给出每种多面体内部所能安放其他 4 种多面体的图形,示于由上而下各列图形之中,称为内部图形。而每种多面体外部所连接的其他 4 种多面体的图形,示于由左到右各行图形之中,称为外部图形。

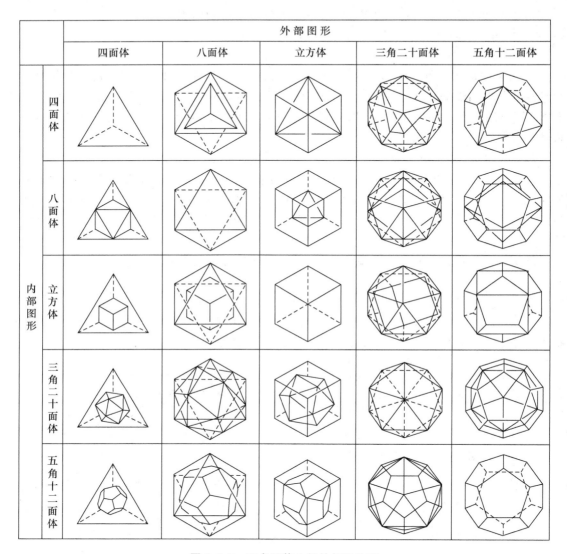

图 2.3.7　正多面体之间的相互关系

2.4　半正多面体(Ⅰ)

2.4.1　阿基米德多面体

阿基米德多面体(Archimedean polyhedra)是由两种或三种正多边形面组成的半正多面体,它共有 13 种。图 2.4.1 示出这些多面体的图形。每一种阿基米德多面体都具有下列特点:

（1）边长相等。在每一种多面体中各种正多边形面的边长都相等。

（2）顶点连接情况相同。在每一种多面体中,不论每个顶点是由3个、4个或5个面连接汇聚而成,其顶点的连接情况都相同。

（3）中心到各个顶点的距离(r_v)相同。当多面体的中心是外接球的中心,各个顶点同处在外接球的圆球面上。

（4）中心到各条边中心的距离(r_e)相同。当多面体的中心是内接球的中心,各条边的中心点都处在内接球的圆球面上。

（5）各相邻顶点的夹角相同。从多面体中心到各条边的两端点(即顶点)的夹角(β)相同。

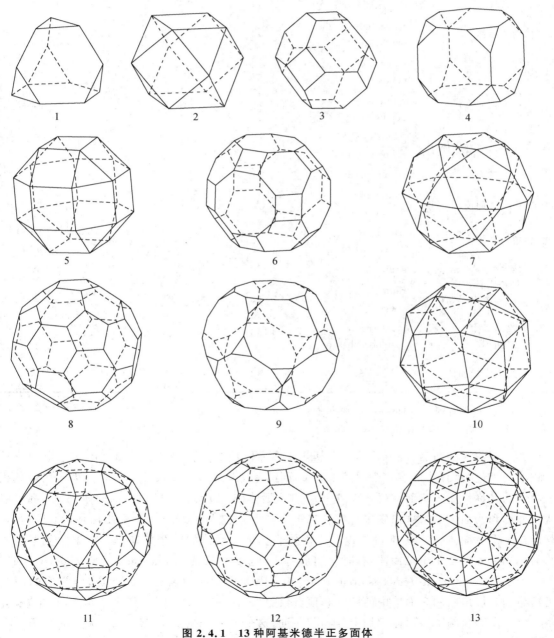

图 2.4.1　13种阿基米德半正多面体

表 2.4.1 和 2.4.2 分别列出 13 种阿基米德多面体的名称、几何参数和它们的相对大小尺度。在这两个表中,多面体排列的次序是按面的数目由少增多、面数相同时则以面的边数由少增多次序排列。

表 2.4.1　阿基米德半正多面体的特征参数

中文名称	英文名称	面数	面的组成	顶点数	边数
1. 切角四面体	truncated tetrahedron	8	$6^4 3^4$	12	18
2. 立方八面体	cuboctahedron	14	$4^6 3^8$	12	24
3. 切角八面体	truncated octahedron	14	$6^8 4^6$	24	36
4. 切角立方体	truncated cube	14	$8^6 3^8$	24	36
5. 菱形立方八面体	rhombicub- octahedron	26	$4^{18} 3^8$	24	48
6. 大菱形立方八面体*	greatrhombi- cuboctahedron	26	$8^6 6^8 4^{12}$	48	72
7. 二十二面体	icosidodecahedron	32	$5^{12} 3^{20}$	30	60
8. 切角二十面体	truncated icosahedron	32	$6^{20} 5^{12}$	60	90
9. 切角十二面体	truncated dodecahedron	32	$10^{12} 3^{20}$	60	90
10. 斜连立方体	snubcube	38	$4^6 3^{32}$	24	60
11. 菱形二十二面体	rhombicosi- dodecahedron	62	$5^{12} 4^{30} 3^{20}$	60	120
12. 大菱形二十 十二面体**	great rhombi- cosidodecahedron	62	$10^{12} 6^{20} 4^{30}$	120	180
13. 斜连正十二面体	snubdode- cahedron	92	$5^{12} 3^{80}$	60	150

　*　又称为切角立方八面体(truncated cuboctahedron)

　**　又称为切角二十二面体(truncated icosidodecahedron)

表中多面体的命名方法如下:5 个切角正多面体按对称性要求及新出现的多边形面边长一致的要求进行切角,形成 5 个阿基米德多面体(表 2.4.1 的 1,3,4,8,9 号多面体),用切角正多面体的名称。立方八面体(2 号)、菱形立方八面体(5 号)和大菱形立方八面体(6 号)都可以从立方体和八面体的组合出发来理解。二十二面体(7 号)、菱形二十二面体(11 号)和大菱形二十二面体(12 号)都可从正二十面体和正十二面体的组合来理解。对于大菱形立方八面体和大菱形二十二面体,有时分别采用切角立方八面体(truncated cuboctahedron)和切角二十二面体(truncated icosidodecahedron),因为后者的命名有它的优点,因它们的面数正好等于未切角前的多面体中的面数和顶点数的总和,按对称性要求,切去一顶点(顶角)就会多一个面。剩余两个多面体都加上"snub"一词,这个词来自拉丁文,意思是"扁平的鼻子",有的数学书中将它译为"扁鼻"，即将 10 号 snubcube 译为扁鼻立方体，13 号 snubdodecahedron 译为扁鼻正十二面体。

表 2.4.2　阿基米德半正多面体的相对大小参数[*]

多面体	中心到顶点距离（r_v）	中心到边中心距离（r_e）	中心到面中心距离（r_f）	双面角	体积（V）
1. 切角四面体	1.1726	1.0607	1.0207(3) 0.6124(6)	70.53°(6/6) 109.47°(6/3)	2.7102
2. 立方八面体	1	0.8660	0.8165(3) 0.7071(4)	125.27°	2.3570
3. 切角八面体	1.5811	1.5000	1.4142(4) 1.2247(6)	125.27°(6/4) 109.47°(6/6)	11.3137
4. 切角立方体	1.7787	1.7071	1.6825(3) 1.2071(8)	90°(8/8) 125.27°(8/3)	13.5988
5. 菱形立方八面体	1.3989	1.3065	1.2743(3) 1.2071(4)	135°(4/4) 144.73°(4/3)	8.7133
6. 大菱形立方八面体	2.3176	2.2630	2.2071(4) 2.0908(6) 1.9142(8)	125.27°(8/6) 144.73°(6/4) 135°(8/4)	41.7942
7. 二十二面体	1.6180	1.5389	1.5083(3) 1.3764(5)	142.62°	13.8237
8. 切角二十面体	2.4782	2.4272	2.3276(5) 2.2672(6)	138.18°(6/6) 142.62°(6/5)	55.2870
9. 切角十二面体	2.9698	2.9274	2.9132(3) 2.4904(10)	116.57°(10/10) 142.62°(10/3)	85.0542
10. 斜连立方体	1.3436	1.2472	1.2132(3) 1.1425(4)	142.98°(4/3) 153.23°(3/3)	7.8885
11. 菱形二十十二面体	2.2331	2.1763	2.1572(3) 2.1182(4) 2.0647(5)	148.28°(5/4) 159.10°(4/3)	41.6144
12. 大菱形二十十二面体	3.8021	3.7693	3.7358(4) 3.6683(6) 3.4407(10)	148.28°(10/4) 142.62°(10/6) 159.10°(6/4)	206.7839
13. 斜连正十二面体	2.1556	2.0969	2.0768(3) 1.9806(5)	152.93°(5/3) 164.18°(3/3)	37.6072

　　[*] 表中数值的大小是以边长为 1 算出。r_v 代表从多面体中心到各个顶点的距离。r_e 代表从多面体中心到各条边中心点的距离。r_f 代表从多面体中心到各个多边形面中心的距离，括号中的数字代表面的边数。双面角中括号内的两个数字表示两个面的边数。

　　本书将英文名词"snub"译为"斜连"，这是考虑将原来相连接的四边形面或五边形面，用共边连接的两个等边三角形面斜着插入隔开连接而成，如图 2.4.2 所示。

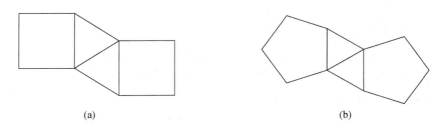

(a)　　　　　　　　　　　　　(b)

图 2.4.2　两种"斜连"(snub)的连接形式

2.4.2　棱柱体和反棱柱体

　　若组成棱柱体和反棱柱体的每个面都是正多边形面,则它们都属于半正多面体或正多面体。棱柱体是指由平行的上下两个相同的正多边形面通过正四边形柱体面连接而成。图 2.4.3 示出三方、四方、五方、六方和八方棱柱体,在其中四方棱柱体为正立方体。理论上棱柱体的数目是无限的,但在化学中主要是指图 2.4.3 中的 4 种(除去正立方体)。在后面各章中涉及棱柱体时,柱体上的四边形面不严格限于正四边形面。柱体面的形状常包括长方形的四边形面。

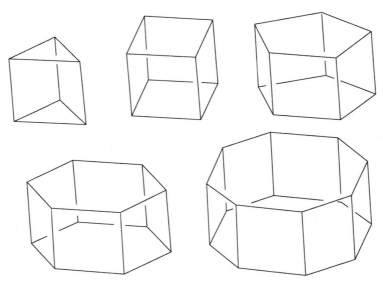

图 2.4.3　常见的 5 种棱柱体

　　反棱柱体是指组成棱柱体上下两个相同的正多边形面,相互扭转一定角度通过正三边形面组成。图 2.4.4 示出三方、四方、五方、六方和八方反棱柱体,其中三方反棱柱体为正八面体,而其余都是半正多面体。理论上反棱柱体的数目是无限的,但化学中主要是指图 2.4.4 中的 4 种(正八面体除外)。

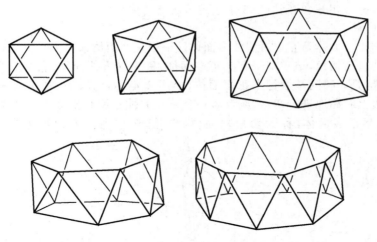

图 2.4.4　常见的 5 种反棱柱体

2.4.3　由正多面体切角形成的多面体

　　当一个正多面体对称地在边的不同位置切去它的顶点,这时这个切角正多面体可能形成正多面体、半正多面体或不规整多面体。

　　四面体有 4 个顶点,三重轴通过它。当在距顶点为边长的 1/3 处按垂直于三重轴的方位切去这 4 个顶角,切角后的多面体是个半正多面体,即表 2.4.1 中的切角四面体。它由 4 个正三边形面和 4 个正六边形面组成,具有 T_d 对称性,如图 2.4.5(a)所示。如果在边的中心点按垂直于三重轴对称地切去四个顶角,切角后的多面体是正八面体,如图 2.4.5(b)所示。图中所示为已将它放大后的图形,实际上它的边长只有原切角前四面体边长的 1/2。当在边的任意点(除了距顶点 1/3 和 1/2 处之外)对称地进行切角,这时所得的三边形面的三条边等长,但六

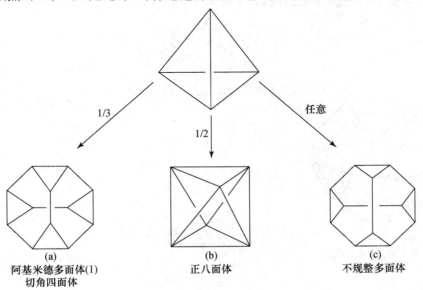

(a)	(b)	(c)
阿基米德多面体(1) 切角四面体	正八面体	不规整多面体

图 2.4.5　切角四面体

边形面中的边长并不相等(3 条边长,3 条边短),所得的多面体不再是正多面体或半正多面体,如图 2.4.5(c)所示。

正八面体和正立方体是互相对偶的多面体。一个正八面体或一个正立方体在通过边长的中心点处对称地进行切角,结果都得到半正多面体,称为立方八面体,它由 6 个四边形面和 8 个三边形面组成,是一种阿基米德半正多面体,如图 2.4.6(a)所示。如果对一个正八面体在距顶点 1/3 的边上对称地进行切角,或者对一个正立方体在距顶点 3/4 的边上对称地进行切角,都共同得到半正多面体,称为切角八面体,也是 13 种阿基米德半正多面体之一,如图 2.4.6(b)所示。

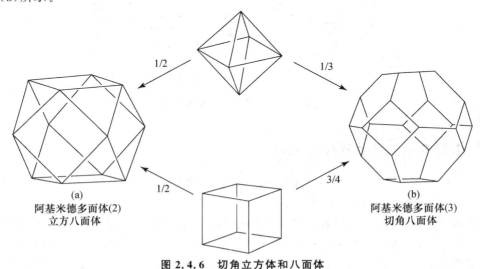

(a)
阿基米德多面体(2)
立方八面体

(b)
阿基米德多面体(3)
切角八面体

图 2.4.6　切角立方体和八面体

五角十二面体和三角二十面体是相互对偶的多面体。一个五角十二面体或一个三角二十面体在通过边的中心点对称地切角,它们都得到一个半正多面体,称为二十二面体。它由 20 个三边形面和 12 个五边形面组成,如图 2.4.7(a)所示。一个三角二十面体在距顶点 1/3

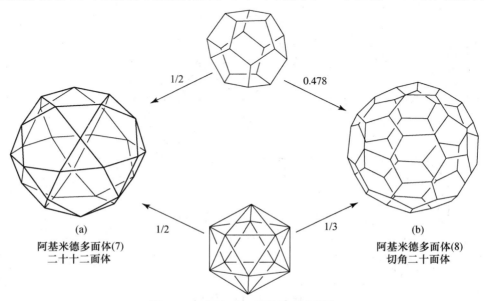

(a)
阿基米德多面体(7)
二十二面体

(b)
阿基米德多面体(8)
切角二十面体

图 2.4.7　切角十二面体和二十面体

处对称地切去 20 个顶点,得到一个阿基米德半正多面体,称切角二十面体,它由 12 个五边形面和 20 个六边形面组成,如图 2.4.7(b)所示。这种切角十二面体也同样可从切去五角十二面体的顶点形成,这时在边上的切点为距离顶点$(7+5\sqrt{5})/38=0.478$处。

2.5 半正多面体(Ⅱ)

除 2.4 节所述的阿基米德多面体、棱柱体和反棱柱体外,利用正多边形面还可以组成其他 92 种半正多面体。在这类多面体各个顶点上,正多边形面汇聚的情况不完全相同。

2.5.1 三角多面体

三角多面体(deltahedra)是指完全由正三边形面组成的多面体,共有 8 种,如图 2.5.1 所示。在这些多面体中,四面体(编号 1)、八面体(编号 3)和三角二十面体(编号 8)均为正多面体,其余 5 种则为半正多面体,它们的名称、面数、顶点数和棱数列于表 2.5.1 中。

表 2.5.1　5 种三角半正多面体

名称	面数	顶点数	棱数	图 2.5.1 中的编号
三角双锥体	6	5	9	2
五角双锥体	10	7	15	4
三角十二面体	12	8	18	5
三四锥合三棱柱体	14	9	21	6
双四锥合四方反棱柱体	16	10	24	7

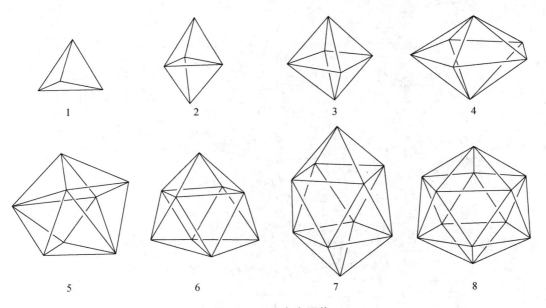

图 2.5.1　三角多面体

2.5.2　其他半正多面体

除上述 5 种三角半正多面体外,剩余的 87 种半正多面体可由正多面体和阿基米德多面体切出一部分或加上一部分形成。图 2.5.2 示出切出一部分正多面体或半正多面体形成的半正多面体中的 9 种多面体图形。表 2.5.2 列出它们的名称(来源)、面数、顶点数和棱数。在面数后的方括号中表示出各种正多边形的数目。

表 2.5.2　切取正多面体和半正多面体形成的部分半正多面体

名称	面数	顶点数	棱数	图 2.5.2 中的编号
四方锥(部分八面体)	$5[3^4 4^1]$	5	8	1
五方锥(部分二十面体)	$6[3^5 5^1]$	6	10	2
切角二十面体(部分二十面体)	$16[3^{15} 5^1]$	11	30	3
双切角二十面体(部分二十面体)	$12[3^{10} 5^2]$	10	20	4
三切角二十面体(部分二十面体)	$8[3^5 5^3]$	9	15	5
切半立方八面体	$8[3^4 4^3 6^1]$	9	15	6
部分菱形立方八面体	$10[3^4 4^5 8^1]$	12	20	7
部分菱形立方八面体	$18[3^4 4^{13} 8^1]$	20	36	8
切半二十二面体	$17[3^{10} 5^6 10^1]$	20	35	9

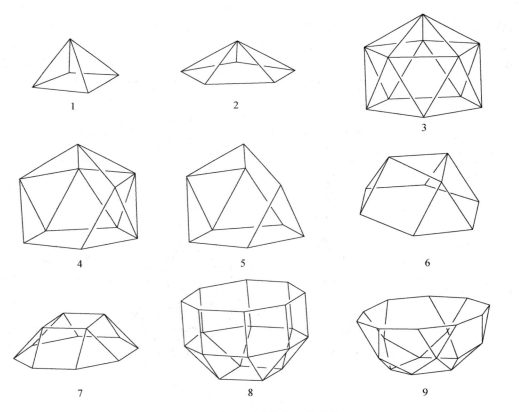

图 2.5.2　切角形成的半正多面体

图 2.5.3 示出由正多面体和其他半正多面体加合形成的几种半正多面体。

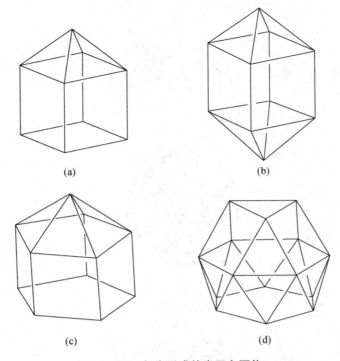

图 2.5.3　加合形成的半正多面体

2.6　半正多面体(Ⅰ)的对偶多面体

半正多面体的对偶多面体不具有正多边形面,不是正多面体或半正多面体。本节主要介绍 13 种阿基米德多面体的对偶多面体以及几种棱柱体和反棱柱体的对偶多面体。

2.6.1　阿基米德多面体的对偶多面体

阿基米德多面体的对偶多面体又称为卡塔蓝多面体(Catalan polyhedra),因为它们首先由 E. C. Catalan(1814—1894 年)所描述。

组成阿基米德多面体的每一个面都是正多边形面,但组成其对偶多面体即卡塔蓝多面体的面不是正多边形面,它们不属于半正多面体。在卡塔蓝多面体中交汇结合于顶点的面数可由 6 个或 6 个以上的三角形面,也可由 4 个或 4 个以上的四边形面或五边形面形成。图 2.6.1 示出 13 种卡塔蓝多面体的形状。表 2.6.1 列出这些多面体的名称和结构数据。由于每种阿基米德多面体中各个顶点的连接情况完全相同,只有一种形状(见图 2.4.1),所以和它对偶的卡塔蓝多面体是由一种多边形面组成。图 2.6.2 示出组成 13 种卡塔蓝多面体的多边形面的形状。这些多边形面都不是正多边形面。

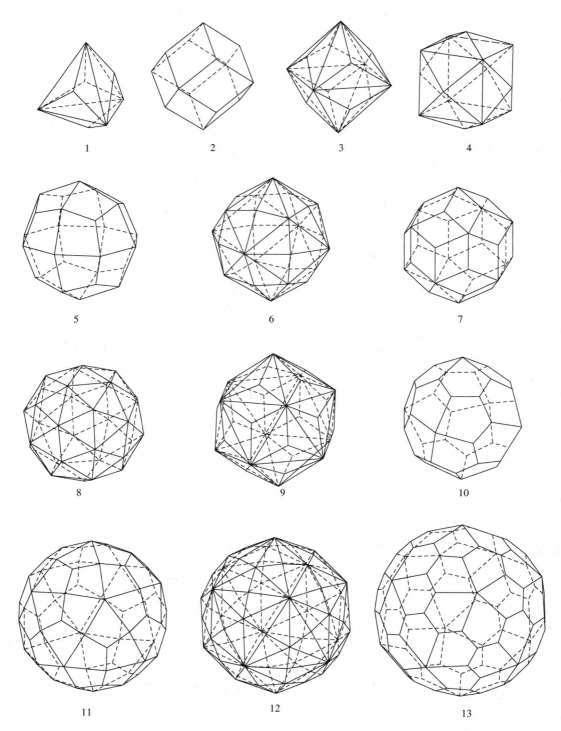

图 2.6.1 阿基米德多面体的对偶多面体(卡塔蓝多面体)

(图中对偶多面体的编号和图 2.4.1 一致)

在图 2.6.1 所示的 13 种卡塔蓝多面体中,2 号菱形十二面体和 7 号菱形三十面体曾被开普勒(J. Kepler,1571—1630 年)描述过,有人又称它们为开普勒多面体。对于 2 号菱形十二面体,其菱形面的对角线长度之比为 $1:\sqrt{2}$。对于 7 号菱形三十面体,其菱形面的对角线长度之比为 $1:1.618$。

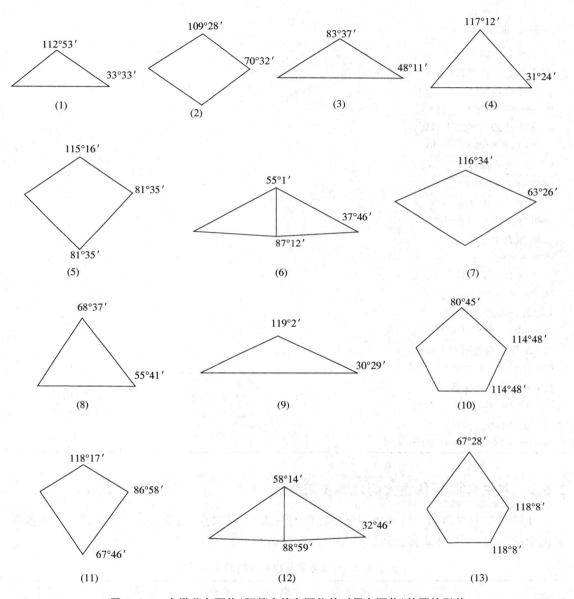

图 2.6.2 卡塔蓝多面体(阿基米德多面体的对偶多面体)的面的形状

(图中的编号和图 2.6.1 一致)

表 2.6.1 阿基米德多面体的对偶多面体(卡塔蓝多面体)

多面体编号(图 2.6.1)、名称	面数	边数	顶点数	双面角
1. 三锥合四面体 triakis tetrahedron	12	18	8	129°31′
2. 菱形十二面体 rhombic dodecahedron	12	24	14	120°0′
3. 四锥合六面体 tetrakis hexahedron	24	36	14	143°7′
4. 三锥合八面体 triakis octahedron	24	36	14	147°21′
5. 不等边四边形二十四面体 trapezoidal icositetrahedron	24	48	26	138°7′
6. 六锥合八面体 hexakis octahedron	48	72	26	155°5′
7. 菱形三十面体 rhombic triacontrahedron	30	60	32	144°0′
8. 五锥合十二面体 pentakis dodecahedron	60	90	32	156°43′
9. 三锥合二十面体 triakis icosahedron	60	90	32	160°37′
10. 五边形二十四面体 pentagonal icositetrahedron	24	60	38	136°19′
11. 不等边四边形六十面体 trapezoidal hexecontrahedron	60	120	62	154°7′
12. 六锥合二十面体 hexakis icosahedron	120	180	62	164°53′
13. 五边形六十面体 pentagonal hexecontrahedron	60	150	92	153°11′

2.6.2 棱柱体和反棱柱体的对偶多面体

几种化学中常遇到的棱柱体和反棱柱体的对偶多面体的图形及其各种面的几何结构数据示出于图 2.6.3 中,这些多面体的名称和结构数据列于表 2.6.2 中。

表 2.6.2 棱柱体和反棱柱体的对偶多面体

名称	面数	棱数	顶点数	双面角
三方双锥	6	9	5	98°13′
五方双锥	10	15	7	119°6′
不等边四边形八面体	8	16	10	105°8′
不等边四边形十面体	10	20	12	116°34′

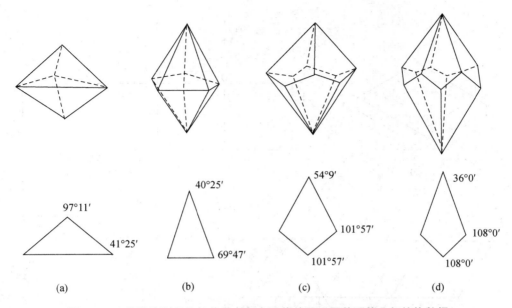

图 2.6.3　棱柱体和反棱柱体的对偶多面体的图形及其面的几何结构数据

(a) 三方棱柱体的对偶多面体，

(b) 五方棱柱体的对偶多面体，

(c) 四方反棱柱体的对偶多面体，

(d) 五方反棱柱体的对偶多面体

2.7　多面体模型的制作

制作多面体模型可以反复地从多个角度观察它的几何形状和对称性，实际而深入地了解它的性质。

1. 正多面体模型的制作

取硬纸板按图 2.7.1 的图样放大，裁剪妥当后，沿面的边线折起，在面外附加的边缘上涂以胶水，粘贴即成。若制作这些多面体作为个人案头上使用时，其大小以边长约 5～8 cm 为宜，这一尺寸便于操作也便于使用。制作时一张纸板不够，可以多块粘接起来使用。若制作的模型展示于课堂中则适当加以放大。

2. 一些锥体和柱体多面体模型的制作

图 2.7.2 示出(a) 斜方双锥，(b) 四方锥和(c) 六方柱体模型的制作。在这些多面体中，有的面是正多边形面，而有的则不是。通常可根据实际需要自己设计绘图，并按上述方法制作。

31

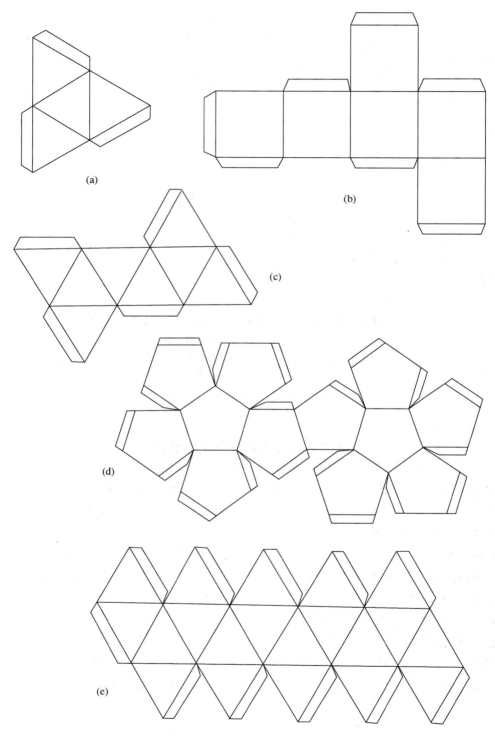

图 2.7.1 正多面体模型的制作
（a）四面体，（b）立方体，（c）八面体，（d）五角十二面体，（e）三角二十面体

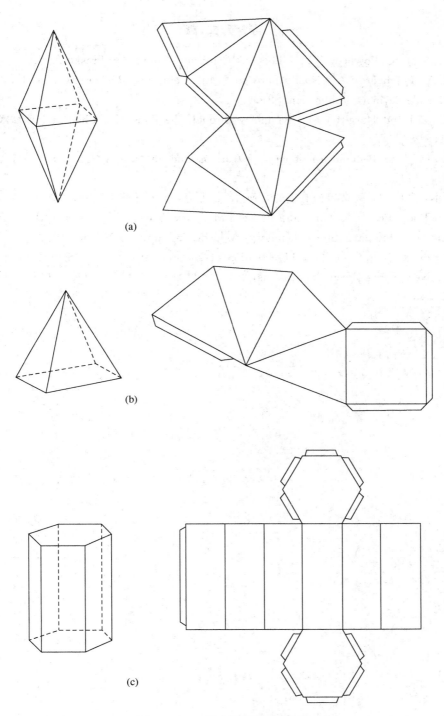

图 2.7.2 一些多面体模型的制作

(a) 斜方双锥，(b) 四方锥，(c) 六方柱体

参 考 文 献

〔1〕 Cromwell P R. Polyhedra〔M〕. London：Cambridge University Press，1999.

〔2〕 Pugh A. Polyhedra：A Visual Approach〔M〕. California：University of California Press，1976. Dale Seymour Publications，1990.

〔3〕 Hargittai I and Hargittai M. Symmetry through the Eyes of a Chemist〔M〕. Weinheim：VCH，1986.

〔4〕 Wells D. The Penguin Dictionary of Curious and Interesting Geometry〔M〕. Penguin Books，1991.
中译本：余应龙，译. 奇妙而有趣的几何〔M〕. 上海：上海教育出版社，2006.

〔5〕 Pearce P and Pearce S. Polyhedra Primer〔M〕. New York：Van Nostrand Reinhold，1978.

〔6〕 Kepert D L. Inorganic Stereochemistry〔M〕. Berlin：Springer-Verlag，1982.

〔7〕 Williams R. The Geometrical Foundation of Natural Structure：A Source Book of Design〔M〕. New York：Dover Publications，1979.

第 3 章 化学中的四面体

3.1 概 述

四面体是最小而最简单的多面体,但它和化学的各个领域都有着密切的联系。有机化合物中的 C 原子,大多数是以四面体的形式和周围的原子结合。无机化合物中,从简单的分子和离子,到复杂的化合物许多也是以四面体的结构存在。在讨论化学问题时,很多内容常采用四面体的几何图形,用以表示分子和晶体的结构,联系它们的结构和性能。四面体是化学中最重要而频繁地应用到的多面体之一。有的化学期刊以"四面体(*Tetrahedron*)"命名。

为了描述不同类型化合物中四面体的结构,化学家常为不同的化学内容设计出不同的四面体图形,如图 3.1.1 所示。图 3.1.1(a)示出最简单的含碳化合物 CH_4 的结构,C 原子周围的 4 个 H 原子以四面体形式排布。人们认识到 C 原子和周围 4 个原子成键是按四面体形式,而不是按平面四方形形式,这在化学发展的历史上是具有划时代意义的里程碑。图 3.1.1(b)示出元素磷的 P_4 分子的结构,常温下气相中和黄磷中存在的是四面体形分子。图 3.1.1(c)示出在离子化合物中正离子处于负离子堆积的四面体孔隙的情况,图中所示的是按 4 个球形负离子的中心连线切割出来的四面体图形。图 3.1.1(d)示出等径圆球堆积中密堆积形成的四面体空隙。由 n 个原子按最密堆积的方式形成的堆积中,这种四面体空隙的数目有 $2n$ 个。图 3.1.1(e)示出在一些配位化合物中,金属原子或离子按四面体形方向和配位体结合的情况,图中表明的是 $Ni(CO)_4$ 中金属 Ni 原子被 4 个 CO 分子通过 Ni—C 配位键形成四面体形

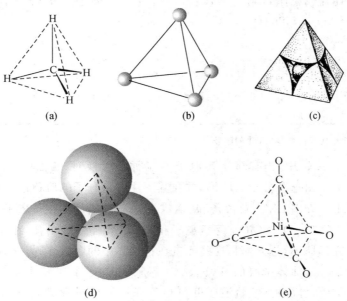

(a)   (b)   (c)

(d)   (e)

图 3.1.1 一些分子和晶体中四面体结构的表达形式

分子的结构。

本章在 3.2 和 3.3 节分别叙述主族元素和过渡金属元素化学结构中的四面体。通过实例介绍四面体结构的普遍性,了解四面体在结构中的概貌,另外选择一些典型化合物用四面体的几何图像作较详细的分析,了解化学科学的发展和四面体结构的联系。

在 3.4 节中,选择 5 种晶体,剖析它们结构中的四面体图像,深入浅出而生动形象地表达晶体化学的基础内容,向读者推荐学习晶体化学的这种重要方法。

在本章最后的 3.5 节,用较多的篇幅和图像描述硅酸盐结构中的四面体。

3.2　主族元素及其化合物结构中的四面体

3.2.1　AX_4 四面体形分子和离子

当一个主族元素的原子 A 按四面体方向和周围 4 个 X 原子成键时,这 4 个 X 原子在空间中的排布形成四面体形。

翻阅任意一本现代化学的教科书,都会发现其内容中有涉及以主族元素原子为中心构成四面体结构的实例。它的普遍性首先在于这些元素价层的 s 和 p 轨道可通过 sp^3 杂化型式加以充分利用,成为四面体形的共价键。表 3.2.1 列出一些四面体中心为主族元素原子的分子和离子。

表 3.2.1　四面体中心为主族元素原子的分子和离子

族数	分子*	离子
1	$LiCl(H_2O)(Py)_2$ (a)	$Li(NH_3)_4^+$
2	$Be(CH_3)_2$ (b); $MgBr(C_2H_5)(Et_2O)_2$ (c)	$Be(H_2O)_4^{2+}$
13	B_2H_6 (d); $Al_2(CH_3)_6$ (e)	$B(OH)_4^-$, $AlCl_4^-$, $GaCl_4^-$
14	CX_4; SiX_4; $Ge_4S_6Br_4$ (f)	SiO_4^{4-}
15	$P_4S_4O_6$ (g)	NH_4^+, PO_4^{3-}, AsO_4^{3-}
16	$OMg_4Br_6(Et_2O)_4$ (h)	SO_4^{2-}, SeO_4^{2-}, SSO_3^{2-}
	S_3O_9 (i); SO_2Cl_2 (j)	
17	ClO_3F (k); Cl_2O_7 (l)	ICl_4^-, ClO_4^-, BrO_4^-, IO_4^-
18	XeO_4	

* 分子式后的英文序号代表在图 3.2.1 中的序号。

在四面体形分子 AX_4 中,当有部分 X 原子被 Y 原子置换时,四面体会发生变形,对称性也会改变。图 3.2.2 示出这些分子的图形,并在其下注明该分子的对称性点群。

表 3.2.1 中列出了许多 EX_4^{n-} 负离子和 EX_4^{n+} 正离子的实例。在负离子中,第三周期主族元素形成的 SiO_4^{4-},PO_4^{3-},SO_4^{2-},ClO_4^- 等负离子和其他正离子组成的盐,在化学中是量大面宽最常见的化合物。究其原因,一方面是这些元素在自然界中的含量多,另一方面是这些四面体负离子能稳定地存在。四面体中心的 Si,P,S,Cl 等原子,除了价层最外部以 sp^3 杂化轨道和 O 原子形成共价单键外,价层的 3d 轨道还可和 O 原子的 p 轨道形成 d_π-p_π 键,促使它们的键长缩短、键能增加、离子的稳定性增强。表 3.2.2 列出 EX_4^{n-} 型离子的键长值。

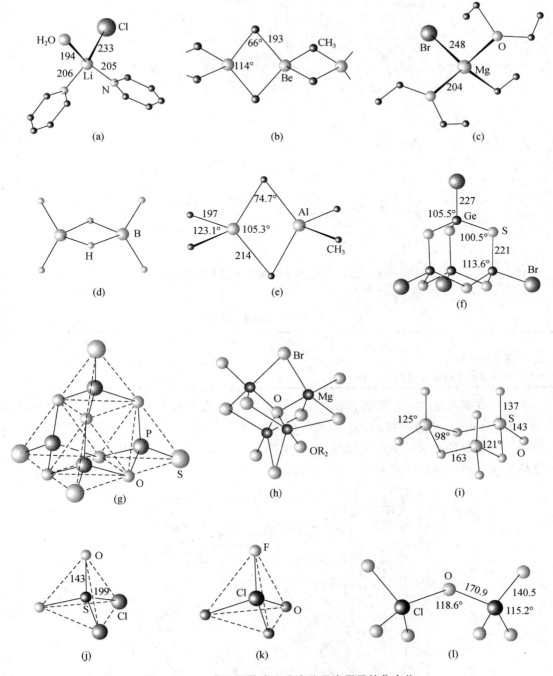

图 3.2.1 一些四面体中心为主族元素原子的化合物

(a) LiCl(H₂O)(Py)₂ , (b) [Be(CH₃)₂]ₙ , (c) MgBr(C₂H₅)(Et₂O)₂ , (d) B₂H₆ ,

(e) Al₂(CH₃)₆ , (f) Ge₄S₆Br₄ , (g) P₄S₄O₆ , (h) OMg₄Br₆(Et₂O)₄ ,

(i) S₃O₉ , (j) SO₂Cl₂ , (k) ClO₃F , (l) Cl₂O₇（图中键长单位为 pm）

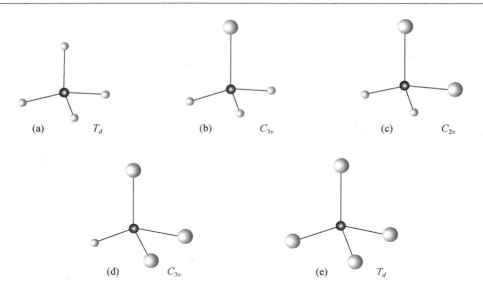

图 3.2.2　EX$_4$ 分子中 X 被 Y 置换的情况

表 3.2.2　EX$_4^{n-}$ 型离子的键长值

EX$_4^{n-}$ 离子	SiO$_4^{4-}$	PO$_4^{3-}$	SO$_4^{2-}$	ClO$_4^-$	SiF$_4$
E—X 键长测定值/pm	163	154	149	146	156
E—X 共价单键半径加和值/pm	186	179	175	172	185

由表列数据可见,E—X 键键长较共价单键半径加和值要缩短很多。说明在这些离子和分子中,由于 d$_\pi$-p$_\pi$ 作用使它们带有双键的成分。SiO$_4^{4-}$,PO$_4^{3-}$,SO$_4^{2-}$ 等在自然界中和 Na$^+$,K$^+$,Ca^{2+} 等形成的盐可经历各种沧桑变化,说明它们的稳定性很高。图 3.2.3 示出 Na$_2$SO$_4$ 的晶体结构。图中四面体代表 SO$_4^{2-}$,小圆球代表 Na$^+$。

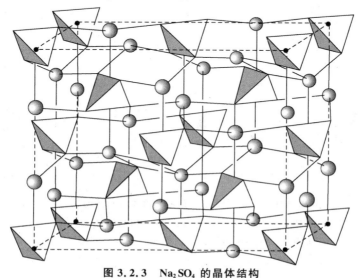

图 3.2.3　Na$_2$SO$_4$ 的晶体结构

(四面体代表 SO$_4^{2-}$,小圆球代表 Na$^+$)

表 3.2.1 中一些正离子,除 NH_4^+ 离子中 N—H 键是典型的共价单键外,$Li(NH_3)_4^+$ 和 $Be(H_2O)_4^{2+}$ 等则是由 NH_3 和 H_2O 等配位分子提供孤对电子给 Li^+ 和 Be^{2+} 形成配位键。

金刚烷 $(CH)_4(CH_2)_6$ 的结构示于图 3.2.4(a),由图可见,每个 C 原子都为四面体向连接。分子中 4 个 CH 基团相互间没有化学键,但它们排列成正四面体,图中的虚线表示四面体的边。每条边的外侧为 CH_2 基团,它们将两个 CH 基团桥连在一起,形成具有 T_d 对称性的分子。

金刚烷分子中 4 个 CH 基团被等电子的 N 原子置换,即成为六次甲基四胺分子 $N_4(CH_2)_6$,如图 3.2.4(b)所示。在 $N_4(CH_2)_6$ 分子中,N 原子间没有化学键,它们是通过 6 个 CH_2 基团桥连成四面体构型。$N_4(CH_2)_6$ 分子中每个 N 原子都有一对孤对电子,排列在虚线所示的四面体顶点外侧,它们可通过 X—H···N 氢键或 N→M 配位键和其他分子形成四面体向排列的超分子。

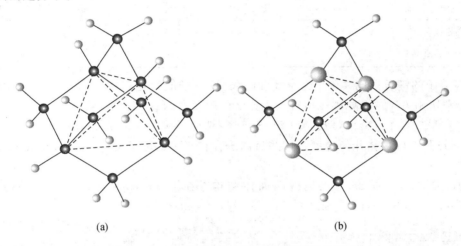

(a)　　　　　　　　　(b)

图 3.2.4　金刚烷(a)和六次甲基四胺(b)的结构

3.2.2　主族元素裸四面体原子簇的结构

将单质磷加热熔化为液体,其中主要以 P_4 分子存在。白磷(有杂质时白磷呈黄色,又称为黄磷)晶体由 P_4 分子组成。磷的蒸气中含有大量的 P_4 分子。

在 P_4 分子中,原子处在四面体的顶点上,每个 P 原子和其他 3 个相邻原子形成共价单键,其价键结构式示于图 3.2.5(a)和(b)中。实验测定 P—P 键键长为 222.3 pm,比 P 原子的共价单键半径(106 pm)之和 212 pm 略长。因为 P_4 分子为正四面体构象,PPP 键角为 $60°$,分子的对称点群为 T_d。每个 P 原子以 sp^3 杂化轨道成键,其中 3 个轨道参加形成 P—P 键,一个为孤对电子存在的轨道。从分子的几何构型和 sp^3 杂化轨道的分布来对比,键的连线和轨道叠加的最大值方向并不重合,电子密度最大值在四面体棱边的外侧。当将价电子密度的分布示意地作图表示时,可得图 3.2.5(c)。由图可见,成键电子的分布相对于原子间的连线是弯曲的形状,这种键称为弯键。有时根据它的图形类似于香蕉,又称为香蕉键。As_4,Sb_4 和 Bi_4 等分子也具有相似的构型,它们的键长和键能如下表所列:

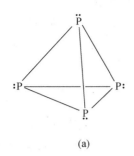
(a)

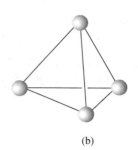
(b)

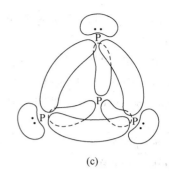
(c)

图 3.2.5　P_4 分子的结构

E_4	P_4	As_4	Sb_4	Bi_4
E—E 键长/pm	222	244	—	243
键能/kJ·mol^{-1}	209	180	142	—

P_4 等分子的键长虽比共价单键半径和略长,但分子能稳定存在,这和 P 原子等的 d 轨道参加成键密切相关。这个原因也回答了为什么同族元素 N 不能形成 N_4 分子。

四面体形的 Ge_4^{4-},Sn_4^{4-},Pb_4^{4-} 和 $Pb_2Sb_2^{2-}$ 等裸原子簇结构的负离子和 P_4 分子是等电子体,它们同样具有四面体几何构型。这些负离子存在于 $BaGe_2$,$SrGe_2$,$NaSn$,KSn 和 $NaPb$ 等合金之中。

有趣的是,Ge_4^{2-} 和 Sn_4^{2-} 也呈现四面体结构。在[K(crypt)]$_2$Ge$_4$ 中,Ge—Ge 键长为 $277\sim279\ pm$。在[K(crypt)]$_2$Sn$_4$ 中,Sn—Sn 键长为 $293\sim297\ pm$。

3.2.3　主族元素四面体原子簇化合物的结构

1. 四面体烷

在形式上饱和的碳氢化合物中,四面体烷(C_4H_4)具有最高的扭曲效应。虽然迄今还没有确切地得到 C_4H_4 分子存在的证据,但其衍生物四叔丁基四面体烷 $C_4[C(CH_3)_3]_4$,已成功地合成出来,并得到晶体结构的进一步证实。图 3.2.6 示出 $C_4[C(CH_3)_3]_4$ 分子的构型。

在 $C_4[C(CH_3)_3]_4$ 分子中,4 个大的叔丁基将 C_4 四面体核心包围屏蔽起来,使其他分子难以接近,为保护核心的 C_4 四面体的稳定性起了重大作用。由于这 4 个大的叔丁基按四面体方向排列,相互间的距离趋于最大,基团之间的推斥作用趋于最小,分子稳定存在。这种空间排列使分子仍具有 T_d 对称性。

C_4 核心四面体的每个 C 原子都以 sp^3 杂化

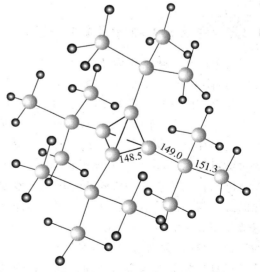

图 3.2.6　四叔丁基四面体烷的结构(键长单位:pm)

轨道和相邻的 3 个 C 原子形成 C—C 单键。它和 P_4 分子中的化学键一样,也是弯键。

2. 甲基锂四聚体 $Li_4(CH_3)_4$

甲基锂的四聚体 $Li_4(CH_3)_4$,是一个由共价键结合的化合物。分子中的 4 个 Li 原子形成正四面体的排列,CH_3 基团的 C 原子位于四面体面中心的外侧,如图 3.2.7(a)所示。$Li_4(CH_3)_4$ 以晶体形式制得,属于立方晶系、体心立方点阵型式。分子具有 T_d 点群的对称性。4 个三重轴分别通过(Li_4)四面体的顶点、四面体的面中心点和 CH_3 基团的 C 原子,键长和键角数值如下:

	室温	1.5 K
Li—Li/pm	268	259.1
Li—C(分子内)/pm	231	225.6
Li—C(分子间)/pm	236	235.6
C—H/pm	96	—
Li—C—Li 键角/(°)	68.3	70.1

键长的数据以及分子沿三重轴的结构情况,示于图 3.2.7(b)。根据图中所示的结构,Li—C 分子间的距离和分子内的距离相比,虽然略短一点,但差别不大。

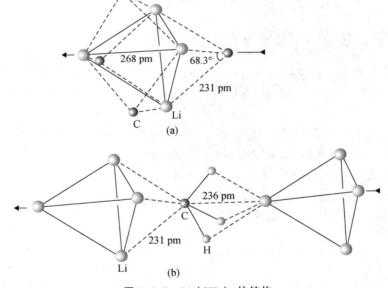

图 3.2.7　$Li_4(CH_3)_4$ 的结构

(a) $Li_4(CH_3)_4$ 分子的结构,(b) 晶体中分子沿三重轴的排列

对于只有一个价电子的 Li 原子,怎样和只有一个处于 C 原子上未成键的价电子的 CH_3 基团结合成四聚体? 四聚体间又有什么作用力使它们结合形成稳定的晶体? 这是一个引起人们关注的问题,它仍有待深入去探讨。

有一种观点认为:在 $Li_4(CH_3)_4$ 四聚体中,每个 Li 原子以其 4 个 sp^3 杂化轨道参加成键,其中 3 个杂化轨道分别指向(Li_4)四面体 3 个面中心外侧,和 CH_3 中 C 原子剩余的一个未成键的 sp^3 杂化轨道互相叠加成键,在这个键中,平均 3 个 Li 原子提供 1 个电子,而 CH_3 也提供 1 个电子,形成四中心二电子(4c-2e)LiLiLiC 键。

$Li_4(CH_3)_4$ 四聚体分子间的键则和 C—H 键中的 σ 电子及 Li 原子剩余的 1 个没有电子的 sp^3 杂化轨道间的相互作用有关。即 3 对 C—H σ 电子提供给 Li 原子 sp^3 轨道形成配位键,因而使分子间的 Li—C 键键长为 236 pm,和四聚体分子内的 Li—C 键长(231 pm)差别不大。

许多有机锂的配合物,例如 $Li_4(C \equiv C'Bu)_4(THF)_4$,$Li_4Br_2(CHCH_2CH_2)_2 \cdot 4Et_2O$,$Li_4BrPh_3 \cdot 3Et_2O$ 以及 $Li_4[C_6H_4CH_2N(CH_3)_2]_4$ 等的结构均已测定,其中(Li_4)四面体的结构情况和甲基锂四聚体情况相似(参看图 7.1.6)。

3. 第 13 族元素簇合物中的四面体

B_4Cl_4,$B_4(CMe_3)_4$,$Al_4(C_5Me_5)_4$ 和 $Ga_4[C(SiMe_3)_3]_4$ 等化合物均已合成得到,并用 X 射线衍射法测定出它们的结构。这些分子都具有四面体的原子簇,B_4,Al_4 和 Ga_4 为核心,它们的构型接近于理想的 T_d 对称性,键长值分别为:

$$B—B\ 170\ pm, \quad Al—Al\ 270\ pm, \quad Ga—Ga\ 269\ pm$$

这些分子中原子间的化学键尚有待探讨。除 $Al_4(C_5Me_5)_4$ 外,可以认为每个原子簇四面体的顶点原子和外围的配位体形成正常的 2c-2e 共价单键外,簇中剩余 8 个价电子,它们分别在 4 个面上形成三中心二电子键。

3.3　过渡金属元素化合物结构中的四面体

3.3.1　MX_4 四面体形分子和离子

过渡金属元素和其他元素的原子或配位体形成四面体构型的分子和离子极为普遍,通常中心的金属原子 M 可以按 sd^3 或 sp^3 杂化轨道和周边原子成键。下面先以第四周期过渡金属为例说明。

第四周期过渡金属元素的原子,除 Sc 外,均容易形成四配位具有四面体构型的分子和离子。表 3.3.1 列出由 Ti 到 Zn 各种元素在不同氧化态时形成四面体构型的分子和离子的实例。图 3.3.1 示出 CrO_4^{2-},$Cr_2O_7^{2-}$ 和 $Cr_3O_{10}^{2-}$ 的结构。

表 3.3.1　第四周期过渡元素形成四面体构型的分子和离子

元素	氧化态	实例	元素	氧化态	实例
Ti	$4(d^0)$	TiX_4	Fe	$-2(d^{10})$	$[Fe(CO)_4]^{2-}$
		$(X=F,Cl,Br,I)$		$2(d^6)$	$FeCl_4^{2-}$
V	$3(d^2)$	VCl_4^-		$3(d^5)$	$FeCl_4^-$
	$4(d^1)$	VCl_4		$5(d^3)$	FeO_4^{3-}
	$5(d^0)$	$VOCl_3$		$6(d^2)$	FeO_4^{2-}
Cr	$2(d^4)$	$CrI_2(OPPh_3)_2$	Co	$-1(d^{10})$	$[Co(CO)_4]^-$
	$3(d^3)$	$CrCl_4^-$		$2(d^7)$	$CoCl_4^{2-}$
	$4(d^2)$	$[Cr(CO)_4]^{4-}$		$3(d^6)$	$[CoW_{12}O_{40}]^{5-}$
	$5(d^1)$	CrO_4^{3-}	Ni	$0(d^{10})$	$Ni(CO)_4$
	$6(d^0)$	CrO_4^{2-}		$1(d^9)$	$NiBr(PPh_3)_3$
Mn	$-3(d^{10})$	$Mn(NO)_3(CO)$		$2(d^8)$	$NiCl_4^{2-}$
	$2(d^5)$	$MnBr_4^{2-}$	Cu	$1(d^{10})$	$[Cu(Py)_4]^+$
	$5(d^2)$	MnO_4^{3-}	Zn	$2(d^{10})$	$[Zn(NH_3)_4]^{2+}$
	$6(d^1)$	MnO_4^{2-}			
	$7(d^0)$	MnO_4^-			

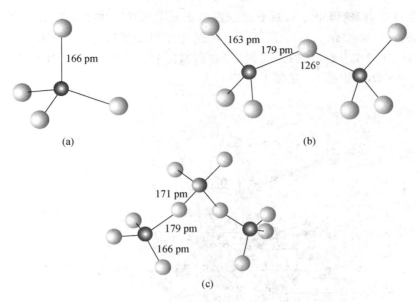

图 3.3.1 CrO_4^{2-}(a)，$Cr_2O_7^{2-}$(b)和 $Cr_3O_{10}^{2-}$(c)的结构

3.3.2 过渡金属四面体原子簇化合物的结构

许多四核簇合物中，M_4 核心的 4 个原子具有四面体结构，例如 $Ir_4(CO)_{12}$，$Co_4(CO)_{12}$，$Rh_4(CO)_{12}$，$[Fe_4(CO)_{13}]^{2-}$，$Ni_4[CNC(CH_3)_3]_7$ 等。对于 $M_4(CO)_{12}$($M=Ir,Co,Rh$)，CO 的配位型式不完全相同：在 $Ir_4(CO)_{12}$ 中，全部 CO 均为端接，如图 3.3.2(a)；在 M 为 Co 和 Rh 时，12 个 CO 中的 3 个桥连在两个 M 原子上，其余 9 个为端接，化学式为 $M_4(CO)_9(\mu_2\text{-}CO)_3$，如图 3.3.2(b)所示。

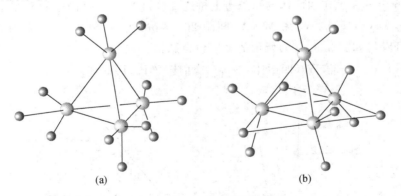

图 3.3.2 (a) $Ir_4(CO)_{12}$ 和(b) $Co_4(CO)_{12}$ 的结构

(CO 中的 O 原子处在 M—C 连线外延线上，已略去)

大多数羰基簇合物中簇核 M_4 的价电子数(包括 4 个 M 原子的价电子、CO 等配位体提供的价电子和所带的电荷的总数)为 60，由此，可按十八电子规则算得其键价数为 6，即相当于 M_4 四面体的 6 条边都是二中心二电子(2c-2e)M—M 单键。关于原子簇中的化学键将在 4.2 节中详细讨论。

在一定条件下,四核簇中金属原子可按四面体方向相互连接成较大的四面体簇。例如,$[Os_{10}H_4(CO)_{24}]^{2-}$ 和 $[Os_{20}(CO)_{40}]^{2-}$ 中的 Os 原子分别排列成三层和四层四面体结构。图 3.3.3示出$[Os_{20}(CO)_{40}]^{2-}$ 的结构。注意:处在四面体顶点上的 Os 原子都端接 3 个 CO,边上的 Os 端接 2 个 CO,面上的 Os 端接 1 个 CO。

图 3.3.3　$[Os_{20}(CO)_{40}]^{2-}$ 的结构

在簇合物结构中,若考虑配位原子空间排列的几何图形,会有利于理解原子之间的关系,下面以 $W_4S_6(PMe_2Ph)_4$ 分子的结构为例说明。在 $W_4S_6(PMe_2Ph)_4$ 分子中,4 个 W 原子排列成四面体,6 个 S 原子在四面体的 6 条边上桥连配位,PMe_2Ph 基团中的 P 原子端接在 W 原子上,如图 3.3.4(a)所示,W_4 中 W—W 间距 263.4 pm 为单键键长。从多面体几何形态分析,$W_4S_6P_4$ 可看作如图 3.3.4(b)所示的多层包合结构:

W_4(四面体)@S_6(八面体)@P_4(四面体)

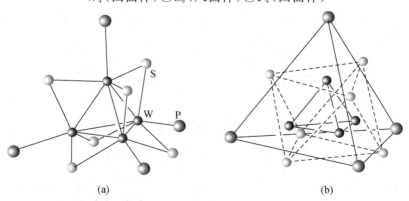

(a)　　　　　　　　　　　　　(b)

图 3.3.4　(a) $W_4S_6(PMe_2Ph)_4$ 分子中 $W_4S_6P_4$ 的结构,
(b) $W_4S_6P_4$ 结构中 W,S,P 原子分别排列成的多面体

3.3.3 $Ni_4[CNC(CH_3)_3]_7$ 的催化性能

许多原子簇化合物具有优良的催化性能,这与它们的空间构型和电子组态有关。原子簇化合物 $Ni_4[CNC(CH_3)_3]_7$ 在乙炔合成苯的反应中起着优良的催化作用。在此分子中,4 个 Ni 原子呈四面体排列,每个 Ni 原子端接 1 个 $CNC(CH_3)_3$ 基团,另外 3 个基团按 μ_2 形式以 C 和 N 原子分别配位在两个 Ni 原子上,形成大三角形面,其结构如图 3.3.5 所示。根据该原子簇已有价电子数目为 60 个,可算得金属簇的键价数为 6[按(4.2.2)式计算],Ni_4 簇四面体的每条边为 2c-2e Ni—Ni 单键。

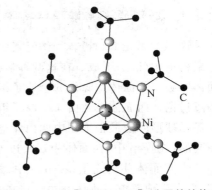

图 3.3.5 $Ni_4[CNC(CH_3)_3]_7$ 分子的结构

$Ni_4[CNC(CH_3)_3]_7$ 作催化剂使乙炔环聚成苯的机理可由图 3.3.6 阐明:$Ni_4[CNC(CH_3)_3]_7$ 的大三角形面上的 Ni 原子能吸附 C_2H_2 分子,见图(a)。当 3 个 C_2H_2 以 π 配键和 Ni 结合,每个 C_2H_2 提供 2 个电子给 Ni 原子,为保持 Ni_4 簇的价电子数为 60,使 Ni_4 四面体几何构型不变,μ_2-$CNC(CH_3)_3$ 中的 N 脱离 Ni 原子,如图(b)所示。在大三角形面上的 3 个 C_2H_2 分子,由于空间几何条件及成键的电子条件合适,环化成苯分子,如图(c)所示。当[$CNC(CH_3)_3$]配位基团因热运动使 N 原子重新靠拢并和 Ni 原子结合,为了保持 Ni_4 簇的价电子数不变,促使苯环离开催化剂分子成为产品放出,[$CNC(CH_3)_3$]恢复原样,如图(a)所示。可见,正是 Ni_4 簇中一个三角形面微观空间的特殊结构和成键电子的需要,为乙炔环化成苯提供模板的催化性能。

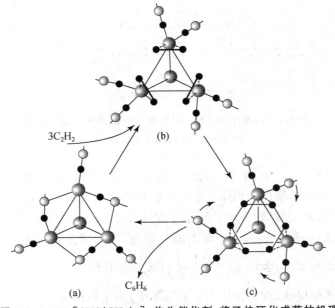

$3C_2H_2$ (b)

C_6H_6

(a)   (c)

图 3.3.6 $Ni_4[CNC(CH_3)_3]_7$ 作为催化剂,将乙炔环化成苯的机理

3.4 晶体结构中的四面体

3.4.1 球形原子密堆积结构中的四面体

许多金属元素和稀有气体元素的晶体结构,可看作等径圆球进行立方最密堆积(ccp)和六方最密堆积(hcp)形成。在这两种最密堆积中,球形原子间将形成两类空隙:八面体空隙和四面体空隙。八面体空隙由 6 个原子组成,空隙较大,空隙数目和原子数目相等,详细情况将在下章讨论。四面体空隙由 4 个原子组成,空隙较小,空隙数目是原子数目的两倍。图 3.4.1 示出等径球形原子最密堆积中四面体空隙的分布。由图可见,两种最密堆积中四面体的分布是不同的:在 ccp 中,四面体相互共边连接,即按照四面体的 6 条边和它的上下、左右、前后的相邻 6 个四面体共边连接;在 hcp 中,两个四面体沿三重轴共面连接成三方双锥体后共顶点相连,再和其他三方双锥体共边连接在一起。

在两种球体最密堆积中,虽然四面体的分布和连接方式不同,但是只要堆积圆球的大小相同,所产生的空隙四面体都是大小完全相同的正四面体。由半径为 R 的圆球堆积形成的空隙正四面体,其中心到顶点之间的距离为 $1.225R$,扣除圆球的半径 R,可得四面体中心到球面的最短距离为 $0.225R$。

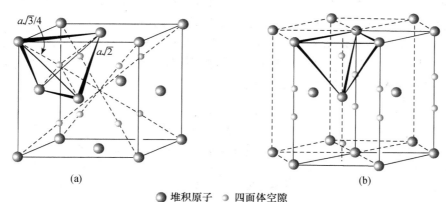

$a\sqrt{3}/4$

$a\sqrt{2}$

(a)

(b)

● 堆积原子　● 四面体空隙

图 3.4.1 等径球形原子最密堆积中四面体空隙的分布

(a) 立方最密堆积,(b) 六方最密堆积

在体心立方密堆积(bcp)中,堆积圆球间空隙的形状和数目不同于 ccp 和 hcp。bcp 中没有正多面体空隙,而只有变形的多面体空隙:变形的四面体空隙和变形的八面体空隙。

变形四面体在体心立方晶胞中的位置示于图 3.4.2(a),由图可见,四面体中连接两对相互垂直的顶点的连线,一条是晶胞水平面上的一条边,另一条是垂直连接相邻晶胞体心的直线。四面体中心在晶胞面上,坐标为 $\left(\dfrac{1}{2},\dfrac{1}{4},0\right)$,每个面上有 4 个,整个晶胞中共有 12 个。晶胞由 2 个球形原子堆积形成,所以在体心立方堆积中,每个堆积原子平均形成 6 个变形的四面体空隙。图 3.4.2(b)示出每个晶胞面上的 4 个变形四面体共面形成一个变形八面体。

可以算出从变形四面体中心到最近的四面体顶点(即堆积球球心)为 $1.291R$(R 为堆积球

半径),所以这种四面体空隙从中心到球面最小处的距离为 0.291R。

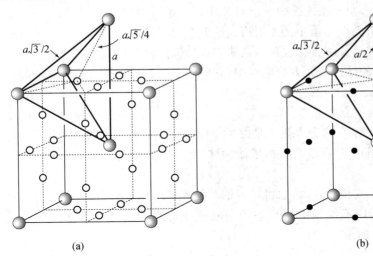

(a)   (b)

图 3.4.2   体心立方密堆积中空隙四面体的分布

(a) 四面体的形状及其中心位置(小白球表示),

(b) 4 个四面体共面连接形成的八面体及其中心位置(小黑球表示)

3.4.2   金刚石晶体结构中的四面体

金刚石是由纯 C 原子组成的晶体,在其中 C 原子以 sp³ 杂化轨道和相邻 C 原子一起形成按四面体向排布的 4 个 C—C 单键,如图 3.4.3(a)所示。在晶体中每个 C 原子都按这种方式结合,形成无限的三维骨架,可以说一粒金刚石晶体就是一个大分子。分子内部可按图 3.4.3(b)所示的方式画出大正四面体,每条边中的 C 原子数可从 1 个,2 个,3 个……到任意的数目。金刚石的这种排列形成立方晶系晶体,为面心立方点阵型式,晶胞参数 $a = 356.688$ pm(298 K),据此算得的 C—C 键长为 154.45 pm。图 3.4.3(c)示出立方金刚石结构的立方晶胞。

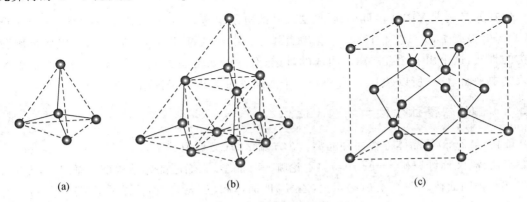

(a)   (b)   (c)

图 3.4.3   金刚石的结构

(a) 每个 C 原子按四面体成键,(b) 按大四面体排列表示,

(c) 金刚石结构的立方晶胞(面心立方点阵型式)

在金刚石晶体结构中,碳原子组成椅式构象的六元环,每个 C—C 键的中心点具有对称中心结构,使 C—C 键两端 C 原子相连接的 6 个 C 原子形成推斥力较小的交错式排列,是一种最稳定的构象,C—C 键连接整个晶体中的 C 原子,各个方向都结合得完美,使金刚石抗压强度高,耐磨性能好,不易解理。金刚石的这种结构使它成为天然存在的最硬的物质。

硅、锗和灰锡等单质的结构属立方金刚石型,它们的立方晶胞参数 a 分别为 543.072 pm,565.754 pm 和 649.12 pm。

仔细观察金刚石结构的立方晶胞[图 3.4.3(c)],在中心部位有一个由 10 个 C 原子组成的大孔穴,如图 3.4.4(a)所示,这个大孔穴是由 4 个椅式构象的六元环按四面体的方向排成。这个大孔穴也可以看作是由 4 个 C 原子组成四面体,在其 6 条边外侧加上一个 C 原子桥连,如图 3.4.4(b)所示。

金刚石结构中的大孔穴相对较大,它可以容纳其他原子形成化合物。NaTl 的晶体结构可理解为 n 个 Tl^- 离子按金刚石结构中的 C 原子的成键方式排列,在其中形成的 n 个大孔穴中安放 Na^+,如图 3.4.4(c)所示。

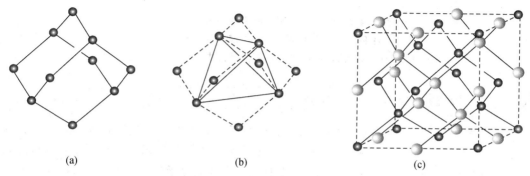

(a)   (b)   (c)

图 3.4.4　金刚石结构中的孔穴和 NaTl 的结构
(a)和(b)金刚石立方晶胞中心的孔穴结构,
(c) NaTl 晶体结构中的立方晶胞

铊在元素周期表中处在 ⅢA 族,价层最外的电子组态为 $6s^2 6p^1$,它容易获得一个电子形成 Tl^-($6s^1 6p^3$)离子,Tl^- 以 4 个 sp^3 杂化轨道和 4 个电子通过 Tl—Tl 共价单键,组成金刚石型结构的骨架,这个由 n 个 Tl^- 离子组成的骨架,有 n 个如图 3.4.4(a)所示的大孔穴,n 个 Na^+ 进入其中平衡电荷,所以(Tl^-)$_n$ 骨架和 n 个 Na^+ 之间是以离子键结合在一起。

3.4.3　硫化锌晶体结构中的四面体

硫化锌(ZnS)的晶体存在两种晶型:立方硫化锌(又称闪锌矿,zinc blende, sphalerite)和六方硫化锌(又称纤锌矿, wurtzite)。不论哪一种晶型,它们的晶体结构都可画出(ZnS_4)四面体和(SZn_4)四面体。图 3.4.5(a)示出(ZnS_4)四面体和(SZn_4)四面体结构,由于 S^{2-} 的可极化性大,Zn^{2+} 的极化力高,Zn 和 S 之间的键的性质处于共价键和离子键之间。在讨论它们的晶体结构时,大多数情况采用离子键模型,即将半径较大的 S^{2-} 看作球体,由它们进行立方最密堆积和六方最密堆积,再在堆积的四面体空隙中填入 Zn^{2+} 而成。

立方硫化锌的结构中,S^{2-} 作立方最密堆积,Zn^{2+} 占据其中一半四面体空隙,另一半四面

体空隙中没有 Zn^{2+},两种四面体交替排列,使(ZnS_4)四面体共顶点相连,如图 3.4.5(b)所示。由图可见,若把 Zn^{2+} 和 S^{2-} 看作同一种原子,则它的结构即为立方金刚石的结构。

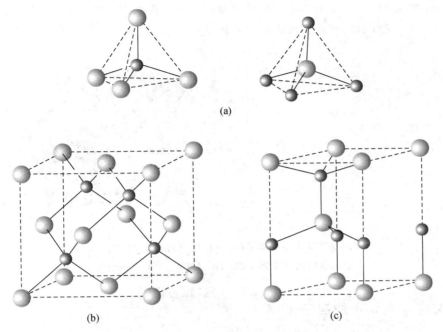

(a)

(b)   (c)

图 3.4.5　硫化锌的晶体结构
(a)（ZnS_4）四面体和（SZn_4）四面体,(b) 立方硫化锌,
(c) 六方硫化锌

六方硫化锌的结构中 S^{2-} 作 hcp。如前所述,这种结构中的空隙四面体两两共面连接成三方双锥形体,它们沿三重轴共顶点连接成链,链间再共棱边连接成三维结构。Zn^{2+} 有序地填入三方双锥形体一端的四面体中,另一端的四面体空着,不填 Zn^{2+}。图 3.4.5(c)示出六方硫化锌晶体结构中的一个晶胞。

碳化硅（SiC）的结构和硫化锌结构相似。由于 C—Si 键具有明显的共价键特性,其性质和金刚石相似。它的化学性质稳定,不溶于水,和硫酸等强酸不起化学反应,它的硬度很高,莫氏硬度为 9.15,俗称金刚砂,是重要的磨料。

3.4.4　萤石结构中的四面体

萤石（CaF_2, fluorite）晶体由 Ca^{2+} 和 F^- 组成。在分析它的结构时,可看作 Ca^{2+} 离子作立方最密堆积,F^- 离子处于堆积的全部四面体空隙中形成,如图 3.4.6(a)所示。在这结构中,F^- 处于由 4 个 Ca^{2+} 组成的（FCa_4）四面体的中心,Ca^{2+} 处于由 8 个 F^- 离子组成的立方体的中心。（FCa_4）四面体相互共边连接成三维骨架。图 3.4.6(b)示出 CaF_2 晶体立方晶胞中前半部 4 个（FCa_4）四面体相互共边连接的情况。

许多化合物采用反萤石型结构,如 Na_2O,Na_2S,Na_2Se,Na_2Te,K_2O,K_2S,K_2Se,K_2Te 等。这时可看作负离子作立方最密堆积,正离子填入堆积的全部四面体的空隙中。这种结构中的四面体为（NaO_4）或（KS_4）等。

仔细观察图 3.4.6(a)中心部分的结构,8 个(FCa_4)四面体相互共用顶点上的 6 个 Ca^{2+},并和中心的 8 个 F^- 组成菱形十二面体的大孔穴。这个孔穴为四周的 F^- 提供活动空间。ZrO_2 晶体的结构和 CaF_2 的结构相同,当有部分 Ca^{2+} 置换 Zr^{4+} 时,形成 O^{2-} 离子欠缺的 $Ca_xZr_{1-x}O_{2-x}$ 不完整晶体,导致它成为具有负离子(O^{2-})型良好导电性能的固态离子导体。

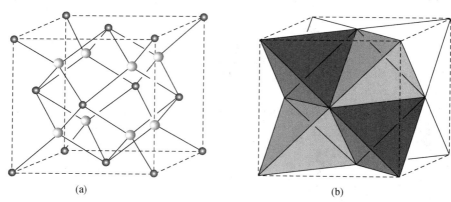

(a)　　　　　　　　　　　　　(b)

图 3.4.6　萤石的晶体结构(小球代表 Ca^{2+},大球代表 F^-)

(a) 萤石结构的立方晶胞,(b) (FCa_4)四面体共边连接

3.4.5　MgCu₂ 结构中的四面体

$MgCu_2$ 的结构可从图 3.4.3(c)所示的金刚石结构出发来理解。将 Mg 原子按金刚石的结构排列在立方晶胞之中,如图 3.4.7(a)所示圆球的排列。在晶胞中共有 8 个 Mg 原子。晶胞内部有 4 个四面体空隙,每个空隙之中放置 Cu_4 四面体,这 4 个四面体的顶点又构成晶胞中心的四面体,如图 3.4.7(a)所示。晶胞内部显示出 5 个完整的四面体,共 16 个 Cu 原子。晶胞内的组成为 $MgCu_2$。

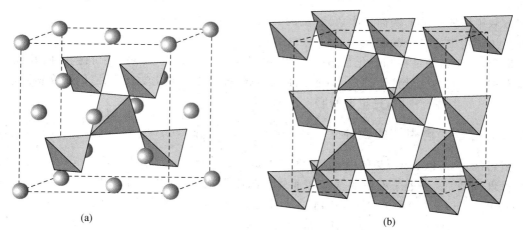

(a)　　　　　　　　　　　　　(b)

图 3.4.7　MgCu₂ 的晶体结构

(a) 立方晶胞中 Mg 原子和 Cu₄ 四面体的排列,(b) Cu₄ 四面体相互共顶点连接的情况

$$\left[\text{注意：(a)和(b)两图的原点不同,相差}\left(\frac{1}{4},\frac{1}{4},\frac{1}{4}\right)\right]$$

特别要注意,示于图 3.4.7 中的 5 个 Cu_4 四面体不是孤立存在的,它和相邻晶胞中的 Cu_4 四面体是共用顶点,连接成三维骨架。在这骨架中,Cu_4 四面体按金刚石中 C 原子的结构位置排成,如图 3.4.7(b)所示。

3.5 硅酸盐结构中的四面体

硅酸盐是组成地壳的主要化合物。在 40 km 厚度的地壳中,以质量计,硅酸盐化合物占地壳总量的 80% 以上。硅酸盐也是砖瓦、水泥、玻璃、陶瓷等建筑材料、耐火材料、沸石分子筛等重要工业产品的主要成分。硅酸盐的性质决定于它们的内部结构,而从四面体的几何学了解它们的结构和性质,是结构化学中的重要途径和方法。

3.5.1 硅酸盐结构遵循的一般规则

硅酸盐中的 Si 原子绝大多数是和 4 个 O 原子结合成四面体形的 $[SiO_4]$ 单元。这些单元可以分立地以 $[SiO_4]^{4-}$ 离子存在,如橄榄石(olivine,$(Mg, Fe)_2[SiO_4]$),锆英石(zircon,$Zr[SiO_4]$)等,而绝大多数则和其他 $[SiO_4]$ 单元共用顶点上的 O 原子连接成寡聚线形、寡聚环形、链形、层形和骨架形硅氧骨干。在这些硅氧骨干中,其结构遵循下列一般规则:

(1) 除极少数例外,如高压相的超石英等,硅酸盐中 Si 原子都以四面体形的 $[SiO_4]$ 单元存在,单元中和单元间的键长和键角的平均值为:

$\langle Si—O \rangle = 162$ pm(范围在 $158 \sim 165$ pm)

$\langle O—Si—O \rangle = 109.5°$(偏离范围在几度之内)

$\langle Si—O—Si \rangle = 140°$(指单元间,范围在 $100° \sim 180°$)

$\langle O \cdots O \rangle = 264$ pm(指单元内)

(2) 最重要而普遍的置换作用是以 Al 置换 $[SiO_4]$ 单元中的 Si。大多数情况下以无序的方式分布,统计地可写成 $[(Si, Al)O_4]$ 单元。自然界中存在的硅酸盐绝大多数是铝硅酸盐。

(3) 硅酸盐的硅氧骨干中,$[SiO_4]$ 单元总是共用四面体顶点上的 O 原子连接而成,而不会出现共棱或共面相连接。因为四面体共棱和共面相连接时,$Si \cdots Si$ 距离太近,彼此间推斥作用太大。图 3.5.1 示出两个 $[SiO_4]$ 四面体共顶点、共棱和共面连接时最大距离的情况。

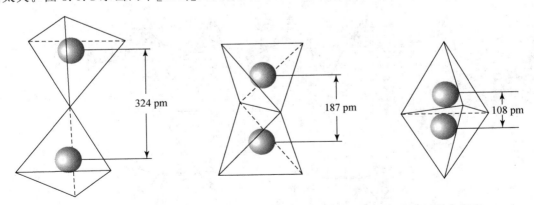

图 3.5.1 两个 $[SiO_4]$ 四面体共顶点、共棱和共面连接时的两个 Si 原子间最大距离

(4) $[SiO_4]$ 单元的每个 O 原子不会为多于 2 个以上的 $[SiO_4]$ 四面体所共用。

3.5.2　寡聚线形硅酸盐

寡聚线形硅酸盐较少,含$[Si_2O_7]^{6-}$的有锰钇石 $Sc_2[Si_2O_7]$和异极矿 $Zn_4[Si_2O_7](OH)_2\cdot$ H_2O 等。结构测定表明:在锰钇石中,$[Si_2O_7]$为交错型,如图 3.5.2(a)所示,其中 Si—O—Si 为 180°;在异极矿中,$[Si_2O_7]$为重叠型,如图 3.5.2(b)所示,Si—O—Si 为 150°;其他矿中, Si—O—Si 的键角:$Gd_2[Si_2O_7]$为 159°,$Nd_2[Si_2O_7]$为 133°。

由 3 个$[SiO_4]$单元连接成线形的$[Si_3O_{10}]^{8-}$结构,已在铍黄长石 $Be_2Ca_3[Si_3O_{10}](OH)_2$ 中发现,其构型如图 3.5.2(c)所示。

由 4 重$[SiO_4]$单元连接成线形的$[Si_4O_{13}]^{10-}$,已在合成制得的硅酸盐 $Ag_{10}[Si_4O_{13}]$中发 现,其构型示于图 3.5.2(d)中。五重四面体的线形硅酸盐单元$[Si_5O_{16}]^{17-}$已在合成所得的 $Na_4Sn_2[Si_5O_{16}]\cdot H_2O$ 和矿物硅钒锰石(medaite) $HMn_6V[Si_5O_{16}]O_3$ 中发现,其构型示于图 3.5.2(e)中。十重四面体线形硅酸盐单元$[Si_{10}O_{31}]^{22-}$已在合成得到的 $(Mg_{19.60}Sc_{1.28})$ $(Mg_{0.04},Si_{0.22})[Si_{10}O_{31}]_2$ 中发现,其构型示于图 3.5.2(f)中。

少数硅酸盐是由带有支链的寡聚线形硅氧骨干组成。合成得到的 $NaBa_3Nd_3[Si_2O_7]$ $[Si_3O_{10}(SiO_3)]$晶体中存在$[Si_3O_{10}(SiO_3)]^{10-}$离子,它的结构如图 3.5.2(g)所示。氯黄晶晶 体的组成为 $Al_{13}[Si_3O_{10}(SiO_3)_2](OH,F)_{18}O_4Cl$,晶体中硅氧骨干$[Si_3O_{10}(SiO_3)_2]^{12-}$的结构 如图 3.5.2(h)所示。

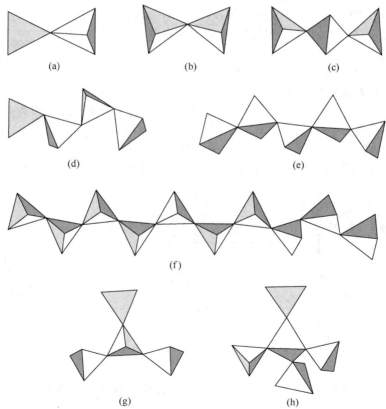

(a)　　　　　(b)　　　　　(c)

(d)　　　　　(e)

(f)

(g)　　　　　(h)

**图 3.5.2　晶态硅酸盐中寡聚线形硅氧骨干的结构(a～f)
和有支链的寡聚线形硅氧骨干的结构(g 和 h)**

3.5.3 寡聚环形硅酸盐

寡聚环形硅酸盐可分为单环硅酸盐、双环硅酸盐和带支链的单环硅酸盐,如表 3.5.1 所列。

1. 单环硅酸盐

单环硅酸盐中硅氧骨干的组成为$[(SiO_3)_n]^{2n-}$,$n=3,4,6,8,9,12,18$ 等。表 3.5.1 列出一些寡聚单环硅氧骨干的组成和实例,图 3.5.3 示出这些骨干的结构。在这些结构中,三元单环和六元单环的硅氧骨干较为常见。合成的 $\alpha\text{-}Sr[Si_3O_9]$,$Na_2Be_2[Si_3O_9]$,$NaBaNd[Si_3O_9]$,蓝锥矿 $BaTi[Si_3O_9]$,钾钙板锆石 $K_2Zr[Si_3O_9]$ 和钠锆石 $Na_2Zr[Si_3O_9]\cdot 2H_2O$ 等晶体中都含有$[Si_3O_9]^{6-}$三元单环单元。含有六元单环骨干的晶体例子有:合成的 $Na_8Sn[Si_6O_{18}]$,矿物绿柱石 $Be_3Al_2[Si_6O_{18}]$,透视石 $Cu_6[Si_6O_{18}]\cdot 6H_2O$ 和碳硅钙石 $Ca_7[Si_6O_{18}](CO_3)\cdot 2H_2O$ 等。

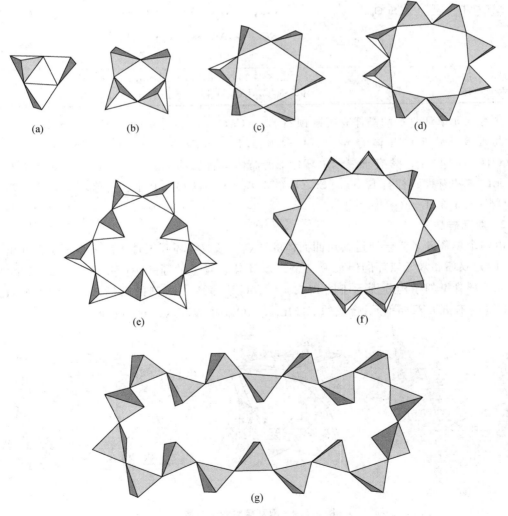

图 3.5.3 寡聚单环硅氧骨干的结构

表 3.5.1　寡聚环形硅氧骨干

名称	骨干组成	实例	结构
三元单环	$[Si_3O_9]^{6-}$	$BaTi[Si_3O_9]$（蓝锥矿，benitoite）	图 3.5.3(a)
四元单环	$[Si_4O_{12}]^{8-}$	$K_4Sc_2[Si_4O_{12}](OH)_2$（合成的）	(b)
六元单环	$[Si_6O_{18}]^{12-}$	$Be_3Al_2[Si_6O_{18}]$（绿柱石，beryl）	(c)
八元单环	$[Si_8O_{24}]^{16-}$	$Ba_{10}(Ca,Mn,Ti)_4[Si_8O_{24}]\cdot$ $(Cl,O,OH)_{12}\cdot4H_2O$（羟硅钡石，muirite）	(d)
九元单环	$[Si_9O_{27}]^{18-}$	$Na_{12}(Ca,RE)_6(Fe,Mn,Mg)_3Zr_3\cdot$ $(Zr,Nb)_x[Si_3O_9]_2[Si_9(O,OH)_{27}]_2Cl_y$ （异性石，eudialyte）	(e)
十二元单环	$[Si_{12}O_{36}]^{24-}$	$K_{16}Sr_4[Si_{12}O_{36}]$（合成的）	(f)
十八元单环	$[Si_{18}O_{36}(OH)_{18}]^{18-}$	$K_2Na_{16}[Si_{18}O_{36}(OH)_{18}]\cdot38H_2O$ （大圆柱石，megacyclite）	(g)
三元双环	$[Si_6O_{15}]^{6-}$	$[Ni(en)_3]_3[Si_6O_{15}]\cdot26H_2O$（合成的）	图 3.5.4(a)
四元双环	$[Si_8O_{20}]^{8-}$	$(NMe_4)_8[Si_8O_{20}]\cdot65H_2O$（合成的）	(b)
六元双环	$[Si_{12}O_{30}]^{12-}$	$KCa_2(Be_2Al)[Si_{12}O_{30}]\cdot\dfrac{3}{4}H_2O$ （整柱石，milarite）	(c)
带支链的 六元单环	$[Si_{18}O_{54}]^{36-}$	$Na_9KCa_2Ba_6(Mn,Fe)_6(Ti,Nb,Ta)_6\cdot$ $B_{12}[Si_{18}O_{54}]_2O_{15}(OH)_2$（天山石，tienshanite）	图 3.5.5

含有八元单环骨干的晶体有羟硅钡石 $Ba_{10}(Ca,Mn,Ti)_4[Si_8O_{24}](Cl,O,OH)_{12}\cdot4H_2O$。含有九元单环骨干的晶体有异性石 $Na_{12}(Ca,RE)_6(Fe,Mn,Mg)_3Zr_3(Zr,Nb)_x[Si_3O_9]_2$ $[Si_9(O,OH)_{27}]_2Cl_y$。含有十二元单环骨干的晶体有合成的 $K_{16}Sr_4[Si_{12}O_{36}]$。含有十八元单环单元的矿物有大圆柱石 $K_2Na_{16}[Si_{18}O_{36}(OH)_{18}]\cdot38H_2O$。上述这些单环单元的结构分别示出于图 3.5.3(d)～(g) 中。

2. 双环硅酸盐

由两个单环硅氧骨干通过共用四面体的顶点可形成双环硅氧骨干。表 3.5.1 中列出三元双环、四元双环和六元双环的组成和实例。双环硅氧骨干的通式为 $[Si_{2n}O_{5n}]^{2n-}$。三元、四元和六元双环骨干的结构分别示于图 3.5.4 中。除表 3.5.1 所列的实例外，合成的 $(SiMe_3)_{10}$ $[Si_{10}O_{25}]$ 含有五元双环单元；合成的 $K_2Mn_5[Si_{12}O_{30}]$ 中含有六元双环单元。

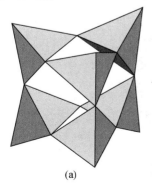
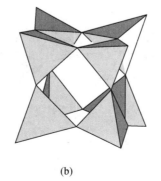
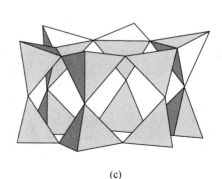

(a)　　　　　　　　　(b)　　　　　　　　　(c)

图 3.5.4　双环硅氧骨干结构

(a) 三元双环，(b) 四元双环，(c) 六元双环

3. 带支链的单环硅酸盐

在有些硅酸盐的硅氧骨干中,环中的四面体连接着支链。在表 3.5.1 中列出了一个带有支链的六元单环实例,它存在于矿物天山石 $Na_9KCa_2Ba_6(Mn,Fe)_6(Ti,Nb,Ta)_6B_{12}[Si_{18}O_{54}]_2$ $O_{15}(OH)_2$ 中。该矿物中的硅氧骨干的组成为 $[Si_{18}O_{54}]^{36-}$,它应表达成 $[Si_6O_{18}(Si_2O_6)_6]^{36-}$,其理想结构示于图 3.5.5 中。

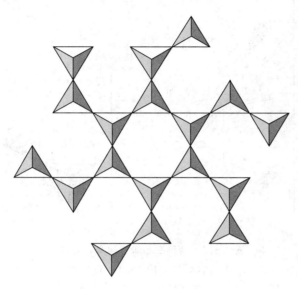

图 3.5.5　$[Si_6O_{18}(Si_2O_6)_6]^{36-}$ 的结构

3.5.4　链形硅酸盐

链形硅酸盐是指 $[SiO_4]$ 单元共顶点连接成无限长链。一般将它分为单链和双链两类。

1. 单链硅酸盐

许多重要矿物的硅氧骨干为单链硅酸盐,它的通式为 $[SiO_3^{2-}]_\infty$。由于在晶体中链的构象的差异,平行链轴重复周期中 $[SiO_4]$ 单元的数目多少不同。具有相同 $[SiO_4]$ 单元数目的链周期长度,由于受到硅氧骨干外正离子的种类和排布情况不同的影响而有差异。例如,锰钙型的硅灰石 $(Ca,Mn)_3[Si_3O_9]$ 和桃针钠石 $Na(Mn,Ca)_2[Si_3O_8(OH)]$ 两种硅氧骨干链的组成重复单元都是 $[Si_3O_9]$,但后者因存在 $[SiO_4]$ 间的 O—H···O 氢键,使其周期缩短,如图 3.5.6 所示。

图 3.5.7 示出一些单链硅氧骨干的结构和重复的周期。其中图 3.5.7(a)示出重复周期由 2 个 $[SiO_4]$ 四面体组成的单链,它具有伸展的构象,周期长度在 525 pm 左右。辉石类矿物,如顽辉石 $Mg_2[Si_2O_6]$,透辉石 $CaMg[Si_2O_6]$,硬玉 $NaAl[Si_2O_6]$,锂辉石 $LiAl[Si_2O_6]$ 以及合成的硅酸盐 $Li_4[Si_2O_6]$,$Na_4[Si_2O_6]$ 等都属这一种。图 3.5.7(b)示出一种重复周期较短的构象的结构,如 $Ba_2[Si_2O_6]$ 高温相的重复周期长度仅为 454 pm。图 3.5.7(c)示出重复周期由 3 个 $[SiO_4]$ 单元组成的链的结构,周期长度约 732 pm。硅灰石 $Ca_3[Si_3O_9]$ 和针钠钙石 Ca_2NaH $[Si_3O_9]$ 结构属于这一类。

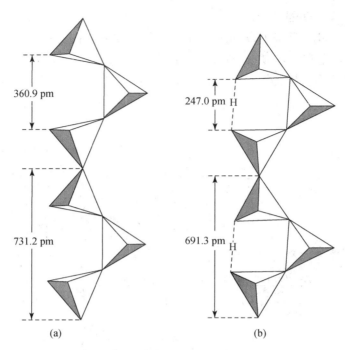

图 3.5.6 两种三重单链构象的比较

(a) $[Si_3O_9]^{6-}$, (b) $[Si_3O_8(OH)]^{5-}$

表 3.5.2 单链硅氧骨干

名称	重复周期	周期长度/pm	实例	结构(图 3.5.7)
二重单链	$[SiO_3^{2-}]_2$	525	透辉石 $CaMg[Si_2O_6]$	(a)
	$[SiO_3^{2-}]_2$	454	$Ba_2[Si_2O_6]$(高温相)	(b)
三重单链	$[SiO_3^{2-}]_3$	732	硅灰石 $Ca_3[Si_3O_9]$	(c)
四重单链	$[SiO_3^{2-}]_4$	846	$Ba_2[Si_4O_8(OH)_4]\cdot 4H_2O$	(d)
	$[SiO_3^{2-}]_4$	706	$Sr_2(VO)_2[Si_4O_{12}]$	(e)
五重单链	$[SiO_3^{2-}]_5$	1224	$Mn_5[Si_5O_{15}]$	(f)
六重单链	$[SiO_3^{2-}]_6$	1163	$Ca_2Sn_2[Si_6O_{18}]\cdot 4H_2O$	(g)
七重单链	$[SiO_3^{2-}]_7$	1738	三斜铁辉石$(Fe,Ca)_7[Si_7O_{21}]$	(h)
九重单链	$[SiO_3^{2-}]_9$	2261	铁辉石 $Fe_9[Si_9O_{27}]$	(i)
十二重单链	$[SiO_3^{2-}]_{12}$	1963	铅辉石 $Pb_{12}[Si_{12}O_{36}]$	(j)

四重单链硅氧骨干因不同构象使周期长度不同。$Ba_2[Si_4O_8(OH)_4]\cdot 4H_2O$ 的链周期长度较长,达 846 pm,其结构如图 3.5.7(d)所示。$Sr_2(VO)_2[Si_4O_{12}]$ 的链周期较短,为 706 pm,如图 3.5.7(e)所示。有的矿物的链周期长度处于两者之间,例如硅钡钛石 $Na_2BaTi_2[Si_4O_{12}]O_2$,链的周期长度为 808 pm。

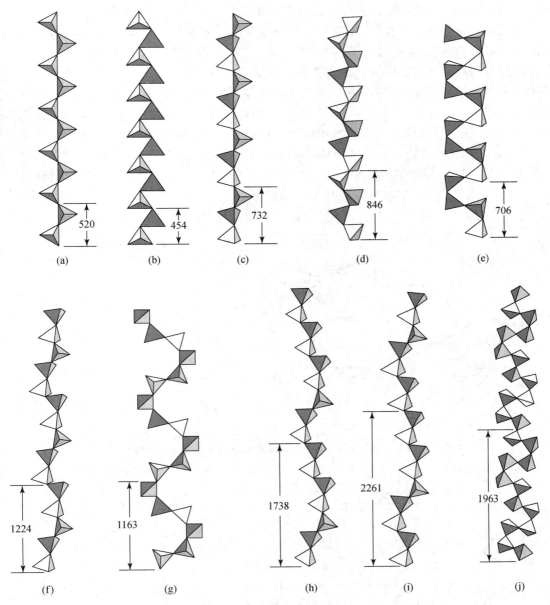

图 3.5.7 单链形硅氧骨干的结构（长度单位为 pm）

(a) CaMg[Si$_2$O$_6$], (b) Ba$_2$[Si$_2$O$_6$], (c) Ca$_3$[Si$_3$O$_9$], (d) Ba$_2$[Si$_4$O$_8$(OH)$_4$]·4H$_2$O,

(e) Sr$_2$(VO)$_2$[Si$_4$O$_{12}$], (f) Mn$_5$[Si$_5$O$_{15}$], (g) Ca$_2$Sn$_2$[Si$_6$O$_{18}$]·4H$_2$O,

(h) (Fe,Ca)$_7$[Si$_7$O$_{21}$], (i) Fe$_9$[Si$_9$O$_{27}$], (j) Pb$_{12}$[Si$_{12}$O$_{36}$]

　　五重单链硅氧骨干在合成的 Mn$_5$[Si$_5$O$_{15}$] 中存在，其周期长度为 1224 pm，它的结构示于图 3.5.7(f)中。六重单链硅氧骨干在 Ca$_2$Sn$_2$[Si$_6$O$_{18}$]·4H$_2$O 中的周期长度为 1163 pm，它的结构示于图 3.5.7(g)中。七重单链硅氧骨干在三斜铁辉石(Fe,Ca)$_7$[Si$_7$O$_{21}$]中的周期长度为 1738 pm，它的结构示于图 3.5.7(h)中。九重单链硅氧骨干在铁辉石 Fe$_9$[Si$_9$O$_{27}$]中周期长度为 2261 pm，它的结构示于图 3.5.7(i)中。十二重单链硅氧骨干在铅辉石 Pb$_{12}$[Si$_{12}$O$_{36}$]中的周期长度为 1963 pm，它的结构示于图 3.5.7(j)中。表 3.5.2 列出上述单链硅氧骨干。

除上面所述的单链结构外，还有其他一些类型不断被发现。例如在合成所得的 $Na_{24}Y_8$ $[Si_{24}O_{72}]$晶体中，链结构单元为$[Si_{24}O_{72}]^{48-}$，由于弯曲构型，周期长度仅为 1514 pm。

在单链结构的基础上连接上支链，形成带支链的单链硅氧骨干。图 3.5.8 示出 3 种开放型带支链的单链和一种环形的单链。图 3.5.8(a)为星叶石 $NaK_2Mg_2(Fe,Mn)_5Ti_2[Si_4O_{12}]_2$ (O,OH,P)的结构，重复周期中包含 4 个共顶点连接的$[SiO_4]$四面体。图 3.5.8(b)为三斜闪石 $Na_2Fe_5Ti[Si_6O_{18}]O_2$ 的结构，重复周期中包含 6 个$[SiO_4]$四面体。图 3.5.8(c)为矿物杉硅钠锰石 (saneroite) $HNa_{1.5}Mn_5[(Si_{5.5}V_{0.5})O_{18}](OH)$的结构，重复周期中包含 6 个四面体。图 3.5.8(d)示出一种环形的单链，合成的 $Li_2Mg_2[Si_4O_{11}]$中硅氧骨干具有这种结构，重复周期为 4 个四面体。

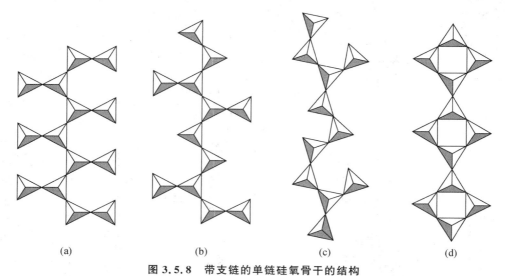

(a)　　　　　　(b)　　　　　　(c)　　　　　　(d)

图 3.5.8　带支链的单链硅氧骨干的结构

(a) $[Si_4O_{12}]^{8-}$，**(b)** $[Si_6O_{18}]^{12-}$，**(c)** $[(Si_{5.5}V_{0.5})O_{18}]^{11.5-}$，**(d)** $[Si_4O_{11}]^{6-}$

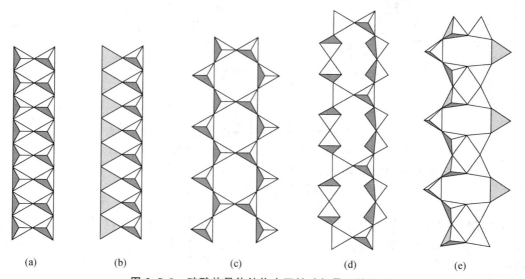

(a)　　　　(b)　　　　(c)　　　　(d)　　　　(e)

图 3.5.9　硅酸盐晶体结构中双链硅氧骨干的结构

(a)和**(b)** $[AlSiO_5]^{3-}$，**(c)** $[Si_4O_{11}]^{6-}$，**(d)** $[Si_6O_{17}]^{10-}$，**(e)** $[Si_6O_{16}]^{8-}$

2. 双链硅酸盐

在硅酸盐结构中,双链硅氧骨干的结构可看作由两个单链通过共用顶点拼合而成。其中最简单的型式是两条单链的每一个四面体相互连接成双链,双链的重复单位为两个四面体,重复周期长度约 260 pm。两条单链拼合时相对位置有两种,如图 3.5.9(a)和(b)所示。硅线石 Al[AlSiO₅] 结构中具有这种双链。最常见的具有双链结构的矿物是角闪石族。这类矿物中的双链具有由 6 个四面体连成的六元环,重复单元为 4 个四面体,重复周期长度约为 520 pm,如图3.5.9(c)所示。透闪石 $Mg_5Ca_2[Si_4O_{11}](OH)_2$ 是这类结构的代表。由 6 个 $[SiO_4]$ 四面体作为结构重复单位,连接成由 8 个四面体连成的八元环结构,重复周期长度约 730 pm,如图 3.5.9(d)所示。硬硅钙石(xonotlite)$Ca_6[Si_6O_{17}](OH)_2$ 晶体结构中含有这种双链。由 6 个 $[SiO_4]$ 四面体作为结构重复单位,连接成交替排列的六元环和四元环结构,如图3.5.9(e)所示。硅钙石(okenite)$Ca_{10}[Si_6O_{14}][Si_6O_{16}]_2 \cdot 18H_2O$ 晶体结构中由 $[Si_6O_{16}]$ 组成的双链,其结构属于这种类型。

现已发现若干其他结构类型的双链:带有支链的双链及管状链等结构,还发现三重链、四重链、五重链及多重链的结构类型。

3.5.5 层型硅酸盐

层型硅酸盐由层型的硅氧骨干组成,在这种骨干中,每个 $[SiO_4]$ 四面体和相邻的 3 个四面体共顶点连接成层。这些共顶点的 O 原子处在同一平面上,形成具有六元环的层,组成为 $[Si_2O_5]_n^{2n-}$,如图 3.5.10(a)所示。这种全由四面体组成的层,可简单标记为 T 层。T 层中 O 原子有两种,一是共顶点连接的 O 原子,另一种是四面体未被共用顶点上的 O 原子,它们只和 1 个 Si 原子成键相连,应带负电荷,称为活性氧。从侧面观看 T 层,四面体的连接如图 3.5.10(b)所示,通常又将这种结构的层简化成图 3.5.10(c)所示的图形表示。

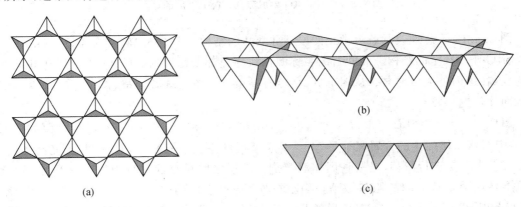

图 3.5.10 组成为 $[Si_2O_5]_n^{2n-}$ 的 T 层的结构
(a) 垂直 T 层的投影,(b) 从侧面观看,(c) 侧面的简化表示

在硅酸盐中,没有纯粹由 T 层堆叠形成的结构。通常 T 层要和二价的 Mg^{2+},Mn^{2+},Fe^{2+} 或三价的 Al^{3+} 等正离子以及 OH^- 负离子一起构成 O 层。O 层是指正离子与 T 层中的活性 O 原子及 OH^- 配位形成 (MO_6) 八面体相互共边连接形成和 T 层结合在一起的层形结构。若一个 T 层和一个 O 层结合,称 TO 单层,如图 3.5.11(a)所示。TO 单层中的八面体由相对的两

个三边形面组成,连接 T 层的三边形面 3 个顶点,2 个为活性 O 原子(T 层中),1 个为 OH⁻;
相对的另一个三边形面上的 3 个顶点全部为 OH⁻。当 2 个 T 层和 1 个 O 层结合,称 TOT 双
层,如图 3.5.11(b)所示,此时双层中的八面体的顶点由 4 个 O 原子和 2 个 OH⁻ 组成。

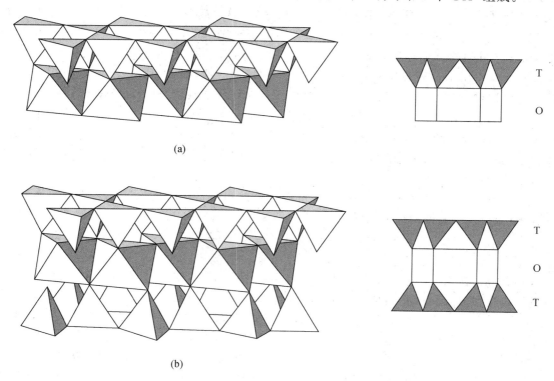

图 3.5.11 (a) TO 单层和(b) TOT 双层的结构

　　图 3.5.12 示意地表示若干常见的层型硅酸盐的结构。图 3.5.12(a)为高岭石(kaolinite)
$Al_2[Si_2O_5](OH)_4$ 的结构。高岭石的名称源自我国瓷都景德镇的高岭山,该地所产高岭石质
地优良,在国内外久负盛名。从图可见,高岭石是由 TO 单层堆叠而成,Al^{3+} 在结构中主要占
据八面体位置。

　　图 3.5.12(b)为滑石(talc)$Mg_3[Si_2O_5]_2(OH)_2$ 的结构,它由 TOT 双层堆叠而成。双层
TOT 中间八面体配位的金属离子是 Mg^{2+}。从滑石的中文名称来看,它具润滑、光滑的性质,
即它容易沿着层进行滑移,是一种固体润滑剂。双层之间重复的垂直距离为 922 pm,注意这
数值不是这个方向上的晶胞参数值,晶胞参数大约是它的两倍。图 3.5.12(c)示出叶腊石
(pyrophyllite)$Al_2[Si_2O_5]_2(OH)_2$ 的结构。它和滑石一样,由 TOT 双层堆叠而成,差别仅仅
在于双层中间八面体的金属离子在叶腊石中主要是 Al^{3+}。

　　图 3.5.12(d)示出白云母(muscovite)$KAl_2[AlSi_3O_{10}](OH)_2$ 的结构,它由 TOT 双层通
过 K^+ 结合而成。在此结构中,四面体层中的 Si 约有 1/4 被 Al 置换,形成$[AlSi_3O_{10}]$层。而
八面体层主要由$[AlO_4(OH)_2]$八面体共边连接形成。在云母结构中,TOT 双层之间由 K^+ 连
接。K^+ 处于 T 层底面由 6 个 O 原子围成的六边形上方和另一层的下方,所以 K^+ 的配位数为
12。按静电价计算,K—O 间的键价仅为 1/12,结合力相对较弱。当云母在受外力作用时,可

以撕裂成薄层，撕裂的面正是 K^+ 所处的位置。云母结构中，垂直于双层的重复距离约为 1000 pm，而晶体结构中该方向的晶胞参数是这数值的 2 倍，约为 2000 pm。云母是分布广泛的造岩矿物之一。

图 3.5.12(e)示出绿泥石(chlorite)$(AlMg_5)_2[AlSi_3O_{10}(OH)_2]_2(OH)_{12}$ 的结构。由图可见，TOT 双层主要由 $Mg(OH)_6$ 八面体层连接而成。由于这种八面体层的加入，垂直于层方向的重复距离加大成 1423 pm。

图 3.5.12(f)示出蒙脱土(montmorillonite)$Al_2[Si_4O_{10}(OH)_2]\cdot xH_2O$ 的结构。在此结构中 TOT 双层由水分子连接而成。水在层间含量可多可少，层间的重复距离随含水量的增加和减少而增大和缩小，其值在 1200～2000 pm 之间。

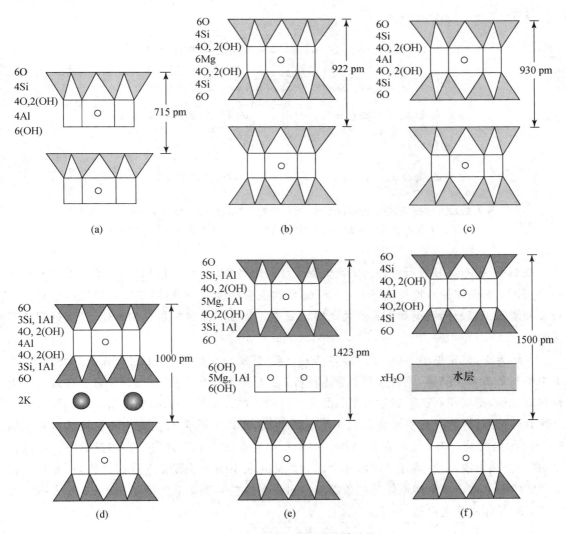

图 3.5.12　若干层型硅酸盐的结构
(a) 高岭石，(b) 滑石，(c) 叶腊石，(d) 白云母，
(e) 绿泥石，(f) 蒙脱土

3.5.6　硅石中的四面体

硅石(silica)是二氧化硅 SiO_2 的总称。硅石在不同温度和压力下出现多种晶型,除非常高的压力(>8 GPa)下稳定的超石英中 Si 为八面体配位外,其他晶型中 Si 均为$[SiO_4]$四面体配位。室温下,压力在 3～8 GPa 间的柯石英也呈四面体配位。

常压下,SiO_2 有多种晶型,它们的名称、密度和稳定的温度范围示于图 3.5.13 中。在所有这些多晶型体中,Si 均为四面体配位,即全部由$[SiO_4]$四面体共顶点连接而成。

$$液态石英 \xrightarrow{\text{快速冷却}} 石英玻璃(2.196\ g/cm^3)$$

$$慢 \Updownarrow 1993\ K$$

$$\beta\text{-方石英}(高温,2.20\ g/cm^3) \underset{快}{\overset{473～548\ K}{\rightleftarrows}} \alpha\text{-方石英}(低温,2.32\ g/cm^3)$$

$$慢 \Updownarrow 1743\ K$$

$$\beta\text{-鳞石英}(高温,2.22\ g/cm^3) \underset{快}{\overset{393～433\ K}{\rightleftarrows}} \alpha\text{-鳞石英}(低温,2.26\ g/cm^3)$$

$$慢 \Updownarrow 1143\ K$$

$$\beta\text{-石英}(高温,2.53\ g/cm^3) \underset{快}{\overset{846\ K}{\rightleftarrows}} \alpha\text{-石英}(低温,2.65\ g/cm^3)$$

图 3.5.13　常压下 SiO_2 的多晶型体(括号中的高温和低温是指该变体的另一名称,
α-石英又称石英的低温变体。密度的数值是室温下该变体的密度值)

在石英、鳞石英和方石英各自的高低温变体间的转变,不涉及化学键的断裂和重建。只是两个$[SiO_4]$四面体顶点连接处 Si—O—Si 键角构象有些变化,所以转变过程可逆而迅速。但石英和鳞石英以及鳞石英和方石英之间的转变要涉及 Si—O 键的断裂和重建,转变过程相当缓慢。

自然界中,最常见的 SiO_2 多晶型体是 α-石英,其次是 β-石英。α-石英分布极广,也容易人工生长制备出大块晶体,成为重要的晶体材料。α-石英属三方晶系、D_3 点群,它有很强的压电性和旋光性,是制作石英手表等类产品的关键材料。在石英的晶体结构中,$[SiO_4]$四面体沿三重螺旋轴排列,螺旋有左手螺旋和右手螺旋的差别,所以 α-石英有左旋体和右旋体两种。图 3.5.14 示出的是左旋体 α-石英的结构。图中示出的是 4 个晶胞并在一起的投影图。可以看出,在一个晶胞内部,有两处呈现出 3 个四面体排列成小的右手螺旋上升的结构,在 4 个晶胞结合的中心呈现出 6 个四面体分两条螺旋排列成大的左手螺旋上升的结构,正是这大螺旋决定了石英晶体的旋光性质。

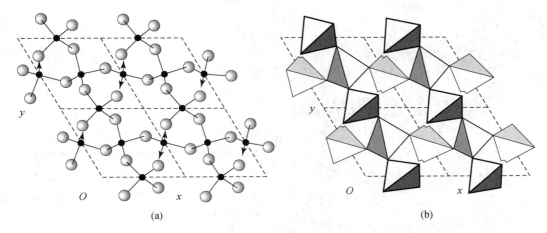

图 3.5.14 α-石英的结构：(a) 球棍模型，(b) 四面体模型
(图中示出的是左旋体绝对构型，注意观察四面体排列的螺旋性质)

3.5.7 骨架型硅酸盐

三维骨架型硅酸盐是由$[SiO_4]$四面体和少量$[AlO_4]$四面体共用 4 个顶点连接形成骨架。在骨架中由于 Al^{3+} 置换 Si^{4+}，骨架带负电荷，需要引进一些正离子以达到电中性。长石、群青、沸石等是骨架型铝硅酸盐的重要代表。群青和沸石的结构将在第 7 章中讨论，这里主要介绍长石的结构。

长石是火成岩的主要成分，地壳质量的 60% 由长石组成，它是数量极大的一类化合物。长石包括正长石 $K[AlSi_3O_8]$，钠长石 $Na[AlSi_3O_8]$，斜长石 $Na_{1-x}Ca_x[Al_{1+x}Si_{3-x}O_8]$ 等。天然长石矿物的成分一般都含有 K，Na，Ca，只是数量多少有所不同。

长石晶体结构的基本特点是 $[(Al,Si)O_4]$ 四面体共顶点连接成四元环，四元环共顶点连接成长链，链和链之间再通过共用顶点连接成三维骨架。四元环的实际构象多种多样，下面仅介绍三种典型的结构：

(1) UUUU 型。4 个 $[SiO_4]$ 四面体共顶点连接成四元环，每个四面体都有一个面和四元环共平面，即它们都有一个顶点朝上，如图 3.5.15(a)所示。这时 Si—O—Si 的键角为 131.2°。

(2) UDUD 型。4 个四面体交错地有两个顶点朝上，两个顶点朝下，如图 3.5.15(b)所示。这时 Si—O—Si 的键角为 151.8°。

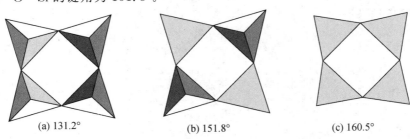

(a) 131.2°   (b) 151.8°   (c) 160.5°

图 3.5.15 4 个 $[SiO_4]$ 四面体共顶点连接成四元环的三种构象

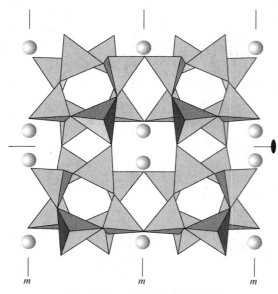

图 3.5.16　透长石结构投影图

（图中四面体代表[(Al$_{1/3}$, Si$_{3/4}$)O$_4$]，小球代表 K$^+$）

（3）四元环中的 4 个四面体没有一个四面体的面和四元环共平面，每个四面体都有两个面被四元环外延的平面平分，如图 3.5.15(c)所示。这时 Si—O—Si 的键角为 160.5°。

对称性最高的透长石 K[AlSi$_3$O$_8$]为单斜晶系晶体，它的结构示于图 3.5.16 中。4 个四面体共顶点连成的四元环构象处于上述三种典型结构之间。在高温下形成的透长石中，Si 和 Al 完全无序地分布，即四面体全部是相同的，它的平均组成为[(Al$_{1/4}$, Si$_{3/4}$)O$_4$]。四面体共顶点连接成四元环，四元环共顶点连接成链，沿着图 3.5.16 所示的垂直纸面方向延伸。链和链之间再通过共用顶点连接成三维骨架。骨架中存在由 8 个四面体连接成的八元环，这 8 个四面体由 2 个四元环每个提供 4 个四面体组成。K$^+$ 离子处在八元环空隙之中，以平衡骨架的电荷。

参 考 文 献

[1]　麦松威，周公度，李伟基. 高等无机结构化学(第 2 版)[M]. 北京：北京大学出版社，2006.

[2]　秦善，王长秋. 矿物学基础[M]. 北京：北京大学出版社，2006.

[3]　周公度，段连运. 结构化学基础(第 5 版)[M]. 北京：北京大学出版社，2018.

[4]　周公度. 结构和物性——化学原理的应用(第 3 版)[M]. 北京：高等教育出版社，2015.

[5]　Mak T C W and Zhou G-D. Crystallography in Modern Chemistry：A Resource Book of Crystal Structures [M]. New York：Wiley-Interscience，1992.

[6]　Liebau F. Structural Chemistry of Silicates [M]. Berlin：Springer-Verlag，1985.

[7]　Greenwood N N and Earnshaw A. Chemistry of the Elements (2nd ed.) [M]. Oxford：Butterworth-Heinemann，2001.

[8]　Vainstein B K，Fridkin V M and Indenbom V L. Structures of Crystals (2nd ed.) [M]. Berlin：Springer-Verlag，1995.

[9]　Housecroft C E and Sharpe A G. Inorganic Chemistry (3rd ed.) [M]. Harlow：Pearson，Prentice-Hall，2008.

第 4 章 化学中的八面体

4.1 八面体结构在化学中的广泛性

八面体结构在化学中特别是在无机化学中占有统治地位,这是由于在这种结构中原子的排列适合于形成多种形式的化学键。从多面体几何学探讨化合物的结构,可以较深入地了解化合物内部原子间的成键规律和化合物所具有的各种性质,开阔观察化学问题的眼界。本节分类举例列出一些八面体结构的化合物。

4.1.1 主族元素的八面体化合物

许多主族元素能和其他主族元素化合成八面体的分子或离子,是化学中常见的几何构型,下面列举一些实例。

1. SF$_6$

SF$_6$ 分子呈正八面体形的结构,具有 O_h 点群的对称性,如图 4.1.1 所示。S—F 键长 156.3 pm,是典型的极性共价单键。S 原子利用它的 3s,3 个 3p 和 $3d_{z^2}$,$3d_{x^2-y^2}$ 等原子轨道杂化而成的 6 个 sp^{3}d^2 杂化轨道,与 6 个 F 原子的 p 轨道互相叠加,形成 6 个 2c-2e 共价单键。由于 F 的电负性高,成键电子靠近 F 原子,中心 S 原子显正电性,加强 S—F 间的静电引力,使分子非常稳定。SF$_6$ 分子具有中心对称的 O_h 点群的对称性,是非极性分子,熔点为 $-50.54℃$,可用作变压器油。

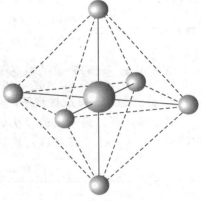

图 4.1.1　SF$_6$ 的结构

2. XeO$_6^{4-}$

在 Na$_4$XeO$_6$ 和 Ba$_2$XeO$_6$ 等化合物中,XeO$_6^{4-}$ 离子呈八面体形结构,它是利用 Xe 的 6 个 sp^{3}d^2 杂化轨道和 6 个 O^{2-} 的 p 轨道形成 6 个 2c-2e Xe—O 单键后,再利用 Xe 原子未参加杂化的 3d 轨道上的电子和 O 原子上的电子形成 2 个 π 键,即 Xe 原子和周围的 6 个 O 原子形成 4 个 Xe—O 单键和 2 个 Xe ═O 双键。它的化学键结构可用下面的共振杂化体间共振结构表示。

这样,每个 Xe 和 O 之间的键价为 1.33,实验测定它的键长为 186 pm,比正常 Xe—O 单键键长 195 pm 短,比 Xe ═O 双键键长 170 pm 长。

3. 明矾

明矾的化学式为 $KAl(SO_4)_2 \cdot 12H_2O$ 或 $K_2SO_4 \cdot Al_2(SO_4)_3 \cdot 24H_2O$。在它的晶体结构中，$K^+$ 和 Al^{3+} 都分别和 6 个 H_2O 分子形成正八面体配位离子。水分子中 O 原子端带负电性，向着金属离子 K^+ 和 Al^{3+}，而形成八面体形的水合离子 $[K(H_2O)_6]^+$ 和 $[Al(H_2O)_6]^{3+}$。钾明矾的化学式应为：$[K(H_2O)_6][Al(H_2O)_6](SO_4)_2$。

4. 原子簇化合物

许多主族元素能形成八面体形的原子簇化合物。例如，硼烷和碳硼烷中 B_6 原子簇或 C_2B_4 原子簇呈现八面体结构。铷和铯的低氧化物如 Rb_9O_2 和 $Cs_{11}O_3$ 中，出现 Rb 和 Cs 的八面体原子簇，其八面体中心有一个 O 原子，再共面相连。这些将在以后再详细讨论。

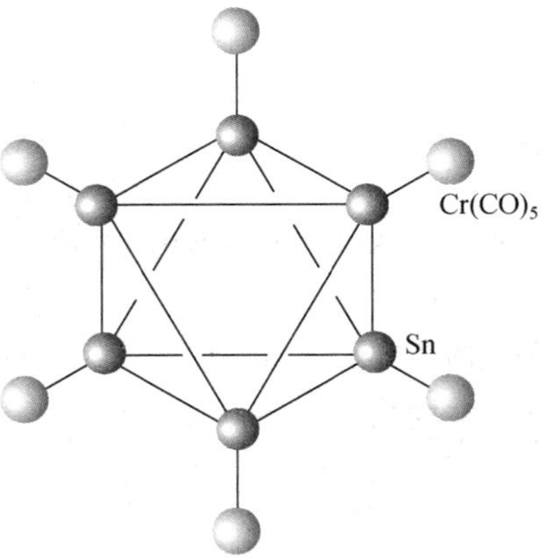

在穴醚化合物 $[K(C222)]_2\{Sn_6[Cr(CO)_5]_6\}$ 中，负离子 $\{Sn_6[Cr(CO)_5]_6\}^{2-}$ 中的 6 个 Sn 原子组成八面体原子簇，Sn 在八面体的每个顶点，外接一个 $Cr(CO)_5$ 基团。Sn—Sn 键长 $293.0 \sim 296.0$ pm，

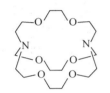

图 4.1.3　穴醚 C222

Sn—Cr 键长 $260.8 \sim 261.3$ pm。该负离子的结构示于图 4.1.2 中。穴醚 C222 或 crypt-222 结构如图 4.1.3 所示。

图 4.1.2　$\{Sn_6[Cr(CO)_5]_6\}^{2-}$ 的结构

4.1.2　过渡金属元素的八面体形化合物

1. 分立的八面体配位离子

过渡金属元素最常见的存在形式是和配位体形成配位化合物。其中很大一部分为八面体配位形式。表 4.1.1 按各族元素列出形成稳定而分立的八面体配位离子的实例。

表 4.1.1　过渡金属元素八面体配位离子

族	元素	八面体配位离子实例
3	Sc, Y, Ln	YX_6^{3-}（X 为 Cl, I），$CeCl_6^{4-}$，MCl_6^{3-}（M 为 La, Sm, Pr）
4	Ti, Zr, Hf	TiF_6^{3-}，TiF_6^{2-}，$Ti(H_2O)_6^{3+}$，$ZrCl_6^{2-}$，$M(CO)_6^{2-}$（M 为 Zr, Hf）
5	V, Nb, Ta	$V(H_2O)_6^{3+}$，$V(CN)_6^{3-}$，$V(NH_3)_6^{3+}$，$[V(C_2O_4)_3]^{3-}$，$M(CO)_6^{-}$（M 为 Nb, Ta）
6	Cr, Mo, W	$Cr(CO)_6$，$Cr(NH_3)_6^{3+}$，$Cr(acac)_3$，$Cr(CN)_6^{3-}$，$M(CO)_6$（M 为 Cr, Mo, W），$MoCl_6^{3-}$，WF_6^{-}
7	Mn, Tc, RE	$M(CO)_5Cl$（M 为 Mn, RE），$Mn(C_2O_4)_3^{3-}$，$Mn(acac)_3$，MF_6（M 为 Tc, RE），$MOCl_5^{2-}$（M 为 Tc, RE）
8	Fe, Ru, Os	FeH_6^{4-}，$Fe(H_2O)_6^{2+}$，$Fe(CN)_6^{4-}$，$Fe(C_2O_4)_3^{3-}$，MCl_6^{2-}（M 为 Ru, Os），$RuCl_6^{3-}$，OsX_6^{3-}（X 为 Cl, Br, I）
9	Co, Rh, Ir	CoF_6^{3-}，$Co(H_2O)_6^{3+}$，$Co(H_2O)_6^{2+}$，$Co(C_2O_4)_3^{3-}$，$Rh(H_2O)_6^{3+}$，MCl_6^{3-}（M 为 Rh, Ir），$Ir(CN)_6^{4-}$
10	Ni, Pd, Pt	NiF_6^{2-}，NiF_6^{3-}，$Ni(H_2O)_6^{2+}$，PdX_6^{2-}（X 为 F, Cl, Br），$Pt(NH_3)_6^{4+}$，PtF_6^{2-}
11	Cu, Ag, Au	$Cu(NH_3)_6^{2+}$，$Cu(H_2O)_6^{2+}$（变形八面体），AgF_6^{3-}，AuF_6^{-}，$AuBr_6^{3-}$

表中的配位离子大部分为 MX_6 型，具有正八面体的 O_h 点群对称性。若 X 被 Y 置换，则

会使八面体变形,从而导致对称性改变。图 4.1.4 示出 $MX_{6-n}Y_n$ 配位离子的构型和对称性。

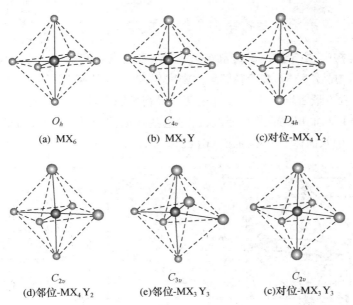

O_h
(a) MX_6

C_{4v}
(b) MX_5Y

D_{4h}
(c)对位-MX_4Y_2

C_{2v}
(d)邻位-MX_4Y_2

C_{3v}
(e)邻位-MX_3Y_3

C_{2v}
(c)对位-MX_3Y_3

图 4.1.4 $MX_{6-n}Y_n$ 配位离子的构型和对称性

2. 八面体原子簇化合物

许多过渡金属 M_6 簇合物具有八面体结构。按照金属元素在元素周期表中的位置以及存在填隙原子(C,H,N,P 等),可将 M_6 簇合物分成三类,现将各类簇合物的实例列出于下。

(1)前过渡金属簇合物

$Ti_6(\mu_3\text{-}O)_8(Cp)_6$

$Zr_6(\mu\text{-}Cl)_{12}Cl_{12}(PR_3)_4$

$M_6(\mu\text{-}X)_{12}L_6^{2+}$,M=Nb,Ta,X=Cl,Br,L 为配体

$M_6(\mu_3\text{-}X)_8L_6$,M=Mo,W,X=Cl,Br,L 为配体

(2)无填隙原子的中后过渡金属羰基簇合物

$Os_6(CO)_{18}^{2-}$

$Co_6(CO)_{16}$,$Co_6(CO)_{15}^{2-}$,$Co_6(CO)_{14}^{4-}$

$Rh_6(CO)_{16}$,$Rh_6(CO)_{14}^{4-}$

$Ir_6(CO)_{16}$,$Ir_6(CO)_{15}^{2-}$

(3)带有填隙原子的中后过渡金属羰基簇合物

$Fe_6C(CO)_{16}^{2-}$,$Fe_6C(CO)_{11}(NO)_4$

$Ru_6C(CO)_{17}$,$Ru_6C(CO)_{16}^{2-}$,$Ru_6C(CO)_{14}(NO)_2$,$Ru_6H(CO)_{18}^-$,$Ru_6N(CO)_{16}^-$

$Os_6P(CO)_{18}^-$,$Os_6H(CO)_{18}^-$

$Co_6C(CO)_{13}^{2-}$,$Co_6N(CO)_{13}^-$,$Co_6H(CO)_{15}^-$

$Rh_6C(CO)_{13}^{2-}$

前过渡金属簇合物通常伴有和 O^{2-},S^{2-},Cl^-,Br^-,I^- 和 OR^- 等能提供较多电子的配位体结合。金属原子形式上的价态为 $+2$ 或 $+3$。金属骨干 M_6 倾向于形成八面体。这些金属

簇又能进一步共顶点、共棱或共面连接,或通过卤素桥连成三维骨架。

4.1.3　合金和简单离子化合物结构中的八面体

在元素和化合物中,原子或离子的密堆积结构模型是理解和描述它们的结构和性质的重要基础。纯金属元素的晶体结构,按等径圆球的密堆积,最主要的有两种类型:一种是立方最密堆积(ccp),另一种是六方最密堆积(hcp)。在这两种最密堆积中,都有由 6 个球形原子围成的八面体空隙。空隙的数目和堆积球的数目相同,但是这些八面体的排列方式不同,在 ccp 中,八面体共棱边相连接,hcp 中八面体共面相连接。图 4.1.5 示出在 ccp 和 hcp 中八面体空隙的位置。

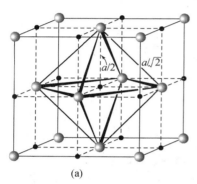 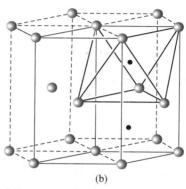

（a）　　　　　　　　　　　　　　　　（b）

◯ 堆积原子　　● 八面体空隙

图 4.1.5　等径圆球密堆积中八面体空隙的位置

（a）立方最密堆积（ccp）,（b）六方最密堆积（hcp）

合金的结构中有许多包含八面体的原子排列方式,例如有序的 $AuCu_3$ 合金,Cu 原子按八面体排列,处在 Au 原子的立方体之中,如图 4.1.6 所示。

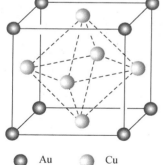

● Au　　◯ Cu

图 4.1.6　$AuCu_3$ 合金的有序结构

对于合金的间隙化合物,间隙原子 C 和 N 等通常都是填在最密堆积的八面体空隙之中。

许多简单的离子化合物,可看作由球形的 M^{2+} 和 X^{2-} 离子组成。由于一般负离子大于正离子,负离子堆积成八面体的情况示于图 4.1.7(a)中,离子间的接触情况有三种:

(1) 正负离子相互接触,而负离子之间不接触,如图 4.1.7(b);

(2) 正负离子之间和负离子之间都相互接触,如图 4.1.7 (c);

(3) 负离子之间相互接触,而正负离子之间不接触,如图 4.1.7(d)。

按离子键的静电作用力考虑,稳定的结构是正负离子相互接触,而负离子本身不接触,这时因为正负离子接近,静电吸引力大、能量降低较多,而负离子间的推斥力较小。根据简单的几何关系计算,可得 MX 晶体形成八面体配位的最优条件是正负离子半径比为

$$\frac{r_+}{r_-} \geqslant 0.414$$

但当 r_+/r_- 大到 0.732 时,正离子周围就有可能安排 8 个负离子使正负离子相互接触,所以形

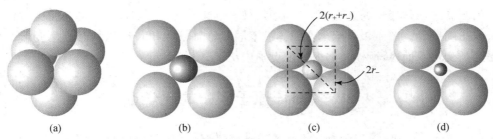

图 4.1.7 八面体配位及其中正负离子的接触情况

成八面体配位的最佳 r_+/r_- 的数值为 $0.414\sim0.732$。大量的简单离子晶体结构属于这一类，例如数百种 NaCl 型的结构就是正离子填在 ccp 的八面体空隙中形成。

4.1.4 八面体的变形

前面三个小节基本上是按正八面体的条件，分别用不同类型化合物的实例讨论八面体结构在化学中的广泛性。实际上许多化合物的结构偏离正八面体的几何条件。当偏离不太大时，常常是说明偏离内容，而仍按八面体进行讨论；但当偏离较大时，用变形八面体来阐明结构

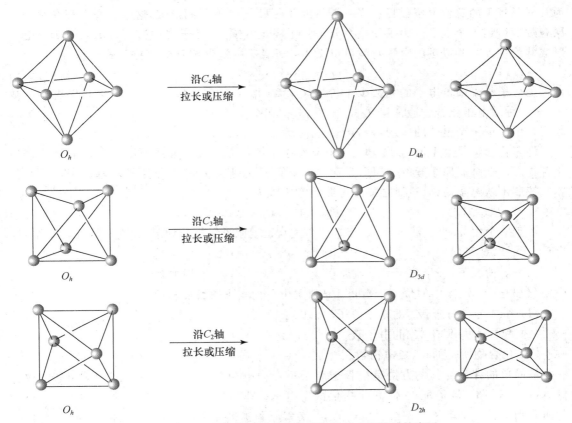

图 4.1.8 八面体沿不同对称轴发生拉长或压缩时的变形
（图下面标明的是该多面体点群的记号）

则较为恰当。多面体变形的途径很多,例如:原子的置换、键长参差不等、键角扭歪、沿一定方向拉长或压缩等等。图 4.1.8 示出八面体沿不同对称轴发生拉长或压缩时产生变形的情况。当考虑这类变形八面体,所涉及的内容就更加广泛了。

4.2　多面体原子簇中的化学键

4.2.1　分子骨干中的键价数和化学键

一个分子的几何结构和它的价电子数目密切相关。一个由主族元素(H 和 He 除外)组成的分子,其中不含氧化态为 4 以上的原子,即没有 d 轨道参加成键时,每个原子都倾向于达到稳定的八电子价层的组态,遵循八隅律。一个由过渡金属和其他元素组成的分子,每个过渡金属原子倾向于达到惰性气体电子组态,遵循十八电子规则。每个原子为了达到 8 电子或 18 电子组态所需的电子,是由分子中其他原子通过形成共价键提供。所以分子骨干的几何结构主要是由它的价电子总数及其包含的化学键所决定。大多数已知的分子遵循这一规则。

对一个由 n 个主族元素原子组成而形成链形、环形、笼形或骨架形的分子骨干 M_n,设定 g 为其分子骨干的总价电子数目。当一个共价键在两个 M 原子间形成,这两个原子都在它的价层有效地得到 1 个电子。为了使整个分子骨干满足八隅律,原子之间应有 $(8n-g)/2$ 对电子形成共价键。这些成键的电子对数目定义为分子骨干的键价数 b,它可按下式计算:

$$b = (8n - g)/2 \qquad (4.2.1)$$

当分子骨干中价电子的总数少于价层轨道数,形成正常的 2c-2e 键不足以补偿电子的缺乏,对这种缺电子化合物通常存在 3c-2e 键,其中三个原子共享一对电子,所以一个 3c-2e 键可起着补偿缺少 4 个电子的作用,相当于键价数为 2。

许多化合物具有金属-金属键。一个金属原子簇可以定义为金属原子间直接成键的多核化合物。一个金属原子簇的金属原子称作骨干原子,而其余的非金属原子和基团则作为配位体。按照十八电子规则,过渡金属原子簇的键价数为

$$b = (18n - g)/2 \qquad (4.2.2)$$

对于一个由 n_1 个过渡金属原子和 n_2 个主族元素原子组成的骨干,其键价数可计算如下:

$$b = (18n_1 + 8n_2 - g)/2 \qquad (4.2.3)$$

在一般情况下,一个分子骨干或原子簇 M_n 的键价可以由式(4.2.1)~(4.2.3)计算,在其中 g 代表这个 M_n 簇中的价电子数目。g 值可由下列电子数目加和而得:

(1) 组成分子骨干 M_n 的 n 个原子的价电子数。

(2) 配位体提供给 M_n 的电子数。

(3) 化合物所带的正、负电荷数。

最简单的计算 g 值的方法是按骨干原子不带净电荷来计算,配位体只算提供的电子数。像 NH_3,PR_3 和 CO 等配位体,每个提供两个电子。非桥连的卤素原子、H 原子、CR_3 和 SiR_3 基团等则提供一个电子。一个二桥连的 μ_2-卤素原子提供 3 个电子,一个三桥连的 μ_3-卤素原子提供 5 个电子等。表 4.2.1 列出各种配位体在它们的配位形式下提供电子的数目。表中列出的填隙原子(int)提供的电子数是按它的价电子数计算,但对包合的 Ni,Pd 等 d^{10} 电子组态的原子常显示零价,即常常将它看作不提供电子参加原子簇的成键作用。

表 4.2.1 配位体提供给分子骨干的电子数目（骨干原子作不带净电荷计算）

配位体	配位形式*	电子数目	配位体	配位形式*	电子数目
H	μ_1,μ_2,μ_3	1	NR_3,PR_3	μ_1	2
B	int	3	NCR	μ_1	2
CO	μ_1,μ_2,μ_3	2	NO	μ_1,μ_2,μ_3	3
CR	μ_3,μ_4	3	OR,SR	μ_1	1
CR_2	μ_1,μ_2	2	OR,SR	μ_2	3
CR_3,SiR_3	μ_1,μ_2	1	O,S,Se,Te	μ_2	2
η^2-C_2R_2	μ_1	2	O,S,Se,Te	μ_3	4
η^2-C_2R_4	μ_1	2	O,S	int	6
η^5-C_5R_5	μ_1	5	F,Cl,Br,I	μ_1	1
η^6-C_6R_6	μ_1	6	F,Cl,Br,I	μ_2	3
C,Si	int	4	Cl,Br,I	μ_3,μ_4	5
N,P,As,Sb	int	5	PR	μ_3,μ_4	4

* μ_1＝端接配位体，μ_2＝桥连2个原子配位体，μ_3＝桥连3个原子配位体，int＝填隙原子。

对于常见的化合物，利用(4.2.1)式计算分子骨干的价电子数(g)和键价数(b)，结合它们的化学性质，可用价键结构式准确地表达出它们的骨干结构。表4.2.2列举若干常见于化学文献中的实例。

表 4.2.2 分子骨干中的价电子数(g)、键价数(b)和结构式

分子	CO	CO_2	CN^-	C_3H_6	C_6H_6	C_6H_{12}	$C_6H_5CH_3$*
g	10	16	10	18	30	36	30
b	3	4	3	3	9	6	9
骨干结构式	C≡O	O=C=O	[C≡N]⁻	C—C—C	⬡	⬡	⬡

分子	P_4	S_8	$(CH_2)_6(CH)_4$	$(CH_2)_6N_4$	球碳 C_{60}
g	20	48	56	56	240
b	6	8	12	12	120
骨干结构式					60C—C 30C=C （见图6.1.1）

* 将—CH_3作为提供1个电子给苯环的配位体，不作为骨干原子。

4.2.2 硼烷原子簇中的化学键

硼和铝等原子的价层原子轨道数多于价电子数，由它们参加形成的多面体形化合物，常常由于没有足够的电子数，使其棱边都形成二中心二电子(2c-2e)键，而出现多中心键。Wade按硼烷多面体骨架的电子数及其几何形状，将硼烷分为封闭型、鸟巢型、蛛网型和敞网型。本小节以封闭型硼烷 $B_6H_6^{2-}$ 为例讨论硼烷原子簇中的化学键。其他类型硼烷的化学键将陆续在以后章节中讨论。

硼烷 $B_6H_6^{2-}$ 具有正八面体结构,如图 4.2.1(a)所示,它共有 26 个价电子,除去形成 6 个 B—H 键用去 12 个价电子外,剩余 14 个(即 7 对)价电子用于 B_6 骨干的成键。在 B_6 八面体骨干中,计有 12 条 B—B 棱边,很明显,这些 B—B 连线不可能都是 B—B 共价单键,它需要通过三中心二电子(3c-2e)BBB 的多中心键使 B_6 骨干结合成稳定的原子簇。图 4.2.1(b)示出 B_6 中 1-2,1-5,4-5 间形成 2c-2e B—B 键,在 1-4-6,2-3-5,2-3-6 和 3-4-6 的三角形面上形成 3c-2e BBB 键。

3c-2e BBB 键 $\left(\begin{array}{c} B \\ \diagup \diagdown \\ B \quad B \end{array}\right)$ 是由 B_6 多面体中三角形面的 3 个顶点上的 B 原子共享一对电子,如图 4.2.2 所示。这一对电子能补偿 3 条边形成的 3 个正常的 2c-2e 键所缺少的 4 个电子,它的键价数相当于 2。$B_6H_6^{2-}$ 中 7 对价电子形成 4 个 3c-2e BBB 键和 3 个 2c-2e B—B 键,总键价数为 11。

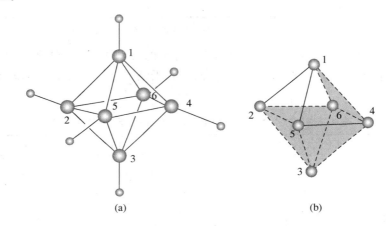

图 4.2.1 (a) $B_6H_6^{2-}$ 的结构,(b) B_6 原子簇中的化学键

[注意在图(b)中只有 3 条边都是虚线的带阴影的三角形面才是 3c-2e BBB 键]

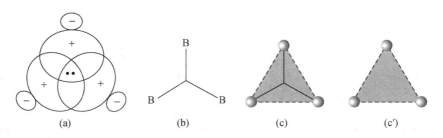

图 4.2.2 3c-2e 键的表示

(a) 3 个原子共享一对电子,(b) 3c-2e 键的简化表示,(c) 和 (c′)本书常用的表示

用价键法描述苯分子骨干的化学键时,用下面两个共振杂化体的结构式和"⟷"符号表示:

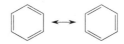

C_6H_6 分子中 6 个 C—C 间的键长是相同的,都为 142 pm,介于 C—C 单键键长 154 pm 和 C＝C 双键键长 134 pm 之间,分子具有六重轴对称性。

同样,用价键法和 3c-2e 多中心键表达硼烷 $B_6H_6^{2-}$ 的骨干结构时,也用多个共振杂化体及 "←→" 符号表示,使分子中每个 B 原子对形成 3 个 2c-2e B—B 键和 4 个 3c-2e BBB 键的贡献都相同,图 4.2.3 示出 $B_6H_6^{2-}$ 分子骨干共振杂化体的一部分。

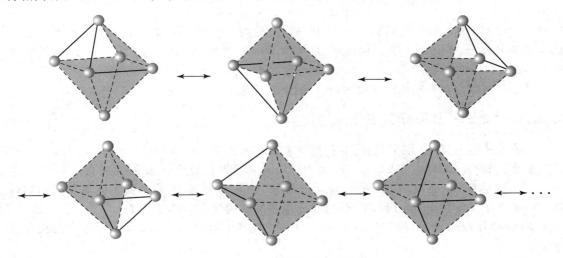

图 4.2.3 $B_6H_6^{2-}$ 的多个共振杂化体

(注意观察上述每个共振杂化体的表示式中,只有 3 条实线,它代表 3 个 2c-2e 键;还有 4 个 3 条边都是虚线的三角形面,它代表 4 个 3c-2e 键)

从 $B_6H_6^{2-}$ 的成键情况可见,在硼烷中,价电子的总数不能满足每两个相邻原子的连线都有一对电子形成 2c-2e 键。电子的缺乏需要形成 3c-2e 键来补偿。Lipscomb 提出用 4 个数 $styx$ 来表示硼烷中除去向外伸展的 B—H 键以外其他类型的化学键的数目。硼烷中有两种三中心二电子键:一种是 3c-2e BHB 键,它的数目用 s 表示;另一种是 3c-2e BBB 键,它的数目用 t 表示。一个硼烷分子中含有的 2c-2e B—B 键的数目用 y 表示。一个 B 原子同时端接 2 个 H 原子,即含有 BH_2 基团的数目用 x 表示。所以 $styx$ 数码分别表示在一个硼烷分子中下列 4 种型式化学键的数目,如下图所示:

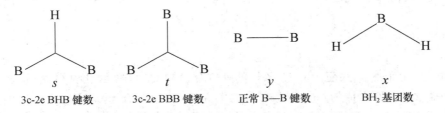

| 3c-2e BHB 键数 | 3c-2e BBB 键数 | 正常 B—B 键数 | BH_2 基团数 |

利用价键理论描述硼烷中的化学键,必须遵循下列规则:

(1) 每一对相邻的硼原子由一个 B—B,BBB 或 BHB 键连接。

(2) 每个硼原子利用它的 4 个价轨道去成键,以达到八电子组态。

(3) 两个硼原子不能同时通过二中心 B—B 键和三中心 BBB 键或同时通过二中心 B—B 键和三中心 BHB 键结合,但两个硼原子的连线可为 2 个 3c-2e 键共用。

（4）每个 B 原子至少和 1 个端接 H 原子结合。

在 $B_6H_6^{2-}$ 骨干 B_6 中，6 个 B 原子共提供 6×3 个价电子，6 个配位 H 原子提供 6 个电子，另外它的电价表示带有 2 个电子，所以

$$g = 6 \times 3 + 6 + 2 = 26$$

B_6 骨干的键价数 b 为

$$b = (8 \times 6 - 26)/2 = 11$$

它由 3 个 2c-2e B—B 键和 4 个 3c-2e BBB 键组成，它的 $styx$ 数值为（0430），它的共振杂化体结构式示于图 4.2.3 中。由于电子在骨干中的离域作用，使 B_6 原子簇具有正八面体结构。

对于其他硼烷和碳硼烷的结构，将在后面第 5,6 章中继续讨论。

4.2.3　过渡金属八面体原子簇中的化学键

上小节和本小节分别讨论 $B_6H_6^{2-}$ 和过渡金属八面体原子簇骨架（M_6）中的化学键。采用的方法是在 Lipscomb 的方法以及 Wade 和 Mingos 等人所建立的多面体骨架电子对理论（polyhedral skeletal electron pair theory, PSEPT）的基础上，深入一步提出计算骨架的键价数（b），并结合簇合物骨架的几何形状，描绘出原子间形成的化学键。

组成不同的八面体 M_6 原子簇可以形成不同的结构和键型。图 4.2.4 示出三个实例予以说明。

图 4.2.4(a)示出 $[Mo_6(\mu_3\text{-}Cl)_8Cl_6]^{2-}$ 的结构。在这结构中有 8 个 Cl 以 μ_3 形式配位，每个 Cl 同时和 3 个 Mo 配位，提供 5 个电子，它们共提供给 Mo_6 的成键电子数目为 $8 \times 5 = 40$ 个。而另外 6 个 Cl 和 Mo 端接成键，每个 Cl 提供 1 个电子。所以这个簇合物的 g 值为

$$g = (6 \times 6) + (8 \times 5 + 6 \times 1) + 2 = 84$$

按(4.2.2)式，Mo_6 的键价数 b 为

$$b = (6 \times 18 - 84)/2 = 12$$

键价值为 12，它正好和八面体的 12 条棱边就是 12 个 2c-2e Mo—Mo 键相当。右边小图示出 $[Mo_6]$ 簇中形成的 12 个 Mo—Mo 键。

图 4.2.4(b)示出 $[Nb_6(\mu_2\text{-}Cl)_{12}Cl_6]^{4-}$ 的结构。在这结构中有 12 个 Cl 以 μ_2 形式配位，每个 Cl 同时和 2 个 Nb 配位，提供 3 个电子，它们提供给 Nb_6 的成键电子数目为 $12 \times 3 = 36$ 个，另外 6 个 Cl 和 Nb 端接成键，每个 Cl 提供 1 个电子，所以原子簇的 g 值为

$$g = (6 \times 5) + (12 \times 3 + 6 \times 1) + 4 = 76$$

Nb_6 的键价数 b 为

$$b = (6 \times 18 - 76)/2 = 16$$

在这簇合物中，由于 Nb_6 八面体的 12 条棱的外侧都已和 Cl 形成 μ_2 形式的桥键，棱上不再是 2c-2e Nb—Nb 键。八面体的每一个面都形成了 3c-2e NbNbNb 键。Nb_6 八面体中共有 8 个这种键，而每个 3c-2e NbNbNb 键的键价数为 2。所以它的键价数为 16，正好和计算值相等。右边小图示出这 8 个 3c-2e 键。

图 4.2.4(c)示出 $Rh_6(\mu_3\text{-}CO)_4(CO)_{12}$ 簇合物的结构。羰基（CO）作为配体不论是 μ_3 面桥形式连接或是端接，每个 CO 提供的电子数都是 2，所以

$$g = (6 \times 9) + (4 \times 2 + 12 \times 2) = 86$$
$$b = (6 \times 18 - 86)/2 = 11$$

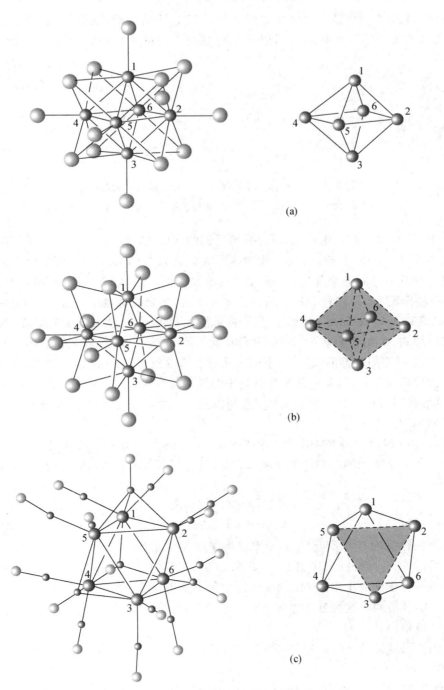

图 4.2.4　三种八面体簇合物的结构和键

(a) $[Mo_6(\mu_3\text{-}Cl)_8Cl_6]^{2-}$，(b) $[Nb_6(\mu_2\text{-}Cl)_{12}Cl_6]^{4-}$，(c) $Rh_6(\mu_3\text{-}CO)_4(CO)_{12}$

这个 b 值和 $B_6H_6^{2-}$ 的相同,可以形成 4 个 3c-2e 键和 3 个 2c-2e 键。但仔细分析 Rh_6 簇 8 个面上的配位情况及它的价电子数目较多,该原子簇形成的化学键应为:1 个 3c-2e RhRhRh 键[图(c)中示出为 2-3-5 号原子],9 个 2c-2e Rh—Rh 键[图(c)中为 1-2,2-6,6-3,3-4,4-5,5-1,

1-6,6-4,1-4 号原子],这是一种共振杂化体的形式。从结构看,在其他共振杂化体中 3c-2e RhRhRh 键可在 1-2-6,1-4-5 和 3-4-6 号原子的面上形成。它的共振结构式的情况示于图 4.2.5 中。

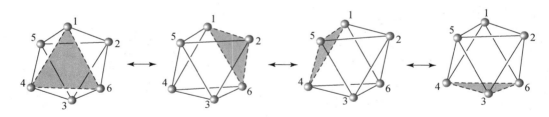

图 4.2.5　$Rh_6(\mu_3\text{-}CO)_4(CO)_{12}$ 中 Rh_6 簇化学键的表示

(原子间实线表示 2c-2e Rh—Rh 键,虚线围成阴影区表示 3c-2e RhRhRh 键)

对比 B_6 簇和 Rh_6 的成键情况,可以看出它们的键价数 b 都为 11。B_6 簇中形成 4 个 3c-2e BBB 键和 3 个 2c-2e B—B 键,而 Rh_6 簇中则形成 1 个 3c-2e RhRhRh 键和 9 个 2c-2e Rh—Rh 键。这是一种具有等同键价数而有不同成键情况的实例。在 $B_6H_6^{2-}$ 中,全部的配位体都是 H 原子,而且均以端接的方式和 B 原子结合成 B—H 键,剩余的价电子只有 7 对,只能通过 4 个 3c-2e BBB 键和 3 个 2c-2e B—B 键来达到键价数为 11 的成键要求。在 Rh_6 簇中,它有 4 个 μ_3-CO 配位形式,必然会影响 3c-2e RhRhRh 键的形成,它有着较多的价电子用以形成 2c-2e Rh—Rh 键,所以它的成键形式和 B_6 不同。从键能角度分析,相同键价而 2c-2e 键较多的簇应当具有更为稳定的结构,就如同碳氢化合物中的烷烃是较为稳定的结构。由此可以得出结论:在价电子较多的体系,如后过渡金属原子簇以及主族元素的重原子簇,多面体原子间趋于优先形成较多的 2c-2e 键。

此外,在图 4.1.1 所示的 SF_6 分子结构中,若将 S 原子看作提供 6 个价电子的填隙原子,只考虑 6 个 F 原子组成的八面体原子间的化学键时,可算得该 F_6 八面体的已有价电子数和键价数:

$$g=6\times7+6=48$$
$$b=(6\times8-48)/2=0$$

可见 F 原子间键价为 0,没有化学键,这和实际情况完全相符。

从上面讨论的 $[Mo_6(\mu_3\text{-}Cl)_8Cl_4]^{2-}$,$[Nb_6(\mu_2\text{-}Cl)_{12}Cl_6]^{4-}$,$Rh_6(\mu_3\text{-}CO)_4(CO)_{12}$,$B_6H_6^{2-}$ 和 SF_6 等五种分子和离子中的 M_6 八面体的实例来分析,虽然它们的几何形态都是八面体,但原子间的化学键不同。这种分析加深了对这些化合物结构的认识,为进一步探索它们的性质和应用打下基础。

由上述情况可见,簇合物多面体骨架 M_n 的化学键,可按实验测定的几何构型,从下面步骤加以指认:

(1) 计算 M_n 已有的价电子数(g)。

(2) 计算 M_n 的键价数(b)。

(3) 当 b 值等于多面体的棱边数,可以认为每条棱边为 2c-2e M—M 键。

(4) 当 b 值大于或小于棱边数目,则可结合 M_n 的实际几何构型,指认棱边上的两个原子间形成多重键或分数键,或者是在部分多面体的三角形面上形成 3c-2e 键。写出它们的价键结构式,作为一种共振杂化体的表示式,实际的结构介于多种共振杂化体之间。

在指认多面体原子间的化学键时,要注意:

(1) 3c-2e 键和 2c-2e 键的总数应等于或少于 M_n 内部原子间的价电子对数目。

(2) 形成 3c-2e 键的三角形面的边不和形成 2c-2e 键的棱边重合。

(3) 在等同键价数的多种成键方式中,2c-2e 键数目较多的成键方式较稳定。

若按上述步骤不能合理地指认化学键,解释其结构时,则应根据簇合物的几何构型,用其他方法探讨其化学键。因为上述只是一种非常简单的经验方法,不可能概括变化多样的化学结构,其中包括八隅律和十八电子规则也有其局限性。

4.2.4 由八面体簇连接形成的原子簇中的化学键

$[Rh_{12}(CO)_{30}]^{2-}$ 是由两个 Rh_6 八面体单元 $[Rh_6(CO)_{15}]^-$ 通过 Rh—Rh 键结合而成的十二核簇合物,如图 4.2.6(a) 所示。它的价电子数(g)为 170,由此按(4.2.2)式算得的键价数

$$b = (12 \times 18 - 170)/2 = 23$$

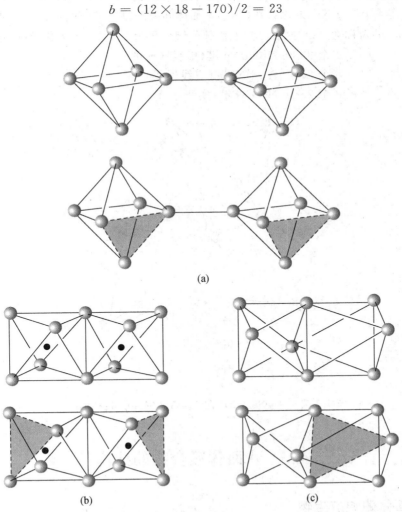

(a)

(b)　　　　　　　　　　(c)

图 4.2.6　(a) $[Rh_{12}(CO)_{30}]^{2-}$, (b) $[Ru_{10}C_2(CO)_{24}]^{2-}$,
(c) $[Rh_9(CO)_{19}]^{3-}$ 的结构(上)和化学键(下)

此值表明在 $[Rh_{12}(CO)_{30}]^{2-}$ 中,除去两个 Rh_6 单元间的 2c-2e Rh—Rh 键外,每个 Rh_6 簇的 b 值为 11,可以形成 1 个 3c-2e RhRhRh 键和 9 个 2c-2e Rh—Rh 键,如图 4.2.6(a)下方的图所示。

$[Ru_{10}C_2(CO)_{24}]^{2-}$ 是由两个 Ru_6 簇八面体共边连接而成,如图 4.2.6(b)所示,该簇的价电子数为 138,键价数 $b=21$,它由 2 个 3c-2e RuRuRu 键和 17 个 2c-2e Ru—Ru 键组成。

$[Rh_9(CO)_{19}]^{3-}$ 是由两个 Rh_6 八面体共面连接形成的原子簇,如图 4.2.6(c)所示。该簇的价电子数为 122,键价数 $b=20$,它由 1 个 3c-2e RhRhRh 键和 18 个 2c-2e Rh—Rh 键结合形成。

在 $[Au_6Ni_{12}(CO)_{24}]^{2-}$ 簇合物中,Au_6Ni_{12} 原子簇的价电子数

$$g = 6 \times 11 + 12 \times 10 + 24 \times 2 + 2 = 236$$

它的键价数

$$b = (18 \times 18 - 236)/2 = 44$$

它的结构如图 4.2.7 所示。中心的 6 个 Au 原子按八面体排列,12 个 Ni 原子分成 4 组,每组 3 个 Ni 原子呈三角形加帽在 Au_6 八面体的 4 个面上,共同组成 (Au_3Ni_3) 八面体。所以 Au_6Ni_{12} 簇的结构,也可看作 4 个 (Au_3Ni_3) 八面体按 (Au_6) 八面体间隔地排列的三角形面共用顶点排列而成。它具有 $T_d\text{-}\overline{4}3m$ 的对称性。每个 Au_3Ni_3 八面体的键价数为 11,它由下列化学键组成:

　　　1 个 3c-2e AuAuAu 键(虚线连成的三角形表示)

　　　6 个 2c-2e Au—Ni 键(实线连成)

　　　3 个 2c-2e Ni—Ni 键(实线连成)

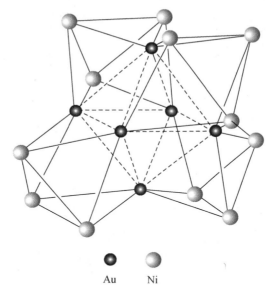

Au　　Ni

图 4.2.7　$[Au_6Ni_{12}(CO)_{24}]^{2-}$ 簇合物中 Au_6Ni_{12} 核的结构

4.3　八面体簇合物的结构

4.3.1　八面体硼烷衍生物

封闭式八面体硼烷 $B_6H_6^{2-}$ 的结构已如上节所述。若将 $B_6H_6^{2-}$ 中的一个 B 原子以 C 原子置换,可得碳硼烷 $CB_5H_6^-$。若 $B_6H_6^{2-}$ 中的 2 个 B 原子被 C 原子置换,则得中性的碳硼烷分

子,这种分子有两种异构体:邻位的 $1,2\text{-}C_2B_4H_6$ 和对位的 $1,6\text{-}C_2B_4H_6$,分子的结构分别示于图 4.3.1(a)和(b)中。碳硼烷中 CB_5 和 C_2B_4 骨干成键情况和 B_6 相同。

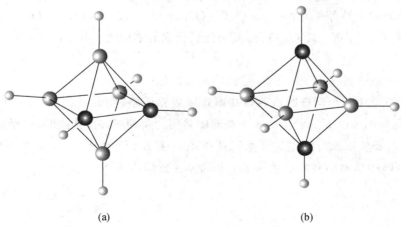

(a)   (b)

图 4.3.1 八面体碳硼烷的结构

(a) $1,2\text{-}C_2B_4H_6$,(b) $1,6\text{-}C_2B_4H_6$

八面体硼烷可和金属反应,衍生出金属硼化物。若金属离子的电价和大小尺寸合适时,B_6 原子簇多面体可通过顶点间的 B—B 键,将 B_6 单元连接成三维骨架,在骨架的立方八面体孔穴中安放金属离子,CaB_6 属于这种结构,如图 4.3.2 所示。在这结构中,每个 B_6 簇和周围 6 个 B_6 簇通过 B—B 键共顶点相连,它的价电子数除本身 18 个外,还从相邻 6 个 B_6 簇获得 6 个价电子,从 Ca 原子处获得 2 个价电子,

$$g = 18 + 6 + 2 = 26$$

B_6 簇的键价数 b 为

$$(6 \times 8 - 26)/2 = 11$$

成键情况和图 4.2.1 相同。

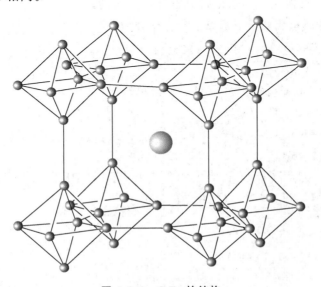

图 4.3.2 CaB_6 的结构

79

4.3.2　铷和铯的低氧化物

铷和铯能形成多种低氧化物：Rb_6O，Rb_9O_2，Cs_3O，Cs_4O，Cs_7O，$Cs_{11}O_3$ 以及 $Cs_{11}O_3Rb$，$Cs_{11}O_3Rb_2$，$Cs_{11}O_3Rb_7$ 等。除 Cs_3O 外，其余低氧化物的结构均已测定出来。这些结构具有下列特点：

(1) 每个 O 原子占据由 Rb 或 Cs 组成的八面体的中心位置。

(2) 在 Rb_9O_2 中两个同样的八面体共面连接成原子簇；在 $Cs_{11}O_3$ 中，3 个相同的八面体共面连接成簇，如图 4.3.3 所示。由 3 个八面体共用一条轴线共面连接时，由于正八面体的双面角为 $109°47'$，要使这三对共用的面都能严密地拼接是不可能的，一定会在面间产生间隙。所以图 4.3.3(b) 中所示的共面连接的 3 个八面体为变形八面体。

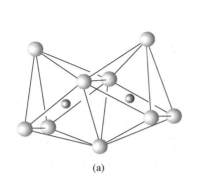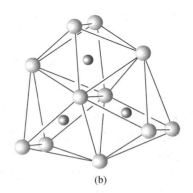

(a)　　　　　　　　　　　　(b)

图 4.3.3　Rb_9O_2 (a) 和 $Cs_{11}O_3$ (b) 的结构

（大球代表金属原子，小球代表 O 原子）

(3) O—M 距离接近 M^+ 和 O^{2-} 离子半径加和值。

(4) 簇间的 M—M 距离相当于金属中的 Rb 和 Cs 的距离。

(5) 簇和附加的碱金属原子形成新的计量化合物：

　　$Cs_4O = Cs[Cs_{11}O_3]$

　　$Cs_7O = Cs_{10}[Cs_{11}O_3]$

　　$Cs_{11}O_3Rb = Rb[Cs_{11}O_3]$

　　$Cs_{11}O_3Rb_2 = Rb_2[Cs_{11}O_3]$

　　$Cs_{11}O_3Rb_7 = Rb_7[Cs_{11}O_3]$

　　$Rb_6O = Rb_3[Rb_9O_2]$

图 4.3.4 示出 (a) $Cs_{10}[Cs_{11}O_3]$，(b) $Rb[Cs_{11}O_3]$ 和 (c) $Rb_7[Cs_{11}O_3]$ 的结构。

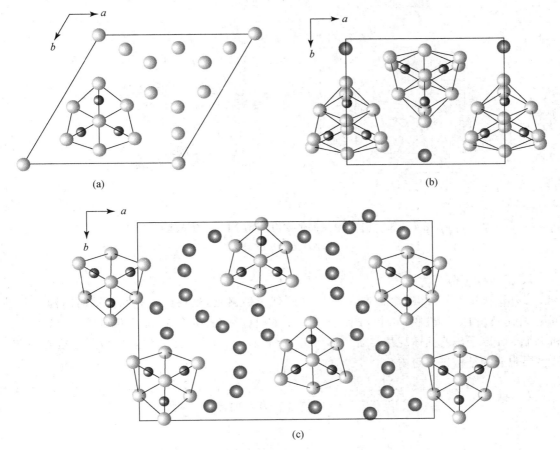

图 4.3.4 低氧化物晶胞中原子排列的投影图

(a) $Cs_{10}(Cs_{11}O_3)$，**(b)** $Rb(Cs_{11}O_3)$，**(c)** $Rb_7(Cs_{11}O_3)$

（小黑球代表 O 原子，大白球代表 Cs，大黑球代表 Rb）

4.3.3 铌和锆化合物结构中的八面体

1. 氧化铌

NbO 的结构可看作由 NaCl 结构有序空缺形成：在 NaCl 的面心立方晶胞中，在体心位置和顶角位置上 Cl 和 Na 空缺，再将 Na 用 Nb 置换，Cl 用 O 置换，即得 NbO 的结构，如图 4.3.5(a) 所示。NbO 晶体为简单立方点阵，在这晶体中，Nb 原子利用它的 4d 轨道和 5s 轨道互相叠加成键，通过 Nb—Nb 金属键形成八面体原子簇。这些八面体再共用顶点连接成三维骨架，而使得 NbO 具有金属 Nb 那样的金属光泽和导电性。每个 Nb 原子周围有 4 个 O 原子呈平面四方形配位。在 NbO 结构中，O 原子的几何排布和配位环境与 Nb 原子的状况是等同的，但因 O 原子没有 d 轨道参与成键，虽然也可画出和 Nb_6 一样的 O_6 八面体，却没有 O 原子间成键的物理意义。

许多 Nb 的低价氧化物和卤化物中，含有 Nb_6 八面体原子簇。图 4.3.5(b) 示出 Nb_6 原子簇及其周围 12 个 O 原子，每个 Nb 原子还可进一步和其他原子成键。

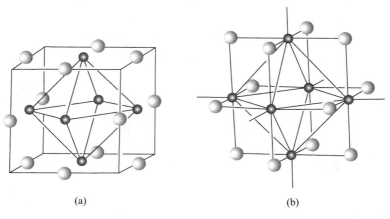

(a)　　　　　　　　　　　　(b)

图 4.3.5　（a）NbO 的晶体结构，（b）Nb_6O_{12} 原子簇的结构

（图中小球为 Nb，大球为 O）

2. $[MnZr_6Cl_{18}]^{5-}$

$[MnZr_6Cl_{18}]^{5-}$ 的咪唑鎓盐的结构，经 X 射线衍射测定，呈现图 4.3.6 所示的结构。由图可见，中心 Mn 原子周围被 6 个 Zr 原子按八面体配位结合，每个 Zr 原子周围被 5 个 Cl 原子和 1 个 Mn 原子呈八面体配位结合。后者的 6 个 $[ZrMnCl_5]$ 八面体相互共棱边结合在一起。从多层包合的结构来看可看作：

$$Mn \quad @ \quad Zr_6 \quad @ \quad Cl_{12} \quad @ \quad Cl_6$$

八面体　　立方八面体　　八面体

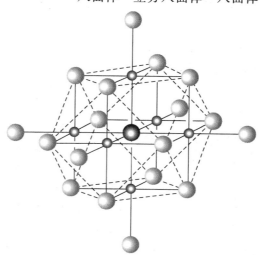

图 4.3.6　$[MnZr_6Cl_{18}]^{5-}$ 的结构

4.3.4　等同键价数的八面体簇合物

一个由 n_1 个过渡金属原子和 n_2 个主族元素原子组成的簇合物的键价数 b，可按下式计算

$$b = (18n_1 + 8n_2 - g)/2$$

式中 g 是指由 n_1 个过渡金属原子和 n_2 个主族元素原子加上和它们结合的配位体,如 CO,H 等提供给原子簇的价电子数。例如 $B_6H_6^{2-}$ 的 g 值为 26,b 值为 11。

当八面体形结构的 $B_6H_6^{2-}$ [或写成 $(BH)_6^{2-}$] 中的 2 个 (BH) 基团被 2 个 $(CH)^+$ 基团置换,形成 $(BH)_4(CH)_2$,g 值为 26,b 值为 11,键价数不改变,结构型式相同。当一个 (BH) 基团被一个 $Fe(CO)_3$ 基团置换,g 值增加 10,因 BH 基团提供给原子簇中的价电子数目为 4,而 $Fe(CO)_3$ 基团加入簇中的价电子数目为 14(Fe 的价电子数为 8,3 个 CO 共提供 6 个价电子),所以 $[Fe(CO)_3][B_5H_3(CO)_2]$ 的 g 值为 36,而 (FeB_5) 簇的键价数仍为 11,保持不变。以此类推,可列出八面体簇合物的等同键价和等同结构系列,如图 4.3.7 所示。

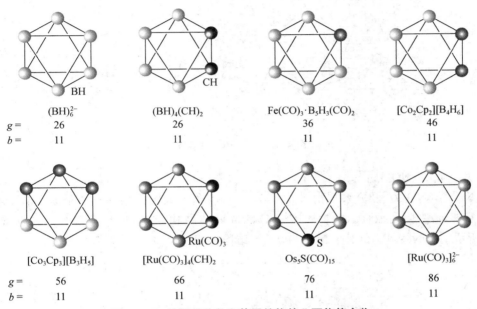

图 4.3.7　等同键价数和等同结构的八面体簇合物

一个簇合物的空间构型是由它本身的电子因素和空间几何因素所决定,还要受到周围环境的各种条件的影响,它究竟是以什么样的构型存在,要通过实验测定才能真正了解。然而简单地计算一下它的键价数,便能帮助对所研究的问题得到一定程度的理解。

4.4　晶体中八面体的连接

许多晶体化学问题可从不同的多面体共顶点、共棱边或共面相互连接形成的结构来理解。本节先仅从八面体的连接来讨论,接着以等径圆球的最密堆积中的八面体空隙和四面体空隙的关系,讨论一些晶体的结构。

4.4.1　八面体分立地不连接

大多数八面体配位化合物在溶液中以分立的八面体形式存在,如表 4.1.1 所列。分立的八面体基团在晶体中经常出现,下面列举若干实例说明。

1. K₂PtCl₆

在 K_2PtCl_6 晶体中，$PtCl_6^{2-}$ 以分立形式存在，如图 4.4.1 所示。

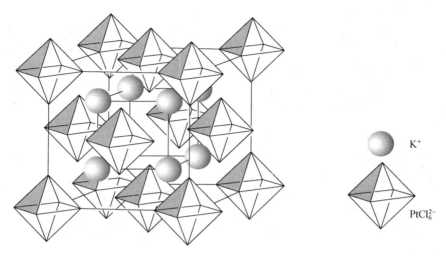

图 4.4.1　K_2PtCl_6 的结构

2. K₂Na[Co(NO₂)₆]

$K_2Na[Co(NO_2)_6]$ 及一系列由 $[Co(NO_2)_6]^{3-}$ 离子形成的盐均为立方晶系晶体。在其中若不计及 NO_2 基团的取向，只考虑 (CoN_6) 的八面体结构，它们也是呈现分立的状态，如图 4.4.2 所示。K_2NaAlF_6 和 $K_3[Co(NO_2)_6]$ 等结构也相近似，八面体呈分立状态。

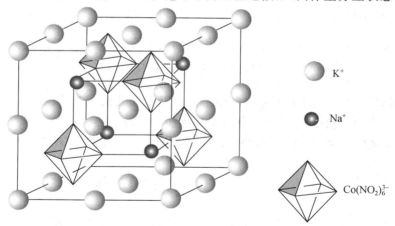

图 4.4.2　$K_2Na[Co(NO_2)_6]$ 的结构

4.4.2　八面体共顶点和共边连接

1. 钙钛矿(CaTiO₃)

在钙钛矿($CaTiO_3$)晶体中，(TiO_6) 八面体共顶点连接成三维骨架，Ca^{2+} 离子填在由 8 个八面体围成的立方八面体孔穴之中。图 4.4.3(a)示出八面体的连接方式，图 4.4.3(b)示出八面体和立方八面体的关系。Ca^{2+} 在其中的配位数为 12。配位多面体为立方八面体。

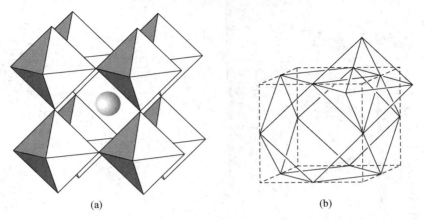

(a)   (b)

图 4.4.3 （a）钙钛矿（$CaTiO_3$）晶体中（TiO_6）八面体共顶点的连接情况，
（b）8 个八面体围成的立方八面体与其中 1 个八面体的关系

2. NaCl

晶体中八面体共棱连接的情况很多，最常见的 NaCl 的结构可看作 Na^+ 处于由 6 个 Cl^- 组成的八面体中，这些多面体相互共棱边连接成三维骨架，如图 4.4.4 所示。

3. 金红石（TiO_2）

金红石（TiO_2）晶体结构可看作（TiO_6）八面体共棱边连接成链，链间再通过共用顶点连接成三维骨架，如图 4.4.5 所示。

4. 砷化镍（NiAs）

砷化镍（NiAs）的晶体结构可看作 As 原子按六方最密堆积排列，Ni 原子填在八面体空隙之中，图 4.4.6 示出 NiAs 结构的一个六方晶胞。由图可见，结构中（$NiAs_6$）八面体相互共面连接成长链，长链之间再通过共用棱边的方式连接成三维结构。

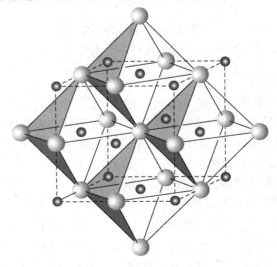

图 4.4.4   NaCl 晶体结构

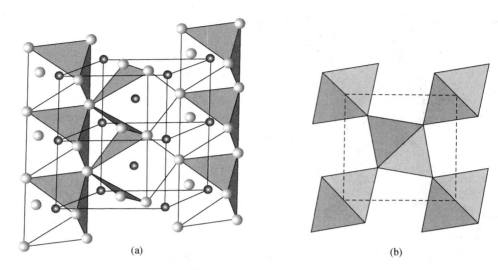

(a)　　　　　　　　　　　　　　　　(b)

图 4.4.5　金红石的结构

（a）（TiO₆）八面体连接成长链，（b）沿 *c* 轴看（TiO₆）八面体长链间共顶点连接

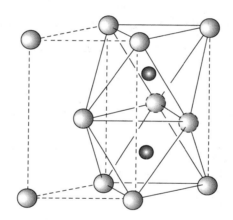

图 4.4.6　NiAs 的结构

（小球代表 Ni，大球代表 As）

5. 尖晶石（MgAl₂O₄）

尖晶石的晶体结构可看作 O^{2-} 作立方最密堆积，立方晶胞中共有 32 个 O^{2-}。Mg^{2+} 占据其中部分的四面体空隙，形成（MgO₄）四面体；Al^{3+} 占据部分八面体空隙，形成（AlO₆）八面体。在立方晶胞中，有 8 个（MgO₄）四面体，它的排列像金刚石结构中 C 原子的排列；有 16 个（AlO₆）八面体，它和（MgO₄）四面体共用顶点上的 O^{2-}，如图 4.4.7（a）所示。每个（AlO₆）八面体和周围 6 个八面体之间共棱边相连接，（MgO₄）四面体之间不连接。（AlO₆）八面体和（MgO₄）四面体之间共用顶点相连。这样，每个（AlO₆）八面体顶点上的 O 原子都同时参加组成 3 个（AlO₆）八面体和 1 个（MgO₄）四面体。16 个（AlO₆）八面体的中心位置示于图 4.4.7（b）中，当按共边连接的八面体以实线相连，形成大的正四面体，16 个（AlO₆）八面体中心点的位置处在顶点上以及每条边的 1/3 和 2/3 距离处。注意：这个大四面体不是孤立的，各条边都外伸到相邻的晶胞中。

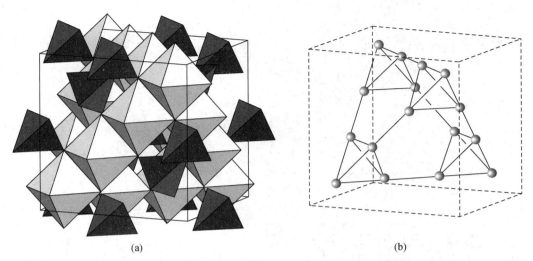

(a)   (b)

图 4.4.7　尖晶石(MgAl₂O₄)的结构图

(a)　晶胞中(MgO₄)四面体和(AlO₆)八面体的连接，

(b)　在晶胞中(AlO₆)八面体的中心位置(小球为 Al 原子位置)

4.4.3　等径圆球密堆积中四面体和八面体的连接

　　等径圆球密堆积中四面体空隙的数目是球的数目的两倍。八面体空隙的数目和球的数目相等。主要的堆积形式有立方最密堆积(ccp)和六方最密堆积(hcp)两种。

1. 立方最密堆积中的空隙多面体

　　立方最密堆积的立方晶胞示于图 4.4.8(a)。晶胞中摊到的原子数目为 4，所以应有 4 个八面体和 8 个四面体。图中示出处于晶胞中心的八面体(其余 3 个处于 12 条棱边上)和一个四面体。八面体间共棱边相连，可参看 NaCl 晶体的结构(图 4.4.4)，八面体和四面体间是共面相连。

　　图 4.4.8(b)示出处于晶胞中心的八面体相对的两个面各连上一个四面体。由于八面体的正三角形面和四面体的正三角形面是处于一个平面上，这两个正三角形面共边相连，形成一个菱形面，如图中的阴影面所示。这一个八面体和共面连接的两个四面体形成一个菱面体。这个菱面体相邻两条边的夹角分别为 60°和 120°，具有三重轴对称性，它可以作为立方面心复晶胞中划出来的菱面体素晶胞。从这个素晶胞也容易理解垂直于三重轴的原子平面即为密置层平面。在晶胞的 4 条体对角线上，结构是相同的。

　　图 4.4.8(c)和(d)均表示在部分四面体空隙中，有序地填充其他原子后形成的结构。在图 4.4.8(c)中，若堆积球是 S²⁻ 离子(即图中的白球)，填入四面体中的黑球代表 Zn²⁺ 离子，这种结构为立方硫化锌的结构。图中的(ZnS₄)四面体是共顶点相连的。在图 4.4.8(d)中，若白球代表 Ca²⁺ 离子，填入四面体的黑球代表 F⁻ 离子，这种结构为 CaF₂ 的立方晶胞[可和图 3.4.6 比较]。

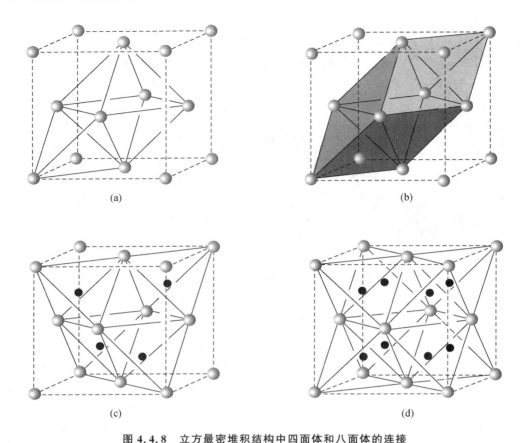

(a)　　　　　　　　　　　　　　(b)

(c)　　　　　　　　　　　　　　(d)

图 4.4.8　立方最密堆积结构中四面体和八面体的连接

（a）四面体和八面体共面连接，

（b）一个八面体和对位的两个四面体形成菱形六面体的结构，

（c）立方 ZnS 的结构，（d）CaF_2 的结构

2. 六方最密堆积中的空隙多面体

六方最密堆积的六方晶胞包含两个原子,它们的排列如图 4.4.9(a)所示,图中大球代表堆积原子,画有斜线的大球代表堆积晶胞外的球。晶胞中两个八面体空隙共面连接成长链,和晶胞 c 轴平行。每个八面体其余的 6 个面都和四面体共面相连。图 4.4.9(b)示出晶胞中的 4 个四面体,这些四面体通过共顶点、共边和共面等方式连接在一起。若堆积的大球代表 S^{2-} 离子,填入四面体中心的深色小球代表 Zn^{2+} 离子,则图 4.4.9(b)表示六方硫化锌晶体结构的六方晶胞。在此结构中,由 Zn^{2+} 占据的四面体之间,只共用顶点相连,而不会共边和共面相连。这样可以保证 Zn^{2+} 离子之间的静电推斥作用趋于最小。

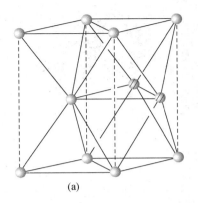 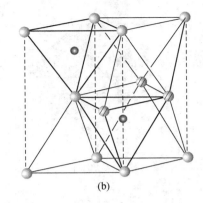

(a)　　　　　　　　　　　　(b)

图 4.4.9　六方最密堆积结构中四面体和八面体的连接

(a) 空隙八面体共面连接,四面体和八面体也共面连接,

(b) 六方 ZnS 结构中的晶胞(大球代表 S^{2-},小球代表 Zn^{2+})

(画有斜线的大球处在晶胞之外)

4.5　同多酸和杂多酸结构中的八面体

钒、铌、钽和铬、钼、钨等的氧化物在酸性水溶液中会发生水解反应和缩聚反应,形成同多酸负离子,或和正离子一起结晶成同多酸盐。同多酸负离子大部分是由多个(MO_6)八面体共顶点或共边连接成含多个金属离子的负离子,在其中金属离子的数目可以是几个、十几个或几十个,视溶液的酸度、浓度和温度等条件而定。已知有许多种同多酸负离子,例如: $[V_{10}O_{28}]^{6-}$,$[V_{18}O_{42}]^{12-}$,$[Nb_6O_{19}]^{8-}$,$[Ta_6O_{19}]^{8-}$,$[W_6O_{19}]^{2-}$,$[Mo_8O_{26}]^{4-}$ 等等。

杂多酸是指含有 P,As,Si 和 Te 等非金属原子的多酸。杂多酸负离子中,非金属原子 X 和 O 原子形成(XO_4)四面体或(XO_6)八面体,它们和金属原子与 O 原子形成的(MO_6)八面体一起连接形成杂多酸负离子。已知重要的有:

1:12 四面体形杂原子的$[XM_{12}O_{40}]^{3-}$,M=Mo 和 W,X=P,As,Si,Ge 等;

2:18 四面体形杂原子的$[X_2M_{18}O_{62}]^{6-}$,M=Mo 和 W,X=P 和 As 等;

1:6 八面体形杂原子的$[XMo_6O_{24}]^{6-}$,X=Te。

钼和钨的同多酸盐和杂多酸盐在催化和生物化学中有着重要的应用。

4.5.1　V,Nb,Ta 的同多酸负离子

一些晶态的 V,Nb 和 Ta 的同多酸的结构已经被测定。图 4.5.1 示出 2 种典型的结构: $[Nb_6O_{19}]^{8-}$ 和 $[V_{10}O_{28}]^{6-}$。

图 4.5.1(a)示意地用(NbO_6)八面体共边连接形成一个大的八面体,代表$[Nb_6O_{19}]^{8-}$的结构。这个同多酸负离子是从 $HNa_7[Nb_6O_{19}] \cdot 15H_2O$ 的晶体中测得。(NbO_6)并不是一个正八面体,Nb 和 6 个 O 原子距离随着 O 原子的结构状况而变:Nb—O(端接)键长为 175～178 pm,Nb—O(桥连)键长为 197.0～205.6 pm,Nb—O(中心)键长为 237.1～238.6 pm。$[Ta_6O_{19}]^{8-}$ 和$[Nb_6O_{19}]^{8-}$ 同构,但键长不同。在 $H_2Na_2K_4[Ta_6O_{19}] \cdot 2H_2O$ 晶体中,Ta—O(端接)178.6～181.7 pm,Ta—O(桥连)197.6～201.2 pm,Ta—O(中心)235.6～242.6 pm。

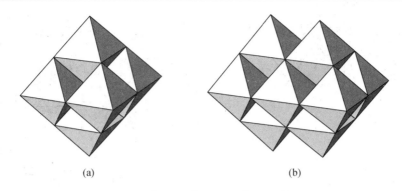

(a)　　　　　　　　　　　　　　　　(b)

图 4.5.1　(a) $[Nb_6O_{19}]^{8-}$ 和 (b) $[V_{10}O_{28}]^{6-}$ 的结构

$[V_{10}O_{28}]^{6-}$(或 $[Nb_{10}O_{28}]^{6-}$)的结构示于图 4.5.1(b)，这个负离子由 10 个 (VO_6) 八面体共边连接而成，具有 D_{2d} 点群对称性。图中只显示出 8 个八面体，有两个被前面的掩盖，但根据对称性可以定出它们的位置。

4.5.2　钼的同多酸负离子

在酸性溶液中，Mo(Ⅵ)的含氧酸盐能互相缩聚成为较复杂的同多酸盐。将钼酸盐 (MoO_4^{2-}) 的水溶液仔细地调节浓度和温度，可缩合成六聚离子 $[Mo_6O_{19}]^{2-}$、七聚离子 $[Mo_7O_{24}]^{6-}$、八聚离子 $[Mo_8O_{26}]^{4-}$ 或聚合度更高的同多酸负离子。在使其缓慢结晶条件下，可得相应的同多酸盐晶体。晶体结构测定证明，这些同多酸负离子主要由 (MoO_6) 八面体共顶点或共边连接而成，但不会共面相连接。图 4.5.2(a) 示出 $[Mo_6O_{19}]^{2-}$ 的结构，它与 $[Nb_6O_{19}]^{8-}$ 结构相同。图 4.5.2(b) 示出在晶体 $(NH_4)_6[Mo_7O_{24}]\cdot4H_2O$ 或 $(H_3dien)_2$ $[Mo_7O_{24}]\cdot4H_2O$ 中，负离子 $[Mo_7O_{24}]^{6-}$ 的结构。

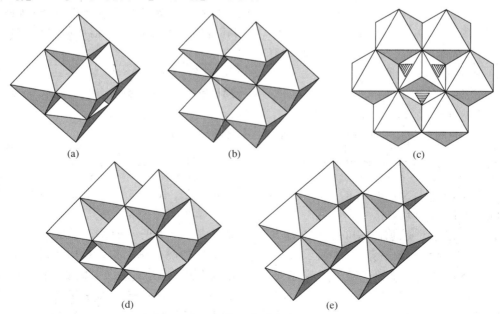

(a)　　　　　　　　　(b)　　　　　　　　　(c)

(d)　　　　　　　　　　　　　　　(e)

图 4.5.2　钼的同多酸负离子的结构

(a) $[Mo_6O_{19}]^{2-}$, (b) $[Mo_7O_{24}]^{6-}$, (c) α-$[Mo_8O_{26}]^{4-}$, (d) β-$[Mo_8O_{26}]^{4-}$, (e) γ-$[Mo_8O_{26}]^{4-}$

图 4.5.2(c)～(e)分别示出 α-,β-和 γ-[Mo_8O_{26}]$^{4-}$ 的结构。α-[Mo_8O_{26}]$^{4-}$ 是由 6 个(MoO_6)八面体共边连接成六元环,在环中心处的上、下加帽两个(MoO_4)四面体。在图 4.5.2(d)中示出的 β-[Mo_8O_{26}]$^{4-}$ 是先将 4 个八面体共边连接成共平面的四方形单元,再由两个这种四方形单元共边连接而成。在图中有一个八面体受前面四方形单元所掩盖而没有显示出来。图 4.5.2(e)示出的 γ-[Mo_8O_{26}]$^{4-}$ 图中,左下角和右上角的八面体各有 3 个端基氧,这和它的电价并不相符,可看作其中有一个位置上没有 O 原子,而形成五配位的(MoO_5)四方锥形配位。

已报道一些聚合度更高的同多酸负离子的结构,例如,在晶体 K_8[$Mo_{36}O_{112}$(H_2O)$_{16}$]·xH_2O,$x=38$~40 中,负离子[$Mo_{36}O_{112}$(H_2O)$_{16}$]$^{8-}$ 的结构是由两个 Mo_{18} 单元通过对称中心联系而成。

4.5.3　钨的同多酸负离子

逐步酸化含有钨酸根 WO_4^{2-} 的水溶液,可使钨酸根逐步缩聚形成钨的同多酸。从晶体结构测定已得到其聚合度为 4,6,7,10,12 等的同多酸盐。在 Li_{14}(WO_4)$_3$(W_4O_{16})·$4H_2O$ 晶体中,4 个(WO_6)八面体共边连接成[W_4O_{16}]$^{8-}$,其中 4 个 W 原子在空间排成四面体,如图 4.5.3(a)所示。[W_6O_{19}]$^{2-}$ 和[Mo_6O_{19}]$^{2-}$ 同构[见图 4.5.2(a)]。在 Na_6[W_7O_{24}]·$14H_2O$ 晶体中,[W_7O_{24}]$^{6-}$ 具有和[Mo_7O_{24}]$^{6-}$ 相同的结构,见图 4.5.2(b)。

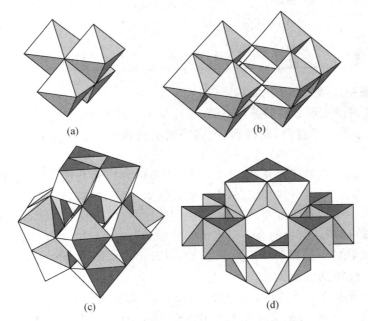

(a)　　　　　　　　(b)

(c)　　　　　　　　(d)

图 4.5.3　钨的同多酸负离子的结构

(a) [W_4O_{16}]$^{8-}$, **(b)** [$W_{10}O_{32}$]$^{4-}$, **(c)** [$H_2W_{12}O_{40}$]$^{6-}$, **(d)** [$H_2W_{12}O_{42}$]$^{10-}$

在 K_4[$W_{10}O_{32}$]·$4H_2O$ 晶体中,[$W_{10}O_{32}$]$^{4-}$ 的结构可看作两部分相同的四方锥形(W_5O_{18})共顶点结合而成,如图 4.5.3(b)所示。图 4.5.3(c)和(d)分别示出偏钨酸盐离子[$H_2W_{12}O_{40}$]$^{6-}$ 和仲钨酸盐离子[$H_2W_{12}O_{42}$]$^{10-}$ 的结构。

4.5.4　杂多酸负离子结构中的多面体

早在 19 世纪 20 年代,化学家就已发现含有钼酸和磷酸的酸性溶液会产生黄色沉淀,长期以来以此作为磷酸根定量分析的依据。这黄色的晶态沉淀为杂多酸负离子 $[PMo_{12}O_{40}]^{3-}$ 所形成的盐。迄今已观察到 70 多种元素(除 Mo,W,V 外)能形成杂多酸盐,杂多酸的品种是很多的。表 4.5.1 列出一些杂原子的配位类型和实例。表中所指的杂原子已不限于非金属原子,有些金属原子在结构中的作用也和 P,As 等相似。下面选一些实例对它们的结构作些说明。

表 4.5.1　杂多酸负离子中杂原子的配位情况和实例

杂原子配位多面体	XO_n	实例和结构图号
三角锥	AsO_3	$[As_6V_{15}O_{42}(H_2O)]^{6-}$
四面体	PO_4	$\alpha\text{-}[PW_{12}O_{40}]^{3-}$(Keggin 型结构,图 4.5.4)
	PO_4	$\alpha\text{-}[P_2W_{18}O_{62}]^{6-}$[Dawson 型结构,图 4.5.5(a)]
	PO_4	$[P_5W_{30}O_{110}]^{15-}$
	PO_4	$[P_2Mo_5O_{23}]^{6-}$[图 4.5.5(b)]
	AsO_4	$[As_2Mo_6O_{26}]^{6-}$[图 4.5.5(c)]
	BO_4	$[B(Co_2W_{11})O_{39}(H_2O)]^{6-}$
八面体	TeO_6	$[TeMo_6O_{24}]^{6-}$(Anderson 型结构,图 4.5.6)
	MnO_6	$[MnV_{13}O_{38}]^{7-}$
	AlO_6	$[AlV_{14}O_{40}]^{9-}$
四方反棱柱体	CeO_8	$[CeW_{10}O_{36}]^{8-}$[图 4.5.5(d)]
三角二十面体	CeO_{12}	$[CeMo_{12}O_{42}]^{8-}$[图 4.5.5(e)]

1. Keggin 型杂多酸负离子的结构

Keggin 型杂多酸是最重要的一种多酸,其负离子的组成为 $[PW_{12}O_{40}]^{3-}$,其中的 P 和 W 都可以被其他元素的原子置换,已得到 80 多种该组成的化合物。$[PW_{12}O_{40}]^{3-}$ 离子具有 T_d 点群对称性,下面分步分析它的结构。

(1) $[PW_{12}O_{40}]^{3-}$ 负离子是由 12 个 (WO_6) 八面体共边和共顶点连接而成,中心是 P 原子。将 12 个 (WO_6) 八面体分成 4 组,每组 3 个八面体,它们的连接情况相同,都是共边连接成平面基团,其中有一个顶点为 3 个八面体共用。图 4.5.4(a) 和 (b) 示出这个基团上下两面的不同结构,并在图(b)所示结构的面上用小球标出 3 个八面体共顶点的 O 原子。

(2) P 原子处在整个负离子结构的中心,它和图(b)中标明小球的 4 个 O 原子构成 (PO_4) 四面体结构,如图(c)所示。

(3) 将图(b)所示的 3 个三聚平面基团以标小球的面向着中心 (PO_4) 四面体,沿垂直于三重轴方向靠近中心,按图(d)所示的方式共用顶点。图(d)是为了观看 (PO_4) 四面体与三聚平面基团间的关系而留的窗口。

(4) 将第 4 个三聚平面基团按(3)所示的方法靠近中心,并使它和其他 3 个基团共用顶点连接,如图(e)所示。

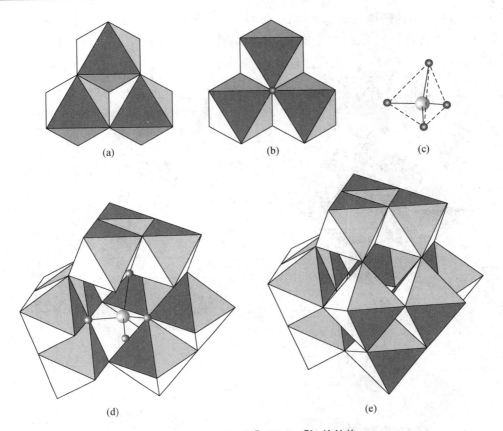

图 4.5.4 Kiggin 型 $[PW_{12}O_{40}]^{3-}$ 的结构

(a)和(b)3 个(WO_6)八面体共边连接成三聚平面基团上下两面的结构,(b) 图中心的小球代表 3 个八面体共用顶点的 O 原子,(c) 处于中心位置的(PO_4)四面体的结构,(d) 3 个三聚平面基团和(PO_4)四面体的连接,(e) $[PW_{12}O_{40}]^{3-}$ 离子的外观

2. Dawson 型杂多酸负离子的结构

Dawson 型负离子 α-$[P_2W_{18}O_{62}]^{6-}$ 的结构示于图 4.5.5(a),它是由两个(PW_9O_{34})单元共顶点连接而成。

3. $[P_2Mo_5O_{23}]^{6-}$ 和 $[As_2Mo_6O_{26}]^{6-}$ 的结构

在 $[P_2Mo_5O_{23}]^{6-}$ 中,5 个(MoO_6)八面体共边或共顶点连接成五元环,在环的上、下两侧和(PO_4)四面体共边或共顶点连接,形成具有 C_2 点群对称性的离子,如图 4.5.5(b)所示。$[As_2Mo_6O_{26}]^{6-}$ 离子的结构是由 6 个(MoO_6)八面体共边连接成环,在环的上、下分别和(AsO_4)四面体共顶点相连,形成具有 D_{3h} 对称性的结构,如图 4.5.5(c)所示。在 $[P_2Mo_5O_{23}]^{6-}$ 和 $[As_2Mo_6O_{26}]^{6-}$ 两个负离子中,(PO_4)和(AsO_4)四面体都有一个顶点没有和其他多面体连接,这个 P—O 键和 As—O 键都带有双键性质,键长较单键短。

4. $[CeW_{10}O_{36}]^{8-}$ 和 $[CeMo_{12}O_{42}]^{8-}$ 的结构

$[CeW_{10}O_{36}]^{8-}$ 的结构,可理解为由两个 $[W_5O_{18}]^{6-}$ 部分通过 Ce^{4+} 按四方反棱柱体结构方式结合在一起。$[W_5O_{18}]^{6-}$ 可看作由八面体形的 $[W_6O_{19}]^{2-}$ [见图 4.5.2(a)]除去一个八面体而成。$[CeW_{10}O_{36}]^{8-}$ 负离子近似地具有 D_{4d} 点群对称性,如图 4.5.5(d)所示。

$[CeMo_{12}O_{42}]^{8-}$ 的结构特点是每两个(MoO_6)八面体共面连接成对，这 6 对进一步连接成具有三角二十面体的孔穴，孔穴中心安放 Ce^{4+}，如图 4.5.5(e)所示。

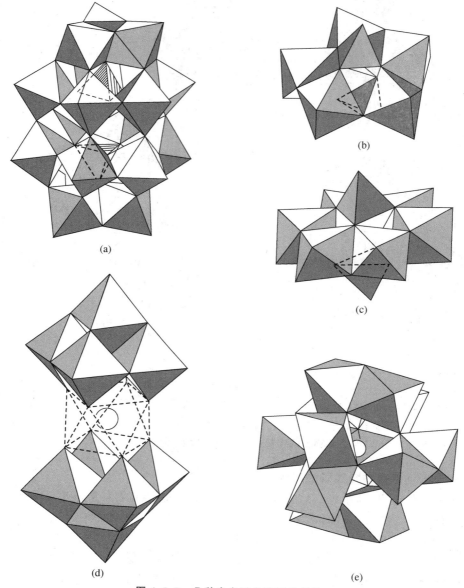

(a)

(b)

(c)

(d)

(e)

图 4.5.5　几种杂多酸负离子的结构

（a）Dawson 型负离子 **α-[P₂W₁₈O₆₂]⁶⁻**，（b）**[P₂Mo₅O₂₃]⁶⁻**，

（c）**[As₂Mo₆O₂₆]⁶⁻**，（d）**[CeW₁₀O₃₆]⁸⁻**，（e）**[CeMo₁₂O₄₂]⁸⁻**

5. Anderson 型杂多酸负离子的结构

在(NH_4)₆[$TeMo_6O_{24}$]·Te(OH)₆·7H_2O 晶体中，负离子的组成为[$TeMo_6O_{24}$]⁶⁻，它的结构是由 6 个(MoO_6)八面体相互共边连接成环，和[$As_2Mo_6O_{26}$]⁶⁻ 中的六元环相似。在这六元环的中心点放 Te 原子，它具有 6 配位(TeO_6)八面体形结构，如图 4.5.6 所示，它的对称性属 D_{3d} 点群。杂多酸的这种结构型式称为 Anderson 型结构。

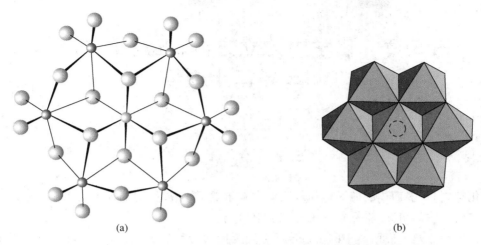

(a)
(b)

图 4.5.6　Anderson 型负离子[TeMo$_6$O$_{24}$]$^{6-}$的结构：(a) 球棍模型，(b) 多面体连接

参 考 文 献

[1]　麦松威,周公度,李伟基.高等无机结构化学(第 2 版)[M].北京：北京大学出版社,2006.

[2]　周公度.键价和分子几何学[J].大学化学,1996,11(1)：9～18.

[3]　项斯芬,无机化学新兴领域导论[M].北京：北京大学出版社,1988.

[4]　Housecroft C E and Sharpe A G. Inorganic Chemistry (3rd ed.)[M]. Harlow, Pearson, Prentice-Hall, 2008.

[5]　Mingos D M P and Wales D J. Introduction to Cluster Chemistry [M]. New Jersey：Prentice-Hall，Englewood Clifts,1990.

[6]　Cotton F A，Wilkinson G，Murillo C A and Bochmann M. Advanced Inorganic Chemistry (6th ed.)[M]. New York：Wiley,1999.

[7]　Evans R C. An Introduction to Crystal Chemistry [M]. Cambridge：Cambridge University Press. 1964.

[8]　Müller U. Inorganic Structural Chemistry [M]. New York：Wiley,1993.

[9]　Mak T C W and Zhou G-D. Crystallography in Modern Chemistry：A Resource Book of Crystal Structures [M]. New York：Wiley Interscience,1992.

[10]　Li W K，Zhou G-D and Mak T C W. Advanced Structural Inorganic Chemistry [M]. Oxford：Oxford University Press,2008.

[11]　Gonzalez-Moraga G. Cluster Chemistry：Introduction to the Chemistry of Transition Metal and Main Group Element Molecular Cluster [M]. Berlin：Springer-Verlag,1993.

[12]　Shriver D F，Kaesz H D and Adams R D(eds.). The Chemistry of Metal Cluster Complexes [M]. Weinheim：VCH,1990.

[13]　Greenwood N N and Earnshaw A. Chemistry of the Elements (2nd ed.) [M]. Oxford：Butterworth Heinemann,1997.

[14]　Elshenbroich C H，Salzer A. Organometallics：A Concise Introduction (2nd, revised ed.) [M]. Weinheim：VCH,1992.

[15]　Lipscomb W N and Epstein I R. Inorg Chem，1982，21：846.

[16]　Wade K. Adv Inorg Chem Radiochem，1976，18：1.

第5章 化学中的立方体、五角十二面体 和三角二十面体

5.1 导 言

在化学中,正多面体的四面体和八面体占有重要的地位,已如前面两章所述,其余三种正多面体在化学中的情况,将在本章中分别加以讨论。

立方体和五角十二面体中的多边形面分别为四边形面和五边形面,这两种面上原子间的距离有一部分比三角形面上的距离远,不易形成3c-2e多中心键,原子簇化合物较少。

在条件合适时,立方体顶点上的部分原子沿四重轴略加转动,就可以使它的四边形面转化为三边形面,使立方体转变为含有较多三边形面的其他多面体。图5.1.1(a)示出由立方体转变为四方反棱柱体的情况,转变后,由8个原子组成的立方体的6个四边形面变为8个三边形面和2个四边形面组成的四方反棱柱体。八配位的配位离子中,四方反棱柱体出现的数目要比立方体多。图5.1.1(b)示出由立方体转变为三角十二面体的情况,这种转变使得立方体中的6个四边形面全部转变为三边形面。

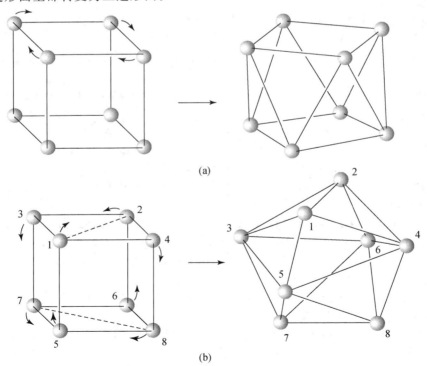

(a)

(b)

图 5.1.1 立方体的转变

(a) 由立方体转变为四方反棱柱体, (b) 由立方体转变为三角十二面体

五角十二面体中的五边形面不可能直接形成多中心键,它的对称性高、原子数目多,根据它的对称性,可以划分出较小的立方体和四面体单位,如图 5.1.2 所示。由图可见,由两种不同的原子组成的多面体仍能保持较高的对称性,适应于新化合物的形成。

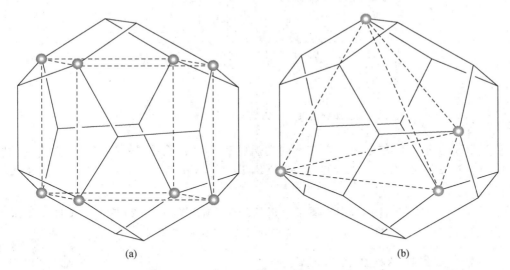

图 5.1.2 (a) 五角十二面体中划出的立方体,(b) 五角十二面体中划出的四面体

由 12 个原子组成的三角二十面体,非常适合于缺电子原子间或过渡金属原子间通过三中心二电子键形成多种多样的分子。元素硼和硼化物、硼氢化合物及其衍生物、过渡金属簇合物等类分子或晶体结构中常出现三角二十面体。本章将分节介绍上述三种正多面体在化学中的结构情况。

5.2 化学中的立方体

在化学中,原子按立方体排列和成键的结构类型远少于八面体。在配位数为 8 的过渡金属配合物中,配位离子的几何构型多数为四方反棱柱体,只有极少数为立方体。因为四方反棱柱体中,三边形平面的数目有 8 个,四边形面的数目为 2 个,前者原子间的距离较近,有利于形成 3c-2e 键。

5.2.1 金属元素结构中的立方体

在金属晶体中,α-钋(α-Po)形成简单立方结构,它在 373 K 以下稳定存在,它的晶胞中只含 1 个 Po 原子,$a=334.6$ pm,如图 5.2.1(a)所示。

采用 α-Po 结构型式的金属很少,已知除 α-Po 外,在高压下的立方黑磷($a=237.7$ pm)和立方锑($a=296$ pm)属于这种结构。在这种结构中的化学键,可理解为在高压下,原子之间的 sp^3d^2 杂化轨道相互叠加,形成三维无限骨干,电子在整个骨干中离域运动,使它既具有共价性,也具有金属性。

在金属元素中,体心立方堆积的结构是一种常见的结构型式,它属于体心立方点阵型式,

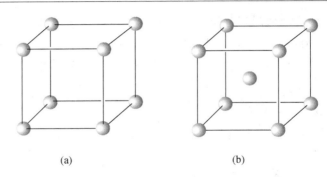

图 5.2.1　(a) α-钋的简单立方结构，(b) 体心立方密堆积结构

如图 5.2.1(b)所示。已知金属元素在不同的温度和压力下形成这种结构的元素有 32 种，它们是 Li，Na，K，Rb，Cs，Ca，Sr，Ba，Ti，Zr，V，Nb，Ta，Cr，Mo，W，Mn，Fe 及若干种稀土元素及 U，Th 等。

在体心立方密堆积结构中，中心原子最近的配位(距离为 $a\sqrt{3}/2$)是由 8 个原子组成的立方体，而在这近邻不远处(距离为 a)有 6 个原子组成的八面体。

5.2.2　离子化合物结构中的立方体

在 4.1.3 小节中讨论到，在离子化合物中，正负离子半径比(r_+/r_-)是影响离子化合物的晶体结构的一种重要因素。当 r_+/r_- 在 0.414～0.732 范围，倾向于形成八面体配位；当 r_+/r_- 在 0.225～0.414 范围，倾向于形成四面体配位；当 $r_+/r_- > 0.732$ 时，则倾向于形成立方体配位。下面从两种结构型式加以讨论。

1. CsCl 及有关化合物的结构

将体心立方晶胞中两个相同原子之一换成另一种原子，这样所得的二元化合物的结构即为 CsCl 型结构，如图 5.2.2(a)所示。

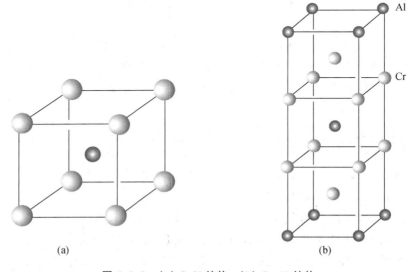

图 5.2.2　(a) CsCl 结构，(b) Cr_2Al 结构

在 CsCl 型结构中,两种原子的配位都是由 8 个原子组成的立方体。由于配位数较高,这种结构型式适合于具有较大的离子半径的一价正离子和 Cl^-,Br^-,I^- 等负离子形成的离子化合物。半径较大的一价正离子通常是指 Cs^+,NH_4^+,Tl^+ 等。CsCl 型结构通常也适合于二元金属间化合物,例如:AgCd,AgMg,AgZn,AuMg,AuZn,BeCo,BeCu,BePd,CaTl,CoAl,CuPd,CuZn,LiAg,LiHg,LiTl,MgHg,MgSr,MgTl,NiAl,NiTi,SrTl,TlBi,TlSb 等。

一些金属间化合物的结构可看作由 CsCl 结构堆叠而成,例如 Cr_2Al 的结构可看作在 CsCl 型结构的 CrAl 单位的上部和下部再堆叠上两个晶胞形成,如图 5.2.2(b)所示。

2. CaF_2 及有关晶体的结构

CaF_2 的矿物名称为萤石,它的晶体结构可看作 F^- 作简单立方堆积,形成数目为 1∶1 的立方体空隙,其中一半空隙交替地填入 Ca^{2+},图 5.2.3(a)示出它的结构。CaF_2 的晶体结构也可看作 Ca^{2+} 离子作立方最密堆积,F^- 离子填入堆积中的四面体空隙形成。由于四面体空隙数目是堆积球数目的 2 倍,正适合于化学组成中正负离子数目的比例,图 5.2.3(b)示出以 Ca^{2+} 为晶胞原点的 CaF_2 晶体的结构,在这结构中可以清楚地看到 8 个 F^- 排成立方体,中心是空的。而它的上下、左右和前后都和相邻晶胞中的 F^- 排成立方体,中心为 Ca^{2+}。图 5.2.3(c)示出 CaF_2 晶体结构中(CaF_8)立方体共棱连接的情况。图中所示的由 F^- 组成的立方体的中心有 Ca^{2+}。

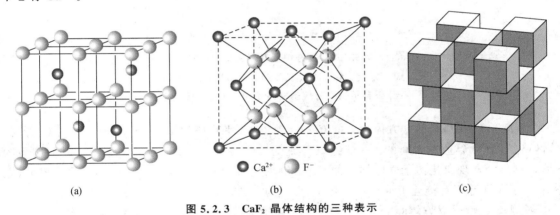

(a)　　　　　　　　　(b)　　　　　　　　　(c)

● Ca^{2+}　○ F^-

图 5.2.3　CaF_2 晶体结构的三种表示

若正负离子数目的比例为 2∶1,如 Na_2O,K_2S,Rb_2O 等。这时可看作在图 5.2.3 所示的结构中的正负离子相互变换位置,就可以表达出它们的结构。例如在图 5.2.3(b)中,小球代表 O^{2-},大球代表 Na^+,即为 Na_2O 的晶体结构,这种结构中形成立方体的 8 个大球是正离子,这种类型的结构通称反萤石型结构。

5.2.3　立方烷及其衍生物

立方烷(C_8H_8)以及它的一些衍生物均已得到制备和表征。在立方烷中,每个 C 原子处于立方体的顶角上,一个 H 原子和它端接,如图 5.2.4(a)所示。在此结构中,C 原子采用变形的 sp^3 杂化轨道,分别和近邻的 3 个 C 原子及 1 个 H 原子形成共价键,C—C 键长为 155.1 pm,比典型的 sp^3 C—C 键略长。

立方烷基立方烷(C_8H_7-C_8H_7)和 2-异丁基立方烷基立方烷(2-$^tBuC_8H_6$-C_8H_7)的结构分别示于图 5.2.4(b)和(c)中。

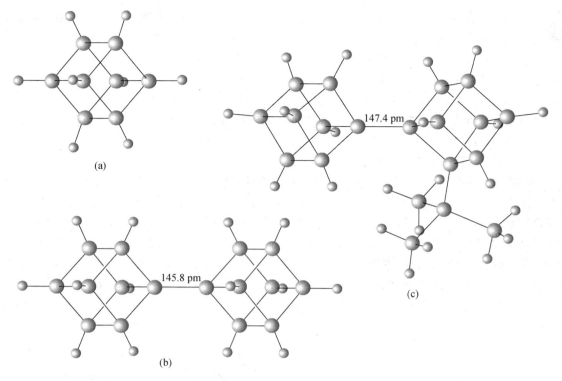

图 5.2.4　立方烷及其衍生物的结构
（a）立方烷（C_8H_8），（b）立方烷基立方烷（C_8H_7-C_8H_7），
（c）2-异丁基立方烷基立方烷（2-$^tBuC_8H_6$-C_8H_7）

在图 5.2.4 中，全部立方体边上的 C—C 键的键长平均值为 155.5 pm，较典型的 C—C 共价键略长，而两个立方体间的 C—C 键则分别为 145.8 pm 和 147.4 pm，显著地短于典型的 C—C 键长。这现象是由于立方体内的 C—C 键的 p 轨道成分多于 sp^3 杂化轨道的 p 成分，立方烷中 C—C 键相互接近于垂直，它和互相垂直的 p 轨道是一致的，大部分可以直接利用 p 轨道的叠加来成键。立方体间的 C—C 键中的 s 轨道成分多于 sp^3 杂化轨道中的 s 成分。

立方硅烷 $Si_8(SiMe_2{}^tBu)_8$，$Si_8(SiBr_3)_8$，$Si_8(2,6\text{-}Et_2C_6H_3)_8$ 和 $Si_8(CMe_2CHCMe_2)_8$ 等已得到合成和表征。结构中每个分子有 8 个 Si 原子形成立方体形结构，但都略有变形。Si—Si 键长 238～245 pm，Si—C 190～198 pm，Si—Si—Si 键角 87°～93°。

立方锗烷 $Ge_8(CMeEt_2)_8$ 和 $Ge_8(2,6\text{-}Et_2C_6H_3)_8$ 分子中，8 个 Ge 原子形成略有变形的立方体形。Ge—Ge 键长为 247～250 pm。

立方锡烷 $Sn_8(2,6\text{-}Et_2C_6H_3)_8$ 中，8 个 Sn 原子形成立方体形结构。

5.2.4　立方体形八核金属簇合物

一些八核金属簇合物含有一个分立的立方体金属骨干，立方体的六个面外都有一个配体原子（通常为 P 或 S 等原子）加帽和金属原子成键，稳定立方体骨干的结构。另外每个金属原子还端接一个基团。

图 5.2.5(a) 示出 $Ni_8(\mu_4\text{-}PPh)_6(CO)_8$ 分子的结构，在其中每个 PPh 基团加帽在 Ni_8 立方

体的四边形面上。为清楚起见,PPh 基团在图中只示出 P 原子。Ni—Ni 平均键长 266.1 pm,Ni—P 平均键长 218 pm,P 原子距离四边形面的中心为 110 pm。Ni_8 原子簇中的化学键可通过键价数(b)的计算来理解。每个 PPh 基团提供给 Ni_8 簇的价电子数为 4,CO 提供价电子数为 2,由此得

$$g = 8 \times 10 + 6 \times 4 + 8 \times 2 = 120$$
$$b = (8 \times 18 - 120)/2 = 12$$

所以 Ni_8 立方体簇中每条棱边都为 2c-2e Ni—Ni 键。

在$(Pr_4N^+)_4[Co_8S_6(SPh)_8]^{4-}$和$(Et_4N^+)_3[Fe_8S_6I_8]^{3-}$晶体中,负离子都是由立方体八核金属原子簇组成。在$[Co_8(\mu_4\text{-}S)_6(SPh)_8]^{4-}$中,S 原子加帽在 Co_8 簇立方体的面上,Co—Co 平均键长 265.8 pm,如图 5.2.5(b)所示。在$[Fe_8(\mu_4\text{-}S)_6I_8]^{3-}$中,S 原子加帽在 Fe_8 簇立方体的面上,Fe—Fe 平均键长 271.8 pm,如图 5.2.5(c)所示。

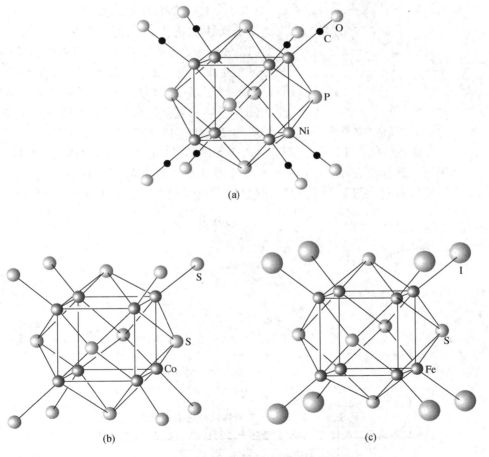

图 5.2.5 立方体形八核金属簇合物的结构

(a) $Ni_8(\mu_4\text{-}PPh)_6(CO)_8$, (b) $[Co_8(\mu_4\text{-}S)_6(SPh)_8]^{4-}$, (c) $[Fe_8(\mu_4\text{-}S)_6I_8]^{3-}$

5.3　化学中的五角十二面体

5.3.1　十二面体烷及其衍生物

十二面体烷(dodecahedrane,$C_{20}H_{20}$)已得到合成和表征。它是一个正多面体形最小的球碳烷,分子的对称点群为 I_h,其结构示于图 5.3.1 中。实验测定这个分子骨干中的 C—C 键平均键长值为 154 pm,C—C—C 键角为 108°,与正十二面体的对称性要求符合。由键长值可计算得到通过分子中心的 C---C 平均距离为 431 pm。若以 C 原子的范德华半径为 170 pm 计,此多面体分子中空穴直径为 91 pm,它不可能容纳其他原子。在十二面体烷中,C—C 和 C—H 键都是典型的 2c-2e 共价单键。

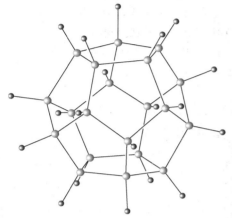

图 5.3.1　十二面体烷的结构

十二面体烷衍生物是指不破坏十二面体的碳骨干,而以一个或多个基团置换十二面体烷上的 H 原子所得的衍生物。图 5.3.2 示出 3 种十二面体烷衍生物:(a) 1,16-二甲基十二面体烷[$C_{20}H_{18}(CH_3)_2$],由于两个—CH_3 基团是置换处在三重轴上的两个 H 原子,分子的对称性由十二面体烷的 I_h 降为 D_{3d} 点群对称性;(b) 甲酯基十二面体烷[$C_{20}H_{19}(CO_2CH_3)$],由于置换基团的存在,十二面体骨干略有变形,它沿着置换基团所在的轴略有伸长;(c) 21-苯基环丙基十二面体烷[$C_{20}H_{18}(CH\text{-}C_6H_5)$],由图可见附于十二面体骨干上的三元环没有大的变化,环中 C—C 键长为 150.3~150.9 pm。

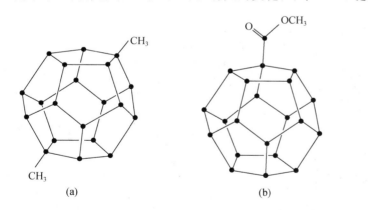
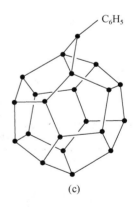

图 5.3.2　3 种十二面体烷衍生物的结构
(a) 1,16-二甲基十二面体烷,(b) 甲酯基十二面体烷,(c) 21-苯基环丙基十二面体烷

可以推导出由五边形面和六边形面共同组成的球碳 C_n 分子中,五边形面的数目为 12,六边形面的数目为 $(n/2)-10$。所以理论上最小的球碳分子为 C_{20},它由 12 个五边形面组成。球碳 C_{20} 已从十二面体烷 $C_{20}H_{20}$ 还原制得,方法是将 $C_{20}H_{20}$ 中的 H 原子用相对结合较弱的 Br 原子置换,形成平均组成为 $C_{20}HBr_{13}$ 的三烯中间物,再在气相中脱溴制得。其反应如下式所示：

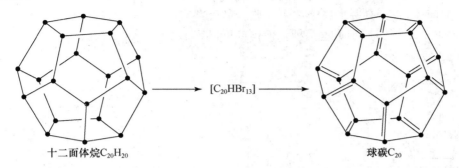

十二面体烷C_{20}H_{20}　　　　→　[C_{20}HBr_{13}]　→　　　　球碳C_{20}

5.3.2　甲烷气体水合物结构中的五角十二面体

水可以和不同大小的分子形成上百种气体水合物，有关它们的结构情况将在 7.5 节中介绍，本节仅以甲烷气体水合物为例，讨论它的结构，特别是结构中的五角十二面体。

甲烷气体水合包合物外形像冰，又可燃烧，俗称可燃冰。它是极为重要的潜在能源，存在于广大的海洋底部及陆地的天然气矿床之中。它的理想的化学成分为 $8CH_4 \cdot 46H_2O$。它的熔点比冰高，在一定压力条件下，低于 5℃ 时稳定存在。甲烷气体水合物晶体属立方晶系，空间群为 $Pm\bar{3}m$(No. 223)，立方晶胞参数 $a = 1.19\,nm$，$Z = 1[8CH_4 \cdot 46H_2O]$。晶体的结构可从水分子通过氢键结合成多面体的几何形式来理解。多面体有两种：一种是由 20 个 H_2O 分子由 O—H…O 氢键形成的五角十二面体$[5^{12}]$，另一种是由 24 个 H_2O 分子由 O—H…O 氢键形成的十四面体$[5^{12}6^2]$。氢键 O—H…O 的键长为 280 pm。图 5.3.3 示出由 20 个 H_2O 分子结合成五角十二面体的情况。

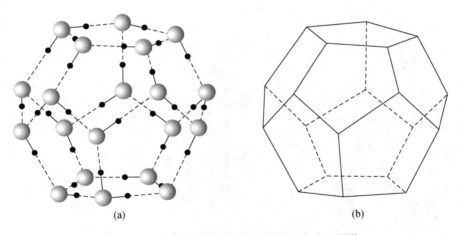

(a)　　　　　　　　　　　　　　　　　(b)

图 5.3.3　由 20 个 H_2O 分子组成的五角十二面体

（图中大白球代表 O 原子，小黑球代表 H 原子。每条 O 原子间连线的中间都有一个 H 原子，每个 O 原子都有 2 个 H 原子和它用实线即共价键相连。有些 H 原子在多面体外没有表示出来）

每个立方晶胞包含 46 个 H_2O 分子，它组成的多面体属于晶胞内的有 2 个五角十二面体$[5^{12}]$和 6 个十四面体$[5^{12}6^2]$。2 个$[5^{12}]$分别处在晶胞的 8 个顶点和体心位置上，注意这两个位置上的$[5^{12}]$多面体取向是不同的,如图 5.3.4(a)所示。晶胞的每个面上都有共面连接的 2 个$[5^{12}6^2]$多面体,它只有一半属于这个晶胞。晶胞共有 6 个面,所以晶胞内共有 6 个$[5^{12}6^2]$多面体,如图 5.3.4(b)所示。这两种多面体都可以容纳 CH_4 分子。

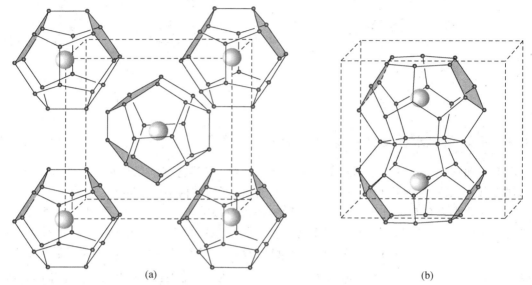

(a)　　　　　　　　　　　　　　　　　(b)

图 5.3.4　甲烷气体水合物中的两种多面体

(图中的大球代表 CH_4 分子,小球代表 O 原子)

将上述两个图合在一起,即两种多面体共面连接就得到甲烷气体水合物的结构,如图 5.3.5 所示。

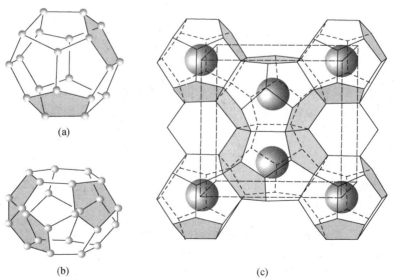

(a)

(b)　　　　　　　　　　　(c)

图 5.3.5　甲烷气体水合物的结构

(a) 五角十二面体(5^{12}),(b) 十四面体($6^2 5^{12}$),(c) 晶胞前面多面体连接

[在(a)和(b)中小球代表 O 原子,连线代表 O—H⋯O 氢键;在(c)中多面体顶点代表 O 原子位置,大球代表 CH_4 分子]

5.3.3 合金结构中的五角十二面体

在自然界中,一种合理的结构型式常常会被多种性质完全不同的物质采用。在可燃冰中,水分子通过 O—H⋯O 氢键结合成五角十二面体[5^{12}]和含有 2 个六边形面的十四面体[$5^{12}6^2$],在多面体中包合 CH_4 分子,而这些多面体共面连接成像冰一样的晶体,组成为 $8CH_4 \cdot 46H_2O$,如图 5.3.5 所示。在一些合金中,金属原子也如同可燃冰中的水分子,通过金属-金属键结合成多面体骨架,再在骨架的多面体中包合其他金属原子。Cs_8Sn_{46},K_8Si_{46},Na_8Si_{46} 等合金和图 5.3.5 所示的结构相似,其晶体结构的空间群均为 $Pm\bar{3}m$。在结构中 Sn(或 Si)组成五角十二面体[5^{12}]和十四面体[$5^{12}6^2$]共面连接在一起形成的骨架,如图 5.3.6(a)所示。Cs(或 K,Na)原子处于这两种多面体的中心,它在晶胞中的位置如图 5.3.6(b)所示。

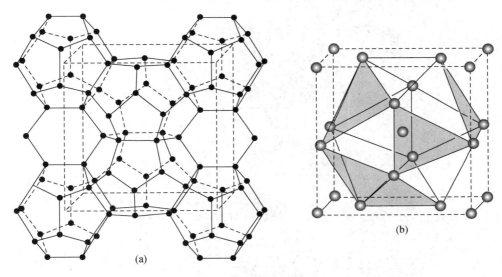

图 5.3.6　Cs_8Sn_{46} 的结构

(a) Sn 原子组成含[5^{12}]和[$5^{12}6^2$]的多面体骨架结构,(b) Cs 原子处在 Sn 原子组成的多面体的中心

[Cs 原子的分布:1 个在晶胞顶点,1 个在晶胞中心,6 个(即 12×0.5 个)处在晶胞面上,它组成三角二十面体]

在 $LaFe_4P_{12}$ 晶体结构中,存在 Fe_8P_{12} 组成的五角十二面体,其中 Fe 原子的排列成立方体,而 8 个 Fe 和 12 个 P 共同组成五角十二面体,如同图 5.1.2(a)所示。

5.4　硼的单质和化合物结构中的三角二十面体

由于单质硼制备实验的困难,先后虽曾提出得到 16 种硼的同素异构体,但大多数未能确定其结构,而且逐渐发现许多称为单质硼的样品实际上是富硼的硼化物。不久前认为单质硼有四种:α-三方硼(α-R12 硼)、β-三方硼(β-R105 硼)、α-四方硼(α-T50 硼)和 β-四方硼(β-T192硼)(括号中 R 和 T 分别代表三方晶系和四方晶系,其后的数字代表晶胞中原子的数目)。由于 β-三方硼的结构较为复杂,将放在第 8 章中讨论。有报道 α-四方硼的组成应为 $B_{50}C_2$ 或 $B_{50}N_2$ 的硼化物,但它的结构尚未完全确定。本节主要阐述 α-三方硼、α-四方硼及含有三角二十面体的硼化物。

5.4.1　α-三方硼和 α-四方硼

α-三方硼的结构是由近于规则的 B_{12} 三角二十面体单位按略有变形的立方最密堆积方式组成。三方晶胞参数为：$a=505.7\,pm$，$\alpha=58.06°$[规则的等径圆球立方最密堆积的三方素晶胞的 $\alpha=60°$，参看图 4.4.8(b)]，空间群为 $R\bar{3}m$，晶胞中含一个 B_{12} 三角二十面体单元，在 B_{12} 单元中 B—B 间的平均距离为 177 pm。图 5.4.1 示出晶体结构中垂直于三重轴方向上，B_{12} 三角二十面体相互连接形成的密置层。

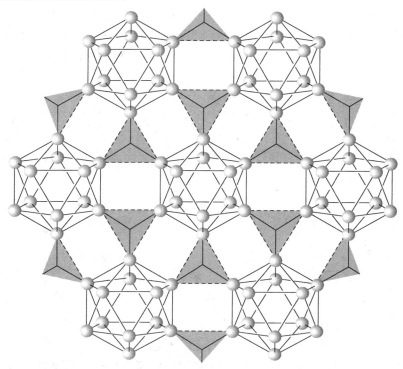

图 5.4.1　在 α-三方硼的晶体结构中由三角二十面体相互连接成的密堆积层

(图中由 3 个 B 原子的三线段相交于虚线围成的中心点代表 3c-2e BBB 键，图中没有示出 B_{12} 单元中的 3c-2e 键)

在密置层中，每个三角二十面体有 6 个相邻的 B_{12} 多面体，相互形成 6 个 3c-2e BBB 键，如图 5.4.1 中三角形的阴影所示，B---B 距离 203 pm。形成 3c-2e BBB 键的每个 B 原子平均为成键贡献 2/3 个电子，中心 B_{12} 单元共提供了（6×2/3）=4 个电子去成键。中心 B_{12} 单元和上下相邻两层都通过 2c-2e B—B 键各和 3 个 B_{12} 单元连接，共形成 6 个 2c-2e B—B 键，B—B 键长 171 pm，中心 B_{12} 单元提供出 6 个电子。B_{12} 单元共有 36 个价电子，除去 B_{12} 单元间成键的 10 个电子外，尚余 26 个电子用于 B_{12} 单元内部 B 原子间的化学键。封闭型 B_{12} 原子簇中应有 $12-2=10$ 个 3c-2e BBB 键和 3 个 2c-2e B—B 共价单键，共需 26 个价电子，这和上述 B_{12} 中存在的 26 个价电子成键是完全一致的。从另一方面分析 B_{12} 中已有的价电子数 g，它应为 12 个 B 原子的 36 个价电子，加上 6 个由上下两层 2c-2e B—B 键提供的 6 个电子，再加上同一层中周围 6 个 B_{12} 单元提供 6×2×2/3=8 个价电子形成 3c-2e BBB 键计算。

$$g = 36 + 6 + 8 = 50$$

B_{12} 单元中键价数:

$$b = (12 \times 8 - 50)/2 = 23$$

这也符合于形成 10 个 3c-2e BBB 键和 3 个 2c-2e B—B 键的键价。图 5.4.2 示出 B_{12} 单元的结构及其所形成的化学键情况。

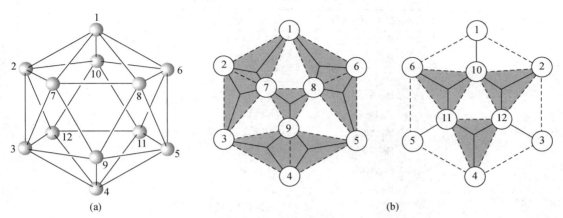

(a) (b)

图 5.4.2 B_{12} 单元中的化学键(只示出一种共振杂化体)

(a) 原子的编号,(b) 正反两面中的化学键(图中 1-10,3-12 和 5-11 是 2c-2e B—B 键)

α-四方硼(α-T50 硼)为四方晶系晶体,晶胞参数 $a = 875$ pm, $c = 506$ pm,空间群为 $P4_2/nnm$,晶胞中含 4 个 B_{12} 单元和 2 个 B 原子,其结构沿四重轴的投影如图 5.4.3(b)和(c)所示。由结构看,尽管它的组成尚有争论,但 B_{12} 三角二十面体单元在结构中是存在的。

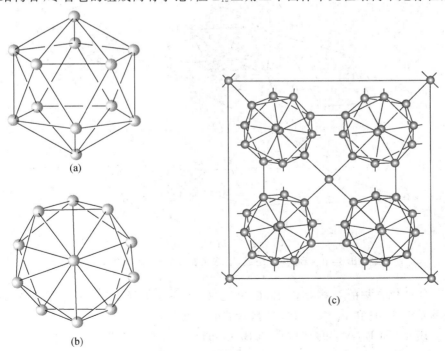

(a)

(b)

(c)

图 5.4.3 α-四方硼的结构

(a) B_{12} 单元,(b) B_{12} 单元沿五重轴的投影,(c) α-四方硼沿四重轴的投影

5.4.2 含 B_{12} 三角二十面体单元的硼化物

已知许多富硼的硼化物中含有 B_{12} 三角二十面体,如表 5.4.1 所列。

表 5.4.1 含三角二十面体单元的硼化物

硼化物晶体成分	结构单元
B_4C	$B_{11}C$,CBC
$B_{13}C_2$	B_{12},CBC
$B_{12}P_2$	B_{12},P—P
$B_{12}As_2$	B_{12},As—As
$B_{12}Be$	B_{12},Be
$B_{40}AlC_4$	$3B_{12}$,CBC,CBB,CAlB
$B_{15}Na$	B_{12},3B,Na
$B_{14}AlMg$	B_{12},2B,Mg,Al
$B_{25}Ni$	$2B_{12}$,B,Ni
$B_{50}C_2$	$4B_{12}$,2B,2C
$B_{50}N_2$	$4B_{12}$,2B,2N

组成为 $B_{13}C_2$ 的硼碳化合物是由 B_{12} 单元和 CBC 直链单元共同组成的三方晶体,空间群为 $R\bar{3}m$,它的结构示出于图 5.4.4 中。三方晶胞参数 $a=520\,\mathrm{pm}$,$\alpha=66°$。

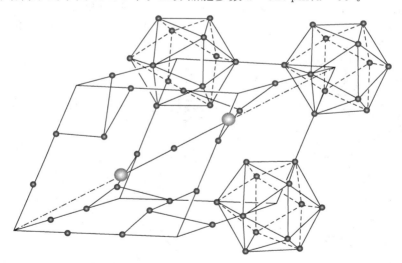

图 5.4.4 $B_{13}C_2$ 的结构

(结构由 B_{12} 和 CBC 单元组成,小球代表 B 原子,大球代表 C 原子)

组成为 B_4C 化合物的结构是由 $B_{11}C$ 单元(C 无序地置换 B_{12} 单元中的一个 B 原子)和 CBC 直链单元组成,它和 $B_{13}C_2$ 同构,晶胞参数也相近。

组成为 $B_{12}P_2$ 和 $B_{12}As_2$ 的结构也和 $B_{13}C_2$ 的结构相似,在这些结构中,分别以 P—P 和 As—As 置换 CBC 单元。

5.4.3 $B_{12}H_{12}^{2-}$ 及其衍生物中的三角二十面体

在 $K_2B_{12}H_{12}$ 化合物中,$B_{12}H_{12}^{2-}$ 具有近似 I_h 点群对称性,如图 5.4.5 所示。$B_{12}H_{12}^{2-}$ 中的每个 B 原子都和一个 H 原子结合,B—B 键的键长范围为 175.5~178.0 pm。$B_{12}H_{12}^{2-}$ 共有价电子数 50 个,除去 24 个用于 B—H 键外,尚余 26 个价电子用于 B 原子间成键,即如上节所述形成 3 个 B—B 键和 10 个 3c-2e BBB 键。

C 原子比 B 原子多一个价电子,(C—H) 和 (B—H)$^-$ 是等电子单元,以 C—H 置换 B—H 形成碳硼烷等电子体。碳硼烷 $C_2B_{10}H_{12}$ 及其许多衍生物已得到合成,并测定其结构。在这些化合物中,C_2B_{10} 骨干的结构有三种异构体,如图 5.4.6 所示。

硅硼烷 $Si_2B_{10}H_{10}(CH_3)_2$ 为邻位硅硼三角二十面体骨干的结构,在其中 Si—Si 键键长 230.8 pm,Si—B 键平均键长为 207 pm。

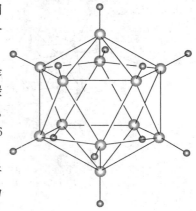

图 5.4.5 $B_{12}H_{12}^{2-}$ 的结构

氮原子比硼原子多两个价电子,用 N 置换 B 制得的 $NB_{11}H_{12}$ 是一个中性分子,在此分子的骨干中,N 原子和周围 6 个原子配位成键。

上述三角二十面体的硼烷、碳硼烷、硅硼烷和氮硼烷等分子中骨干连接的 H 原子,都可以或多或少地被其他基团所置换,衍生出多种三角二十面体为核心的化合物。

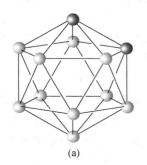 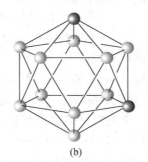 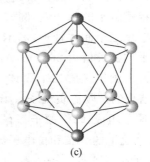

(a)　　　　　　　　　　(b)　　　　　　　　　　(c)

图 5.4.6 三种 C_2B_{10} 骨干的三种异构体

(a) 邻位,(b) 间位,(c) 对位

硒代硼酸盐 $Cs_8[B_{12}(BSe_3)_6]$ 由硒化铯、硼和硒在高温下通过固相合成制得。其中负离子 $[B_{12}(BSe_3)_6]^{8-}$ 是第一个发现用硫属元素配位体使 B_{12} 二十面体完全饱和,每个 BSe_3 平面三角形单位桥连在 B_{12} 的一对相邻 B 原子之间。这样二十面体的对称性降至 D_{3d},如图 5.4.7(a) 所示。

研究表明,三角二十面体封闭型 $B_{12}H_{12}^{2-}$ 可转化为 $[B_{12}(OH)_{12}]^{2-}$,再依次功能化生成 $[B_{12}(O_2CMe)_{12}]^{2-}$,$[B_{12}(O_2CPh)_{12}]^{2-}$ 和 $[B_{12}(OCH_2Ph)_{12}]^{2-}$。在乙醇中用 Fe^{III} 对 $[B_{12}(OCH_2Ph)_{12}]^{2-}$ 进行双电子氧化可得到中性的超封闭型(hypercloso)衍生物 $B_{12}(OCH_2Ph)_{12}$。它是一个稳定的暗橙色晶体,分子的对称性降至接近 D_{3d}。

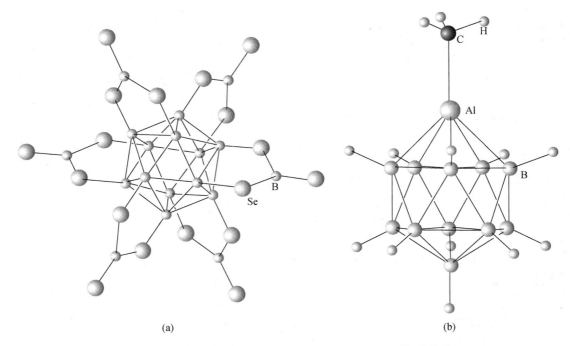

图 5.4.7　(a) $[B_{12}(BSe_3)_6]^{8-}$ 和 (b) $[AlB_{11}H_{11}(CH_3)]^{2-}$ 的结构

　　铝和硼为同一族元素,它们具有相同的价电子组态。以 Al 置换 B,可得到含三角二十面体的铝硼骨干的铝硼烷,例如 $[AlB_{11}H_{11}(CH_3)]^{2-}$ 的结构示于图 5.4.7(b)。铝也可以独立地形成三角二十面体骨干,如 $K_2(Al_{12}'Bu_{12})$ 中的 $(Al_{12}'Bu_{12})^{2-}$ 就是一例。在此骨干中 Al—Al 键的平均键长值为 268 pm,Al—C 键长平均值为 200 pm。

　　许多含有三角二十面体骨干 MC_2B_9 金属茂碳硼烷的结构,可看作负离子 $C_2B_9H_{11}^{2-}$ 和 M^{2+} 结合的产物。负离子 $C_2B_9H_{11}^{2-}$ 为鸟巢型结构,其开口的面为五边形面,由 3 个 B 原子和 2 个 C 原子组成,每个原子都有一个轨道共同指向顶点位置,如图 5.4.8(a) 所示。在 $C_2B_9H_{11}^{2-}$ 中,5 个轨道的分布和价电子数(6 个)与 $C_5H_5^-$ 中 π 体系的轨道分布和价电子数是非常相似的,两者可看作等电子体系,即 $C_2B_9H_{11}^{2-}$ 如同 $C_5H_5^-$ 作为 π 配位体和金属原子配位结合成金属茂碳硼烷,一些实例示于图 5.4.8(b)～(e)中。

　　图 5.4.8(b) 示出 $(C_5H_5)Fe(C_2B_9H_{11})$ 的结构,在其中二茂铁的一个 C_5H_5 基团被 $C_2B_9H_{11}^{2-}$ 置换,$C_2B_9H_{11}$ 的五边形面和 Fe 原子结合形成封闭型的三角二十面体 $FeC_2B_9H_{11}$。

　　图 5.4.8(c) 示出 $(PPh_3)_2HRh(C_2B_9H_{11})$ 的结构,在其中 $Rh(C_2B_9H_{11})$ 形成三角二十面体。

　　图 5.4.8(d) 示出 $[(C_2B_9H_{11})_2M]^{n-}$ (M＝Fe^{II},Co^{III},Ni^{IV}) 的结构,在其中两个三角二十面体共用顶点连接在一起。

　　图 5.4.8(e) 示出 $B_{10}H_9(PMe_2Ph)Pt_2Cl(PMe_2Ph)_3$ 的结构,在其中两个 Pt 原子和 10 个 B 原子共同组成三角二十面体。

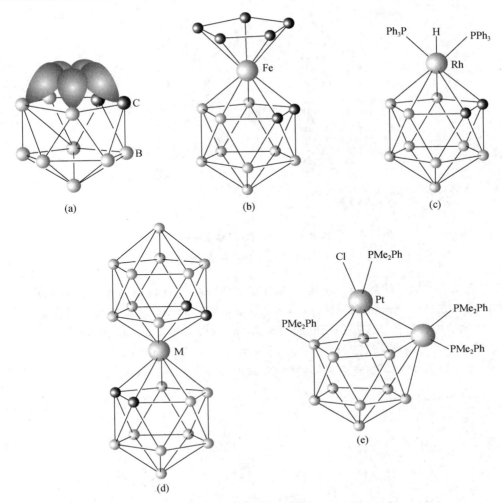

图 5.4.8 （a）碳硼烷中 $C_2B_9H_{11}^{2-}$ 的 π 轨道的分布，

（b）$(C_5H_5)Fe(C_2B_9H_{11})$，（c）$[(PPh_3)_2H] \cdot Rh(C_2B_9H_{11})$，

（d）$[(C_2B_9H_{11})_2M]^{n-}(M=Fe^{II}, Co^{III}, Ni^{IV})$，（e）$B_{10}H_9(PMe_2Ph)Pt_2Cl(PMe_2Ph)_3$

5.5 金属簇合物结构中的三角二十面体

在一些金属单质和合金的结构中，原子排列成具有三角二十面体的结构单元。本节通过一些具体实例进行分析。

1. Nb₃Ge

Nb_3Ge 是合金中具有高临界温度的超导体，$T_c = 23.2$ K。它的晶体结构示于图 5.5.1 中。在结构中，Ge 的位置处于晶胞原点和体心位置上；Nb 原子排列成三角二十面体。一个三角二十面体有 $15C_2$ 轴，$10C_3$ 轴和 $6C_5$ 轴。当 $4C_3$ 轴定向在立方体晶胞的 4 条体对角线上，将两个顶点（即 Nb 原子）放在晶胞的面的中线上，如图 5.5.1 所示。这时 6 个面上的 12 个 Nb 原子即组成三角二十面体。

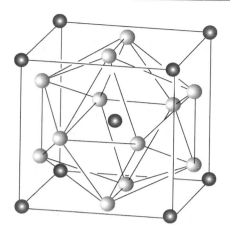

图 5.5.1　Nb₃Ge 的晶体结构

（黑球代表 Ge，白球代表 Nb）

　　将图 5.5.1 中全部的 Nb 和 Ge 原子都置换成 W 原子，这种结构即为 β-W 的晶体结构。β-W 晶体属立方晶系，$Pm3n$ 空间群，晶胞参数为 $a=508.3\,pm$。在此结构中处于晶胞顶点和中心的 W 原子配位数为 12，W 原子间的距离为 282 pm，而处在面上的 W 原子配位情况较为复杂，它有 2 个近邻距离为 252 pm，4 个为 282 pm，还有 8 个为 309 pm。

　　β-W 加热到 700℃ 以上，发生晶型转变，变成体心立方的 α-W，晶胞参数为 $a=316.47\,pm$。

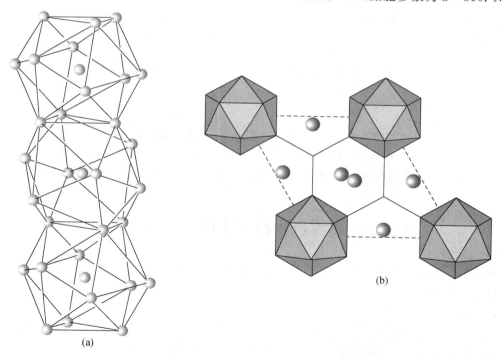

图 5.5.2　BaLi₄ 的晶体结构［大球代表 Ba，图（b）线段交点代表 Li］

（a）Li₁₃ 带心三角二十面体共面连接成柱，（b）六方晶胞沿六重轴的投影

（参看：Smetana V，Babizhesky V，Hoch C and Simon A Z. Kristallogr. NCS，2006，221：434）

2. BaLi₄

合金 BaLi₄ 的晶体属六方晶系,空间群为 $P6_3/mmc$,晶胞参数 $a = 1093.6\ \mathrm{pm}$,$c = 894.3\ \mathrm{pm}$。晶胞中包含 6 个($BaLi_4$)。

BaLi₄ 晶体的结构特征是带心的 Li₁₃ 三角二十面体共面连接成具有六重对称轴的柱,如图 5.5.2(a)所示。这些柱平行六重轴方向排列在六方晶胞的顶点,如图 5.5.2(b)所示。在垂直于柱的水平方向,相互通过 Li 原子连接在一起形成骨架。在骨架的空隙处安放 Ba 原子。在结构中 Li—Li 距离 291~332 pm,Ba—Ba 距离 454.5 pm,Ba—Li 距离 384~409 pm。

在三元富锂的合金中,例如 $Li_{13}Na_{29}Ba_{19}$ 和 $Li_{80}Ba_{39}N_9$ 等,常出现带心的 Li₁₃ 三角二十面体,它们以分立的或聚合的结构状态存在。

3. $[Rh_{12}Sb(CO)_{27}]^{3-}$

$[Rh_{12}Sb(CO)_{27}]^{3-}$ 中的 12 个 Rh 原子形成三角二十面体,在其中心包含一个 Sb 原子,如图 5.5.3 所示。这种金属原子簇中的化学键,可通过其价电子数(g)和键价数(b)的计算来理解:

$$g = 12 \times 9 + 5 + 27 \times 2 + 3 = 170$$
$$b = (12 \times 18 - 170)/2 = 23$$

它的键价数和 $B_{12}H_{12}^{2-}$ 相同,应形成 10 个 3c-2e RhRhRh 键和 3 个 2c-2e Rh—Rh 键。

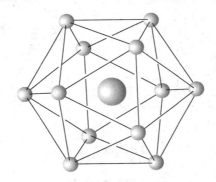

图 5.5.3 $[Rh_{12}Sb(CO)_{27}]^{3-}$ 中金属原子簇的结构

$[HRh_{13}(CO)_{24}]^{4-}$ 和 $[H_2Rh_{13}(CO)_{24}]^{3-}$ 是在中心包合一个 Rh 原子的三角二十面体结构。在它的金属原子簇中共有 170 个价电子,组成三角二十面体的 12 个 Rh 原子间的键价数为 23,它的化学键情况应和 $[Rh_{12}Sb(CO)_{27}]^{3-}$ 相同。

$[Ni_9As_3(CO)_{15}Ph_3]^{2-}$ 及 $[Ni_{10}As_2(CO)_{18}Me_2]^{2-}$ 也是具有三角二十面体的(Ni_9As_3)簇和($Ni_{10}As_2$)簇的结构。

对 $[Ni_9As_3(CO)_{15}Ph_3]^{2-}$ 中的 As 按符合八隅律的(4.2.3)式计算,可得

$$g = 9 \times 10 + 3 \times 5 + 15 \times 2 + 3 \times 1 + 2$$
$$= 140$$
$$b = (9 \times 18 + 3 \times 8 - 140)/2$$
$$= 23$$

$[Pt@Pb_{12}]^{2-}$ 簇合物的结构和图 5.5.3 相同。当将 Pt 原子的电子组态看作 $[Xe]5d^{10}$ 的满壳层结构,不提供电子参加 Pb₁₂ 簇的成键条件时,可算得

$$g = 12 \times 4 + 2 = 50$$
$$b = (12 \times 8 - 50)/2 = 23$$

可见它们都是等同键价原子簇,应当具有相同的化学键。

4. 金、银和铂的原子簇

有些金属原子簇化合物的结构可由三角二十面体出发来理解。$[Pt_{19}(CO)_{22}]^{4-}$ 的结构可看作一对三角二十面体各截去一个顶点后,共用一个五边形面连接成的多面体,如图 5.5.4(a) 所示。$[Au_{13}Ag_{12}(PPh_3)_{12}Cl_6]^{m+}$ 的结构示于图 5.5.4(b) 中,它可看作一对结构相同的三角二十面体截去一个顶角后,按五角反棱柱体要求组成三层结构。$Au_{18}Ag_{20}[P(p\text{-}tol)_3]_{12}(\mu\text{-}Cl)_6$ $(\mu_3\text{-}Cl)_6Cl_2$ 中心金属骨干原子簇($Au_{18}Ag_{20}$)的结构示于图 5.5.4(c) 中。在此簇中,38 个 Au 和 Ag 原子形成 3 个三角二十面体共顶点相连,形成三元环,并在中心双加帽成三方双锥。

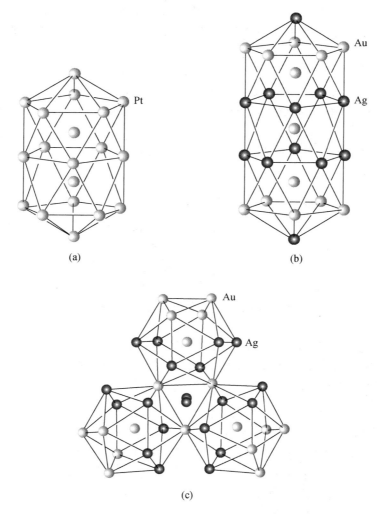

(a)　　　　　　　(b)

(c)

图 5.5.4　金、银、铂原子簇化合物中原子簇的结构

(a) $[Pt_{19}(CO)_{22}]^{4-}$,(b) $[Au_{13}Ag_{12}(PPh_3)_{12}Cl_6]^{m+}$,(c) $Au_{18}Ag_{20}[P(p\text{-}tol)_3]_{12}Cl_{14}$

参 考 文 献

[1] 麦松威,周公度,李伟基.高等无机结构化学(第 2 版)[M].北京:北京大学出版社,2006.

[2] 唐敖庆,李前树.原子簇的结构规则和化学键[M].济南:山东科学技术出版社,1998.

[3] 周公度,段连运.结构化学基础(第 5 版)[M].北京:北京大学出版社,2018.

[4] Cotton F A, Wilkinson G, Murillo C A and Bochmann M. Advanced Inorganic Chemistry (6th ed.) [M]. New York: Wiley Interscience,1999.

[5] Huheey J E, Keiter E A and Keiter R L. Inorganic Chemistry: Principle of Structure and Reactivity (4th ed.) [M]. New York: Harper Collins,1993.

[6] Mak T C W and Zhou G-D. Crystallography in Modern Chemistry: A Resource Book of Crystal Structures [M]. New York: Wiley Interscience,1992.

[7] Hargittai I and Hargittai M. Symmetry through the Eyes of a Chemist [M]. Weinheim: VCH,1986.

[8] Housecroft C E and Sharpe A G. Inorganic Chemistry (3rd ed.) [M]. Harlow: Pearson, Prentice Hall, 2008.

第6章　化学中的半正多面体

多面体受到化学家的关注,主要源于近三四十年来化学中的许多新的领域在蓬勃发展。例如,球碳及其化合物、金属原子簇化合物、硼烷和沸石分子筛等。在描述多面体形分子的几何结构和原子间的化学键时,需要多面体的有关知识来指引出解决问题的途径。

半正多面体在化学中涉及的面较广,它常和其他多面体一起,连接出三维结构,如沸石分子筛骨架的结构常常是通过半正多面体和其他类型的多面体共同连接形成。有些实际的结构又可看作由半正多面体变形而得。本章主要是按化合物的结构类型,分节进行讨论。

6.1　球碳及其化合物中的半正多面体

6.1.1　切角二十面体和球碳 C_{60}

切角二十面体(truncated icosahedron)是具有 60 个顶点、12 个五边形面和 20 个六边形面的半正多面体(表 2.4.1 中的第 8 号),足球的形状和它相似,如图 6.1.1(a)所示。

球碳(fullerenes)是纯粹由碳原子组成的球形多面体分子,是碳的一种同素异构体。在含有一定氦气的气氛中,将两个石墨电极通电产生电弧,使石墨气化,一些碳原子会凝结生成烟炱,其中含有球碳分子。另一种方法是控制氩气和氧气的比例,使苯不完全燃烧,产生含球碳的烟雾。收集上述碳烟,用苯等溶剂提取其中的可溶性物质,通过重结晶提纯得到球碳。迄今人们用各种方法制备球碳时,具有足球外形的球碳 C_{60} 在产物中含量最高,其次是 C_{70} 和 C_{84} 等。从 1990 年有效地合成制备和纯化出常量的球碳 C_{60} 以来,球碳的生产得到很大发展。现在球碳已达到年产百吨以上的规模,球碳化学也得到很快的发展。

球碳 C_{60} 是有 60 个顶点的切角二十面体 $[6^{20}5^{12}]$,如图 6.1.1(b),分子点群为 I_h,每个 C 原子的成键方式相同,都是和周围 3 个 C 原子形成 3 个 σ 键后,剩余的轨道和电子共同组成离域 π 键。若按价键结构式表达,每个 C 原子和周围 3 个 C 原子形成 2 个 C—C 键和 1 个 C=C 键,C_{60} 分子中有 60 个 C—C 单键和 30 个 C=C 键,如图 6.1.1(c)所示。

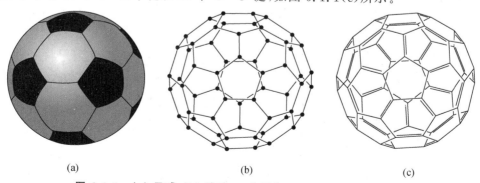

(a)　　　　　　　　　(b)　　　　　　　　　(c)

图 6.1.1　(a) 足球,(b) 球碳 C_{60} 分子和(c) C_{60} 分子键价结构式

球碳 C_{60} 可溶于多种有机溶剂,将球碳溶液蒸发结晶,得棕黑色的球碳 C_{60} 晶体。实验揭示,室温下 C_{60} 分子在晶体中呈圆球形并不停地转动。C_{60} 晶体在室温下的结构可看作直径为 1000 pm 的圆球进行立方最密堆积的结构,如图 6.1.2 所示。低于 249 K,分子在晶体中有序地取向,晶体对称性从立方最密堆积的面心立方点阵转变为简单立方点阵型式。5 K 时,用中子衍射法测得球碳 C_{60} 的晶体结构参数如下:

晶系:立方, 空间群:$T_h^6\text{-}Pa\bar{3}$

晶胞参数:$a = 1404.08(1)$ pm

C—C 键长:(6/6)139.1 pm

(6/5)144.4 和 146.6 pm,平均为

145.5 pm

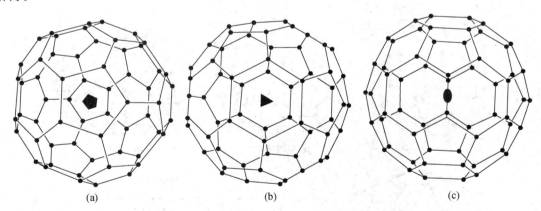

图 6.1.2 球碳 C_{60} 的晶体结构

(球形 C_{60} 分子按 C 原子的范德华半径所允许的 C 原子间接触距离画出)

(6/6)和(6/5)分别指两个六边形面和六边形面与五边形面共用的棱。从上述数据可见,球碳 C_{60} 是一个近似的半正多面体,是直径为 1000 pm 接近球形的多面体分子。从球心到各个 C 原子的平均距离为 350 pm,即由 60 个 C 原子组成直径为 700 pm 的球形骨架。当以 C 原子的范德华半径为 170 pm 计,圆球中心有一直径为 360 pm 的空腔,可容纳其他原子。

当将 C_{60} 分子的多面体近似地看作边长相等的半正多面体时,其点群为 I_h。多面体中有 6 个 C_5 轴,10 个 C_3 轴和 15 个 C_2 轴。图 6.1.3 示出沿 C_5,C_3 和 C_2 轴投影的球碳 C_{60} 的结构。

(a)	(b)	(c)

图 6.1.3 球碳 C_{60} 沿(a)C_5 轴,(b) C_3 轴和(c) C_2 轴投影的结构

6.1.2 球碳分子多面体的几何特征

通过质谱和波谱等实验技术对球碳进行研究,除大量报道 C_{60} 外,还报道了几十种球碳分子。它们都是由 C 原子组成的封闭的多面体笼,每个处于多面体顶点上的 C 原子都和周围 3 个 C 原子成键相连。以价键结构来看,每个 C 原子和周围 3 个 C 原子形成 2 个单键和

1 个双键。理论上能存在的最小球碳是 C_{20}，它是一个五角十二面体，如图 6.1.4(a)所示。其他球碳分子的多面体结构，选了一些实例示于图 6.1.4(b)~(j)中。由于相同数目的碳原子，可以形成多种具有不同对称性结构的多面体，在图中球碳分子式后括号内标明出该多面体的点群。图 6.1.4 中的(f),(g),(h)都是 C_{36} 的同素异构体；(i)和(j)则是 C_{78} 的同素异构体。

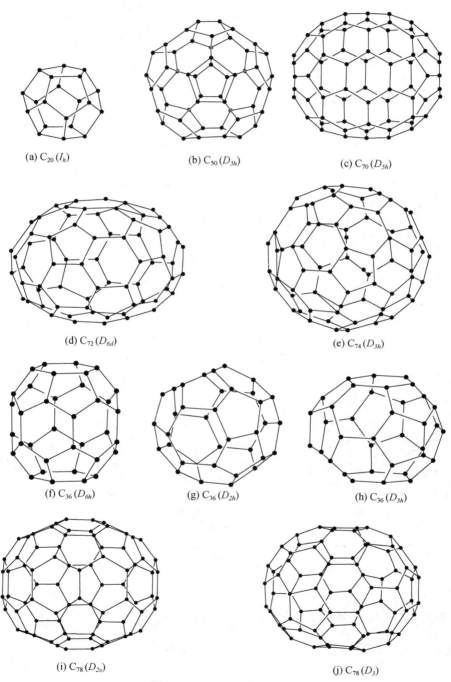

(a) $C_{20}\,(I_h)$　　(b) $C_{50}\,(D_{5h})$　　(c) $C_{70}\,(D_{5h})$

(d) $C_{72}\,(D_{6d})$　　(e) $C_{74}\,(D_{3h})$

(f) $C_{36}\,(D_{6h})$　　(g) $C_{36}\,(D_{2h})$　　(h) $C_{36}\,(D_{3h})$

(i) $C_{78}\,(D_{2v})$　　(j) $C_{78}\,(D_3)$

图 6.1.4　球碳分子的结构

球碳分子多面体结构中,除碳原子的数目一定是偶数的特点外,还具有下面两个特点:

1. 在由六边形面和五边形面组成的球碳多面体中,五边形面的数目总是 12

球碳多面体绝大多数是由六边形面和五边形面共同组成,少数出现七边形面和四边形面。只由六边形面和五边形面组成的球碳 C_n 分子,五边形面的数目一定是 12 个,而六边形面的数目为 $(n/2)-10$ 个。这个关系可以证明如下:

根据 Euler 公式,一个多面体的面数(f)、顶点数(v)和棱边数(e)的关系为

$$f+v=e+2 \qquad (6.1.1)$$

当只有五边形面(数目为 f_5)和六边形面(数目为 f_6)存在时,(6.1.1)式可写成

$$f_5+f_6+v=e+2 \qquad (6.1.2)$$

由于球碳分子中每个 C 原子参加和近邻的 3 个 C 原子连接成 3 条棱边,而每条边由 2 个 C 原子连成,故

$$3v=2e \qquad (6.1.3)$$

每个 C 原子参加 3 个面的形成,五边形面和六边形面分别由 5 个和 6 个 C 原子组成,所以可得

$$5f_5+6f_6=3v \qquad (6.1.4)$$

由此可得

$$v=\frac{1}{3}(5f_5+6f_6) \qquad (6.1.5)$$

$$e=\frac{1}{2}(5f_5+6f_6) \qquad (6.1.6)$$

将(6.1.5)和(6.1.6)式的关系代入(6.1.2)式,消去 f_6 即得

$$f_5=12 \qquad (6.1.7)$$

$$f_6=\frac{v}{2}-10 \qquad (6.1.8)$$

或

$$f_6=\frac{n}{2}-10 \qquad (6.1.9)$$

当有七边形面(数目为 f_7)参加时,(6.1.7)式可扩充为

$$f_5=12+f_7 \qquad (6.1.10)$$
$$f_6=(n/2)-10-2f_7 \qquad (6.1.11)$$

2. 对较大的球碳分子,满足分立的五边形面规则(isolated pentagon rule,IPR)

这个规则说明当球碳分子较大,面的数目较多时,五边形面彼此不会共边相连,而是以分立的状态分布在多面体中。这个规则控制着球碳分子的稳定性,即当分子有可能形成多种异构体时,满足分立的五边形面规则的异构体较稳定。较小的球碳分子不会遵守 IPR,因而是不稳定的,它们的性质和反应性只有在气相中研究过。

下面对图 6.1.4 中所示的球碳作些说明。

在图 6.1.4(b)中示出的 C_{50} 已由它的氯化物 $C_{50}Cl_{10}$ 制备研究过。$C_{50}Cl_{10}$ 具有 D_{5h} 对称性,10 个 Cl 原子处在分子的赤道平面上。除去 Cl 原子,C_{50} 多面体也具有 D_{5h} 对称性。

常见的 C_{70} 分子为呈椭球形,具有 D_{5h} 点群对称性的多面体。它由 25 个六边形面和 12 个五边形面组成,如图 6.1.4(c)所示。球碳 C_{70} 是除 C_{60} 外研究最多的球碳分子。由图可见,五边形面是不相邻的,满足 IPR 规则。

图 6.1.4(f)～(h)示出球碳 C_{36} 的 3 种异构体,它们都由 12 个五边形面和 8 个六边形面组成。由图 6.1.4(f)和(g)可以看出,这两种异构体结构中,不出现 3 个五边形面共聚于一点的情况。C_{36} 是最小的由五边形面和六边形面组成的多面体中能够不出现 3 个五边形面相聚的一种多面体。

在制备大的球碳分子时,孤立的五边形面规则(IPR)限制了可能出现的球碳异构体的数目。表 6.1.1 列出若干满足 IPR 的球碳异构体的数目和该异构体的对称性。

表 6.1.1　满足 IPR 的球碳异构体的数目及其对称性

球　碳	数　目	点群对称性
C_{60}	1	I_h
C_{70}	1	D_{5h}
C_{72}	1	D_{6d}
C_{74}	1	D_{3h}
C_{76}	2	T_d, D_2
C_{78}	5	$D_{3h}(2)$, D_3, $C_{2v}(2)$
C_{80}	6	I_h, D_{5d}, D_{5h}, D_2, $C_{2v}(2)$

在图 6.1.4(d)和(e)中,分别示出 $C_{72}(D_{6d})$ 和 $C_{74}(D_{3h})$ 的结构,仔细观察多面体中五边形面都是分立地排布的。图 6.1.4(i)和(j)示出 C_{78} 的两种异构体:$C_{78}(C_{2v})$ 和 $C_{78}(D_3)$,它们也是遵循 IPR 的多面体。随着球碳的增长,满足 IPR 异构体的数目会迅速增加。据计算,C_{82} 有 9 个异构体,C_{84} 有 24 个异构体,而 C_{96} 则有 196 个异构体。

球碳除上述各种单个多面体品种外,还有由两个或多个多面体连接形成的聚合球碳。已经制得由两个 C_{60} 二聚成 C_{120} 分子,它由两个多面体连接而成,如图 6.1.5 所示。通过 X 射线衍射法的测定,二聚体的连接方式是利用 C_{60} 的两个六边形面的棱边(6/6)的两端 C 原子,通过 C—C 单键连接而成,连接两球的 C—C 键长为 157.5 pm,而构成四元环的另外两条 C—C 键的键长为 158.1 pm。

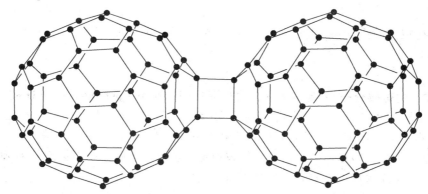

图 6.1.5　C_{60} 的二聚体 C_{120} 的分子结构

6.1.3　球碳化合物中的多面体

球碳化合物是指分子中含有球形多面体碳原子簇骨干的化合物以及由球碳分子通过化学反应衍生出产物。前一类主要由球碳 C_{60} 和球碳 C_{70} 等在球体表面上加各种基团而得。后一类是在化学反应中,使球体破损开口,形成一个开口的笼,笼中可以包合各种小分子,笼口可以置换各种基团。这类破损的球体化合物中,多面体的结构仍占分子的主要骨干。为了扩展对球碳化合物的了解,将它分成九类进行讨论。

1. 球碳非金属加合物

这类化合物是指球碳分子中的碳原子直接以共价键和非金属原子结合的化合物。由于在分子球面上的碳原子数目很多,加合原子的数目和加合的位置呈多样性。这类化合物很多,例如 $C_{60}O$,$C_{60}(CH_2)$,$C_{60}(CMe_3)$,$C_{60}Br_6$,$C_{60}Br_8$,$C_{60}Br_{24}$,$C_{60}H_{60}$,$C_{60}[OsO_4('BuPy)_2]$等等。在所列例子中前两者的 O 原子和 CH_2 中的 C 原子都是同时和 C_{60} 球面上处于六元环和六元环连接边上的两个 C 原子成键,如图 6.1.6(a)所示。所列出的中间 4 个例子中,CMe_3 中的 C 和 Br 原子只和 C_{60} 面上的 1 个 C 原子键连,如图 6.1.6(b)示出 $C_{60}Br_6$ 的结构。在最后的例子中,Os 原子通过两个 O 原子和六元环边上的两个 C 原子成键,如图 6.1.6(c)所示。

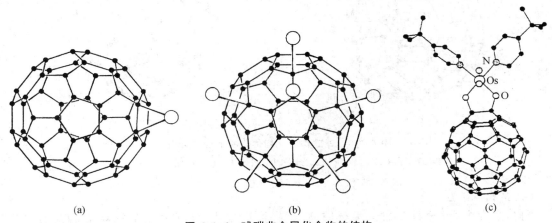

(a) (b) (c)

图 6.1.6 球碳非金属化合物的结构

(a) $C_{60}O$,(b) $C_{60}Br_6$,(c) $C_{60}[OsO_4('BuPy)_2]$

2. 球碳金属加合物

这类化合物是指球碳分子中的碳原子直接以共价键和金属原子结合的化合物。图 6.1.7 示出 $C_{60}[Pt(PPh_3)_2]_6$ 和 $C_{70}[Pt(PPh_3)_2]_4$ 的结构。

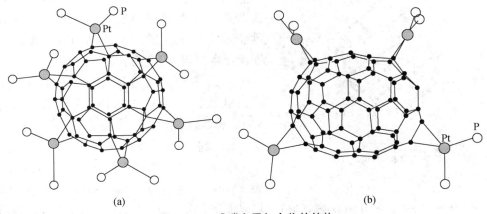

(a) (b)

图 6.1.7 球碳金属加合物的结构

(a) $C_{60}[Pt(PPh_3)_2]_6$,(b) $C_{70}[Pt(PPh_3)_2]_4$

121

3. 球碳作为 π 配位体的配合物

化合物 $(\eta^5\text{-}C_5H_5)Fe(\eta^5\text{-}C_{60}Me_5)$ 和 $(\eta^5\text{-}C_5H_5)Fe(\eta^5\text{-}C_{70}Me_3)$ 的结构如图 6.1.8 所示。在这两个结构中，球碳 C_{60} 和 C_{70} 都为 $(\eta^5\text{-}C_5H_5)Fe$ 提供 1 个五元环的离域 π 键轨道和 6 个 π 电子，形成和二茂铁相似的配合物。球碳的这种结构和性质类似于芳香族化合物，但在这五元环外围球面上的 C 原子和—CH_3 成键加合，形成四面体形的加合物，这又和脂肪族化合物相似。

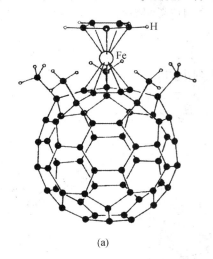
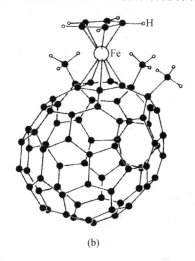

$$(a) \qquad\qquad (b)$$

图 6.1.8　球碳作为 π 配位体的配合物结构

$(a)\ (\eta^5\text{-}C_5H_5)Fe(\eta^5\text{-}C_{60}Me_5)$，$(b)\ (\eta^5\text{-}C_5H_5)Fe(\eta^5\text{-}C_{70}Me_3)$

4. 金属球碳盐

球碳呈现接受电子性质，能与强还原剂（如碱金属）发生反应产生金属球碳盐。碱金属球碳盐 $Li_{12}C_{60}$，$Na_{11}C_{60}$，$M_6C_{60}(M=K,Rb,Cs)$，K_4C_{60} 和 $M_3C_{60}(M_3=K_3,Rb_3,RbCs_2)$ 等均已制得。

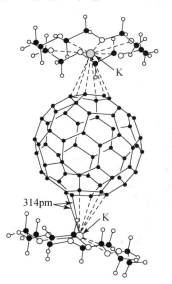

图 6.1.9　球碳超分子加合物 $[K(18\text{-}冠\text{-}6)]_3$·$C_{60} \cdot 3(C_6H_5CH_3)$ 晶体中的部分结构

M_3C_{60} 化合物特别有意义，它们在低温时可转变为超导材料，转变温度 T_c 分别为：K_3C_{60} 为 19K，Rb_3C_{60} 为 28K，$RbCs_2C_{60}$ 为 33K。

K_3C_{60} 为立方晶体，晶体由 K^+ 和 C_{60}^{3-} 离子组成。晶体结构可看作 C_{60}^{3-} 的球形离子按立方最密堆积形成面心立方结构，此结构的八面体空隙和四面体空隙都由 K^+ 占据。

K_4C_{60} 和 Rb_4C_{60} 有着相似的结构，均为四方晶系。$M_6C_{60}(M=K,Rb,Cs)$ 为立方晶系晶体。M_4C_{60} 和 M_6C_{60} 类型的盐为绝缘体，没有超导性。

5. 球碳超分子加合物

C_{60} 和 C_{70} 等球碳分子可以和冠醚、杯芳烃、二茂铁和氢醌等依靠静电力、氢键和范德华作用力等结合形成超分子加合物。在其中冠醚、杯芳烃等形成主体结构，具有一定的空间，足以容纳客体球碳分子。

图 6.1.9 示出球碳超分子加合物[K(18-冠-6)]$_3$ C$_{60}$·3(C$_6$H$_5$CH$_3$)晶体中的部分结构。

6. 多球球碳化合物

球碳分子可以形成下面三类多球球碳化合物:

(1) 2 个或多个球碳分子相互直接以球面上的 C 原子依靠球间的 1 个或 2 个 C—C 共价键构成二聚或多聚分子。图 6.1.10(a)示出[C$_{60}$('Bu)]$_2$ 二聚体分子的结构。

(2) 2 个或多个球碳分子和 1 个基团中的多个原子通过 C—C 键形成多球球碳化合物,如图 6.1.10(b)所示的(C$_{60}$)$_3$(C$_{14}$H$_{14}$)的结构。

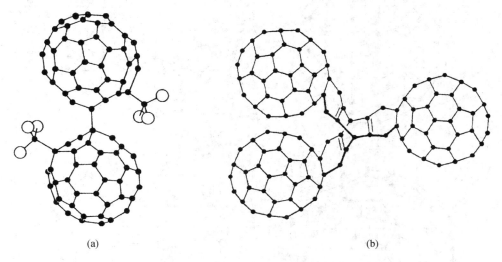

(a) (b)

图 6.1.10 多球球碳化合物的结构

(a) [C$_{60}$('Bu)]$_2$,(b) (C$_{60}$)$_3$(C$_{14}$H$_{14}$)

(3) 在高聚物的骨干中规则地连接上球碳基团,形成垂饰链形的结构,如:

$$\wedge\wedge\text{CH—CR=CH—CH}_2\wedge\wedge\text{CH}_2\text{—CR=CH—CH}\wedge\wedge$$
$$\underset{\text{C}_{60}\text{H}}{|}\qquad\qquad\qquad\qquad\qquad\underset{\text{C}_{60}\text{H}}{|}$$

7. 杂球碳

杂球碳是球碳笼上的 1 个或多个 C 原子被其他主族元素原子置换得到的化合物。硼杂球碳 C$_{59}$B,C$_{58}$B$_2$,C$_{69}$B,C$_{68}$B$_2$ 等已用硼/石墨棒以电弧放电法合成,并用质谱法检测到。由于 N 比 C 多 1 个电子,氮杂球碳是自由基(C$_{59}$N·,C$_{69}$N·),它们能二聚成(C$_{59}$N)$_2$ 和(C$_{69}$N)$_2$,也能和 H 结合成 C$_{59}$NH 和 C$_{69}$NH。

8. 内藏型球碳化合物

内藏型球碳(endohedral fullerenes,incar-fullerenes)化合物是指在球碳笼内部包藏有其他原子或基团的化合物,也是球碳特有的一类化合物。例如,La@C$_{60}$,La$_2$@C$_{76}$ 分别代表在 C$_{60}$笼内包藏有 1 个和 2 个 La 原子。IUPAC 对这类化合物建议用 iLaC$_{60}$ 和 iLa$_2$C$_{76}$ 表示[i 来自 incarceration(包藏)]。我们认为用@更清楚易懂,也便于对洋葱型碳粒等多层包藏进行表达,如 C$_{60}$@C$_{240}$@C$_{540}$@…,故本书仍用@。

内藏型球碳化合物的结构和电子性质的研究,已得到许多有意义的结果。图 6.1.11 示出一些内藏型球碳的结构。在 N@C$_{60}$ 和 P@C$_{60}$ 中包藏的 N 和 P 原子依然保持它们的原子基态组态,处于球碳笼的中心,如图 6.1.11(a)所示。Ca@C_{60} 的对称性为 C_{5v},Ca 原子处于偏离笼中心约 70 pm 处,如图 6.1.11(b)所示。$Sc_3N@C_{78}$ 的结构示于图 6.1.11(c),N—Sc 键长为 198~212 pm。（Sc_2C_2）@C_{84} 中 Sc_2C_2 单元为菱形,Sc—C 和 C—C 距离分别为 226 pm 和 142 pm,如图 6.1.11(d)所示。内藏型球碳有着特殊的引人入胜的性质,可望用于发展新型的特殊材料。

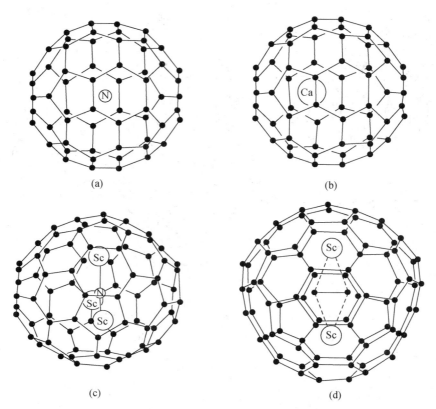

图 6.1.11　内藏型球碳化合物的结构

(a) $N@C_{60}$,(b) $Ca@C_{60}$,(c) $Sc_3N@C_{78}$,(d) $Sc_2C_2@C_{84}$

9. 开口球碳化合物

开口球碳化合物是将封闭的多面体形球碳分子进行化学反应,使多面体破损开口,成为开口的笼。笼口的 C 原子连接着 O 和 N 等原子组成的基团,笼内装入其他小分子,例如 H_2O,H_2 等。图 6.1.12 示出包含有 H_2O 分子的两个开口球碳化合物的结构:(a) $H_2O@C_{59}O_6$(NC_6H_5),(b) $H_2O@C_{59}O_5(OH)(OO^tBu)(NC_6H_4Br)$。

上述各类球碳化合物的成功制备,启发了化学家的思维。联想到芳香族化合物是以 6 个 C 原子为骨干的苯和其他芳香环为基础进行反应、合成、研究,形成数以千万计的产品,内容丰富多彩,改变了化学的面貌。现在以 60 个 C 原子的多面体球碳 C_{60} 为骨干,加上其他大小的球碳分子为基础,相信可以加成制备出数目很多的球碳族化合物,启迪着化学家们去思考、探索和研究,开辟出一个崭新的领域。

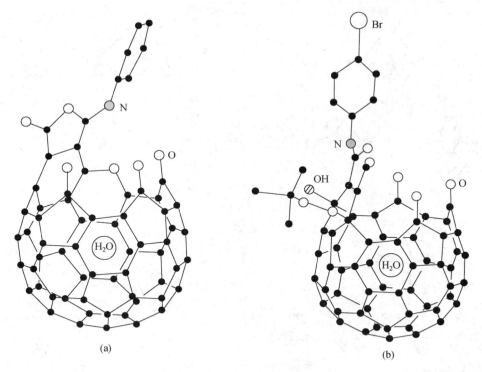

图 **6.1.12** 开口球碳化合物的结构（Me 和 Ph 上的 H 原子已删去）
(a) $H_2O@C_{59}O_6(NC_6H_5)$，**(b)** $H_2O@C_{59}O_5(OH)(OO^tBu)(NC_6H_4Br)$
（参看甘良兵等文章：J Am Chem Soc,2007,129：16149～16162）

6.2　封闭型硼烷多面体结构中的化学键

封闭型硼烷的通式为 $B_nH_n^{2-}$，碳硼烷的通式为 $B_{n-1}CH_n^-$ 和 $B_{n-2}C_2H_n$，它们中的 B_n，$B_{n-1}C$ 和 $B_{n-2}C_2$ 等原子簇骨干均是由三角形面组成的多面体。多面体顶点为 B（或 C）原子，H 原子和 B（或 C）原子端接，由多面体中心向外伸展，棱边数目为 $3n-6$。按硼烷的几何结构，可以推得这些原子簇骨干中的价电子总数 g 为 $4n+2$，而键价数为

$$b = [8n-(4n+2)]/2 = 2n-1 \qquad (6.2.1)$$

按 $styx$ 数码的定义（参看 4.2 节）及封闭型硼烷和碳硼烷的结构，可推得原子簇的键价数。在封闭式硼烷中，不存在 3c-2e BHB 键，s 为零；每个硼原子或碳原子只端接一个 H 原子，不存在 BH_2 或 CH_2 基团，x 也为零；t 代表 3c-2e BBB 键的数目，每个键的键价数为 2，其值为 $2t$；B—B 键的数目用 y 表示，每个键的键价数为 1。由此可得键价数：

$$b = 2t+y \qquad (6.2.2)$$

从上面两式可得

$$2t+y = 2n-1 \qquad (6.2.3)$$

封闭型硼烷 $B_nH_n^{2-}$ 或碳硼烷的价电子对总数为 $2n+1$，其中 n 个电子对用于形成端接的 B—H 键和 C—H 键，剩余 $(n+1)$ 对电子用于骨干中的 3c-2e BBB 键（或 3c-2e BBC 键）和 2c-2e B—B 键，所以

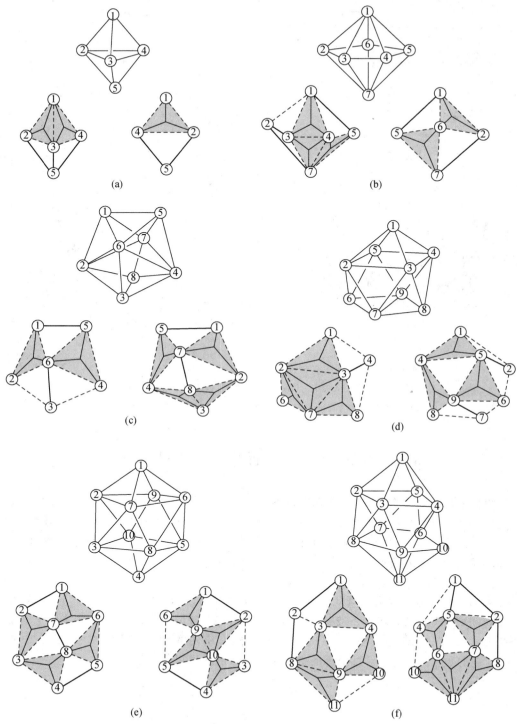

图 6.2.1　封闭型硼烷 B_n 原子簇的结构和化学键

(a) $B_5H_5^{2-}$, (b) $B_7H_7^{2-}$, (c) $B_8H_8^{2-}$, (d) $B_9H_9^{2-}$, (e) $B_{10}H_{10}^{2-}$, (f) $B_{11}H_{11}^{2-}$

$$t + y = n + 1 \tag{6.2.4}$$

从(6.2.3)和(6.2.4)式可得

$$t = n - 2 \tag{6.2.5}$$

$$y = 3 \tag{6.2.6}$$

在封闭型 $B_n H_n^{2-}$（包括 $B_{n-1}CH_n^-$ 和 $B_{n-2}C_2H_n$）中，不论 n 数目的大小，2c-2e B—B 键的数目都是 3，而 3c-2e BBB 键（包括 BBC 键）的数目为 $n-2$ 个。表 6.2.1 列出硼烷 $B_n H_n^{2-}$ 的 $styx$ 及键价数等数值。

为了表达硼烷 $B_n H_n^{2-}$ 的结构和其中的化学键，图 6.2.1 示出它们的原子簇骨干的结构和从正反两面示出 3c-2e BBB 键及 2c-2e B—B 键。由于每个 3c-2e 键由 3 个 B 原子组成，用 3 条线段交汇于三角形面的中心表示，而三角形面的 3 条边用虚线相连，并在面上加阴影使它更明显。2c-2e B—B 键用两个 B 原子间的实线表示。由于两个 B 原子不能同时通过 3c-2e 键和 2c-2e 键结合，注意全部的 3c-2e 键的边都是虚线，而且每两个成键的原子之间一定有虚线或实线相连接。另外注意：图中示出的只是一种共振杂化体的结构。

表 6.2.1 封闭型 $B_n H_n^{2-}$ 原子簇骨干中的 $styx$ 数码、键价和结构

$B_n H_n^{2-}$ 的 n	$styx$ 数码	棱边数	面数	键价数(b)	结构图号
5	0330	9	6	9	6.2.1(a)
6	0430	12	8	11	4.2.3
7	0530	15	10	13	6.2.1(b)
8	0630	18	12	15	6.2.1(c)
9	0730	21	14	17	6.2.1(d)
10	0830	24	16	19	6.2.1(e)
11	0930	27	18	21	6.2.1(f)
12	0,10,3,0	30	20	23	5.4.2

表中 n 的数值是从 5 开始，而不是从 4 开始，因为对 $B_4 H_4^{2-}$，它的 $t=2$，$y=3$，不能满足两个 B 原子不能同时通过 2c-2e B—B 键和 3c-2e BBB 键的要求。

由 C 置换 B 形成碳硼烷，在一个硼碳原子簇中 C 原子的数目由 1 个到 4 个均已制得。每当用一个 CH 置换一个 BH 时，负电荷少去 1 个。下面主要讨论和 $B_n H_n^{2-}$ 等电子体系但不带负电荷的 $B_{n-2}C_2H_n$，由于它们和相应的硼烷是等电子体，其成键情况和性质也相似。图 6.2.2 示出若干碳硼烷及其原子簇骨干的结构。图中对 $B_3C_2H_5$，$B_4C_2H_6$ 和 $B_5C_2H_7$ 示出了 H 原子，而其他只示出骨干结构。对 $B_4C_2H_6$ 和 $B_{10}C_2H_{12}$ 示出了 C 原子处于不同位置的异构体，其他只示出一种。

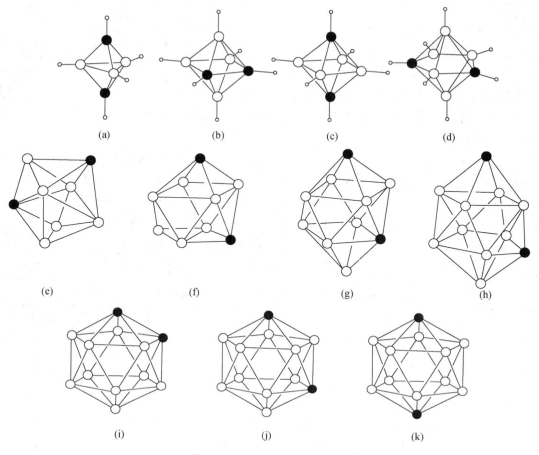

图 6.2.2　若干碳硼烷的结构

(a) $B_3C_2H_5$,(b)和(c) $B_4C_2H_6$,(d) $B_5C_2H_7$,(e) $B_6C_2H_8$,

(f) $B_7C_2H_9$,(g) $B_8C_2H_{10}$,(h) $B_9C_2H_{11}$,(i),(j)和(k)$B_{10}C_2H_{12}$

6.3　球碳多面体和硼烷多面体的比较

由前述讨论可见,球碳多面体的每个顶点都由 3 条边交汇而成,而每条边必定和两个顶点相连。所以每个球碳多面体的顶点数 v 和边的数目 e 存在着 $3v=2e$ 的关系,如(6.1.3)式所示。在封闭型硼烷多面体中,每个面都是三角形面,而每条边也必定和两个顶点相连。由此可得,面的数目 f 和边的数目 e 存在着 $3f=2e$ 的关系。

根据 Euler 方程[(6.1.1)式],对有着相同边数 e 的球碳多面体和封闭型硼烷多面体,硼烷多面体的面数将等于球碳多面体的顶点数。当这两种多面体有着相同的边数 e,而且对称性相同时,则这两种多面体相互为对偶多面体。它们只要交换 v 和 f 的数值,通过切角的方法就可以从一种多面体得到对偶的另一种多面体。

一些相互对偶的球碳分子 C_n 和多面体球碳烷 C_nH_n 的碳原子多面体骨干,以及封闭型硼烷及其衍生物中的硼原子的多面体骨干的结构特点列于表 6.3.1 中。

表 6.3.1 一些相互对偶的多面体分子的结构

对称性	$e+2$	球碳多面体			硼烷骨干多面体		
		分子	n	f	分子	n	f
T_d	8	C_4R_4	4	4	B_4Cl_4	4	4
O_h	14	C_8H_8	8	6	$B_6H_6^{2-}$	6	8
T_d	20	$C_{12}H_{12}$	12	8	$B_8H_8^{2-}$	8	12
I_h	32	$C_{20}, C_{20}H_{20}$	20	12	$B_{12}H_{12}^{2-}$	12	20
O_h	38	C_{24}	24	14	$B_{14}H_{14}^{2-}$	14	24
T_d	44	C_{28}	28	16	$B_{16}H_{16}^{2-}$	16	28
I_h	92	C_{60}	60	32	$B_{32}H_{32}^{2-}$	32	60
D_{5h}	107	C_{70}	70	37	$B_{37}H_{37}^{2-}$	37	70
I_h	122	C_{80}	80	42	$B_{42}H_{42}^{2-}$	42	80

当一个球碳多面体(或球碳烷的碳骨干多面体)由两种面组成:一种面为六边形面,面的数目为 f_6;另一种是 j 边形面,面的数目为 f_j。f_j 可按下列关系推得

$$f = f_6 + f_j \tag{6.3.1}$$

按上节(6.1.1)~(6.1.4)式的方法可得

$$jf_j + 6f_6 = 2e = 3v = 3n \tag{6.3.2}$$

$$f_j = 12/(6-j) \tag{6.3.3}$$

即

$$j = 5, \quad f_5 = 12 \tag{6.3.4}$$

$$j = 4, \quad f_4 = 6 \tag{6.3.5}$$

$$j = 3, \quad f_3 = 4 \tag{6.3.6}$$

例如,从(6.3.4)式可见,由六边形面和五边形面共同组成的 C_{60} 或 C_{70} 等球碳分子,其中五边形面的数目都是 12。从(6.3.5)式可见,由六边形面和四边形面共同组成的 C_{24} 球碳分子,四边形面的数目为 6。

当一个封闭型硼烷分子中的硼原子多面体由两类顶点组成:一类为 6 条边相聚的顶点,数目为 v_6;另一类是由 j 条边相聚的顶点,数目为 v_j。按上述相似的推导,可得

$$v_j = 12/(6-j) \tag{6.3.7}$$

j 的取值为 5,4 或 3 时,相应的顶点 v_j 数目为

$$j = 5, \quad v_5 = 12 \tag{6.3.8}$$

$$j = 4, \quad v_4 = 6 \tag{6.3.9}$$

$$j = 3, \quad v_3 = 4 \tag{6.3.10}$$

例如对 $B_{12}H_{12}^{2-}$ 三角二十面体中,12 个顶点每个都是由 5 条边汇聚而成。

当一个球碳(或球碳烷)多面体由六边形面及五边形面共同组成时,它的最高对称性为 I_h。同理,一个硼烷多面体的各个顶点只由 6 条边相聚或 5 条边相聚形成时,它的最高对称性也为 I_h。这些对称性相同的 C_n 和 $B_{n'}$,当它们的棱边数目相同,则它们是一对相互对偶多面体。这些多面体通过保持其对称性的条件下,进行切角或加帽,又可得另外一对相互对偶的多面体。图 6.3.1 示出具有 I_h 对称性的 B_{12} 和 C_{20} 以及 B_{32} 和 C_{60},它们分别互为对偶多面体。

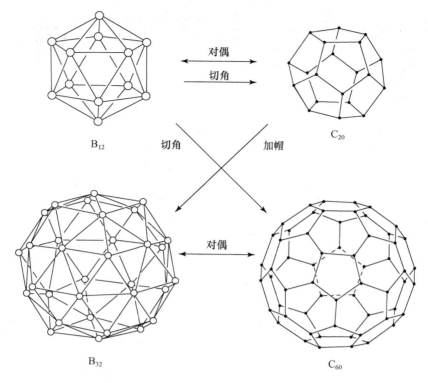

图 6.3.1　具有 I_h 对称性的 B_n 和 C_n 的对偶多面体

当一个球碳（或球碳烷）C_n 多面体由六边形面及四边形面共同组成时，它的最高对称性为 O_h，它和其对偶多面体即由 6 条边或 4 条边汇聚成的封闭型硼烷多面体 B_n 的关系示于图 6.3.2中。

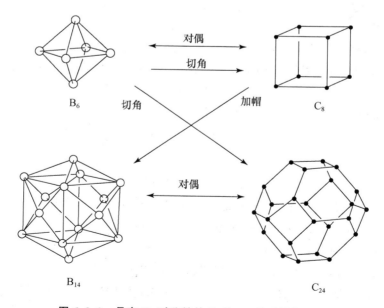

图 6.3.2　具有 O_h 对称性的 B_n 和 C_n 的对偶多面体

当一个球碳(或球碳烷)C_n多面体由六边形面及三边形面共同组成时,它的最高对称性为T_d。它和其共轭多面体,即由 6 条边或 3 条边汇聚成的封闭型硼烷多面体 B_n 的关系示于图 6.3.3 中。

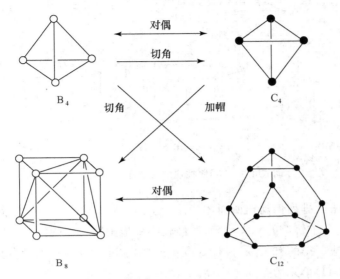

图 6.3.3　具有 T_d 对称性的 B_n 和 C_n 的对偶多面体

6.4　化学中的棱柱体和反棱柱体

棱柱体是由两个多边形面相对平行排列,通过四边形面共棱边连接而成。如果组成棱柱体的每个面都是正多边形面,则它们形成半正多面体。若棱柱体的四边形面是长方形面而不是正四边形,则它不是半正多面体,但在实际的化合物结构中却较普遍地出现,本节包含了这类非半正多面体。

三棱柱体在化学结构中常见到。四棱柱体当四边形面的边长相同时,即为立方体,是一种正多面体,但若边长不同,形成四棱柱,则为非半正多面体。棱柱体是有机化合物中 C 原子骨干能稳定存在的一类化合物结构,也是主族重金属元素和过渡金属元素常形成的一类多面体。

6.4.1　棱柱烷

棱柱烷(prismanes)是一类组成为$(CH)_{2n}$的碳氢化合物,它的 C 原子骨干形成棱柱体几何形态。[n]棱柱烷是由两个平行的 n 边形面通过 n 个四边形面连接而成,如图 6.4.1 所示。图中示出 $n=3\sim9$ 的棱柱体。由图可见,这些化合物中理想的 C 原子骨干多面体具有 D_{nh} 点群对称性。

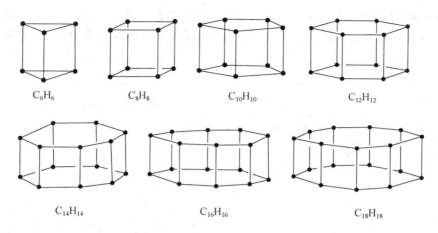

图 6.4.1 [n]棱柱烷中 C 原子骨干的结构

棱柱烷中碳原子的排列偏离正四面体构型,是一类存在着扭力的有机分子。利用不同的方法,从分子力学到分子轨道的从头计算,已经较详细地阐明了它的结构参数。表 6.4.1 列出一些利用从头计算法所得的有关[n]棱柱烷($n=3\sim9$)的几何参数和能量参数。图 6.4.2 示出[n]棱柱烷中每个(CH)单元的空间张力能。

表 6.4.1 [n]棱柱烷的几何参数和能量参数

名 称	化学式	对称性点群	面角/(°)	ΔH_f kJ mol^{-1}	每个(CH)空间张力能 kJ mol^{-1}	C—C 键长/pm n 边形面	C—C 键长/pm 棱边
[3]棱柱烷	C_6H_6	D_{3h}	60,90	571	103.7	150.7	154.9
[4]棱柱烷	C_8H_8	O_h	90	621	86.2	155.9	155.9
[5]棱柱烷	$C_{10}H_{10}$	D_{5h}	108,90	500	42.3	155.2	159.8
[6]棱柱烷	$C_{12}H_{12}$	D_{6h}	120,90	641	62.0	155.1	155.3
[7]棱柱烷	$C_{14}H_{14}$	D_{7h}	128.6,90	887	71.9	155.3	155.3
[8]棱柱烷	$C_{16}H_{16}$	D_{8h}	135,90	1184	82.6	155.6	155.1
[9]棱柱烷	$C_{18}H_{18}$	D_{9h}	140,90	1543	94.3	156.1	155.0

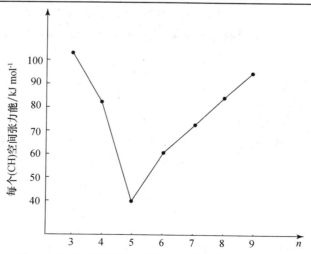

图 6.4.2 [n]棱柱烷中每个(CH)单元的空间张力能

最小的[3]棱柱烷和苯是同分异构体,它的结构是在 19 世纪由 Ladenberg 提出来的,所以它又称为 Ladenberg 苯。[4]棱柱烷即立方烷已在第 4 章中讨论到。[5]棱柱烷中五边形面内的夹角 108°,最接近四面体的键角(109°28′),所以对每个(CH)单元具有最低的空间张力能,如图 6.4.2 所示。

[6]棱柱烷形式上可看作由两个苯分子面对面地形成的二聚体,对它的合成已有较成熟的方法。从图 6.4.2 可见,[6]棱柱烷中每个(CH)基团的空间张力能仅高于[5]棱柱烷,而比其他的都低。[9]棱柱烷比[3]棱柱烷低,合成出稳定的[9]棱柱烷是可能的。理论计算指明,$n>12$ 的较高棱柱烷将会以扭曲的结构形态存在。

6.4.2 棱柱体形主族元素原子簇化合物

Te_6^{4+} 是测定 $Te_6(AsF_6)_4 \cdot 2AsF_3$ 晶体结构时第一个报道的呈分立的棱柱体形正离子,如图 6.4.3(a)所示。在此 Te_6^{4+} 离子中,Te—Te 原子间的平均键长在三角形面上为 268 pm,三棱柱上为 313 pm,后者明显地长于前者。Te_6^{4+} 离子中的价电子数和键价数分别为

$$g=6\times6-4=32$$
$$b=(6\times8-32)/2=8$$

从键长来看,三角形面上的 6 条边均为 2c-2e Te—Te 键,而三棱柱上 3 条边的键价数为 2,即每条棱边 Te—Te 键价为 2/3。分子轨道理论计算认为,Te_6^{4+} 是通过两个 Te_3^{2+} 单元间的 π^*-π^* 6c-4e 成键相互作用结合在一起,每条边上的键级为 2/3,和上述结果一致。

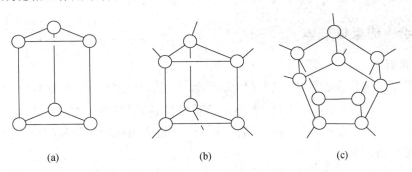

(a)   (b)   (c)

图 6.4.3 棱柱体形主族元素原子簇的结构

(a) Te_6^{4+},(b) (Si_6) 和 (Ge_6) 骨干,(c) Sn_{10} 骨干

六聚体 $Si_6(2,6-^iPr_2C_6H_3)_6$ 和 $Ge_6[CH(SiMe_3)_2]_6$ 中骨干原子簇 (Si_6) 和 (Ge_6) 具有三棱柱体形结构,如图 6.4.3(b)所示。前者 Si—Si 键长平均值为 238 pm,后者两个三边形面上 Ge—Ge 平均键长为 258 pm,棱柱边为 252 pm,两者很近似,这和 (Si_6) 与 (Ge_6) 原子簇的价电子数 $g=6\times4+4=30$,键价数 $b=(6\times8-30)/2=9$,使每条边都为 2c-2e 键一致。

$Sn_{10}(2,6-Et_2C_6H_3)_{10}$ 中 (Sn_{10}) 骨干原子簇为五棱柱结构,如图 6.4.3(c)所示。Sn—Sn 平均键长为 286 pm。在此结构中 Sn_{10} 骨干的价电子数和键价数分别为

$$g=10\times4+10\times1=50$$
$$b=(10\times8-50)/2=15$$

每条棱边都是 2c-2e Sn—Sn 键。

6.4.3　过渡金属棱柱体形化合物

许多过渡金属簇合物形成三方棱柱体结构。例如 $[Co_6C(CO)_{15}]^{2-}$，$[Rh_6C(CO)_{15}]^{2-}$，$[Co_6N(CO)_{15}]^-$，$[Rh_6N(CO)_{15}]^-$，$[Os_6P(CO)_{18}]^-$，$Re_6(CO)_{18}(\mu_4\text{-PMe})_3$ 及 $[Pt_6(CO)_{12}]^{2-}$ 等。图 6.4.4 示出一些实例。大多数这类化合物带有填隙原子，如 C，N，P 等，M_6 骨干的价电子数为 90，键价数为 9，相当于三方棱柱多面体的每条边都是 2c-2e M—M 键。但 $[Pt_6(CO)_{12}]^{2-}$ 是例外，它只有 86 个价电子，键价数 $b=11$，可根据它的几何构型探讨它的成键情况。有一种观点根据在三角形面中 3 个键的键长较短，认为 3 个键中，2 个为单键，1 个为双键，可以使它的总键价数为 11。

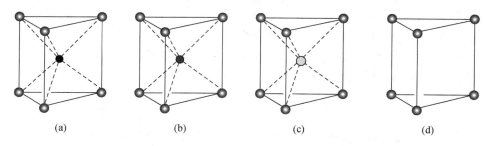

图 6.4.4　过渡金属棱柱形化合物中 M_6 的结构

(a) $[CO_6C(CO)_{15}]^{2-}$，(b) $[Rh_6N(CO)_{15}]^-$，(c) $[Os_6P(CO)_{18}]^-$，(d) $[Pt_6(CO)_{12}]^{2-}$

6.4.4　化学中的反棱柱体

1. 主族元素

主族元素原子簇化合物形成反棱柱体骨干，除去三方反棱柱体即八面体外，为数不多。已知在 $Bi_8(AlCl_4)_2$ 化合物中，Bi_8^{2+} 离子具有四方反棱柱体结构，其对称点群为 D_{4d}，如图 6.4.5(a) 所示。在簇中，Bi—Bi 间的距离平均为 310 pm，接近金属铋中原子间的距离。Bi_8^{2+} 簇的价电子数 g 和键价数 b 为

$$g = 8 \times 5 - 2 = 38$$
$$b = (8 \times 8 - 38)/2 = 13$$

按它的键价数，簇中原子间将形成 3 个 3c-2e BiBiBi 键和 7 个 2c-2e Bi—Bi 键。图 6.4.5(b) 和 (c) 从正反两面标出价键分布的一种共振杂化体。

$[Pd@Bi_{10}]^{4+}$ 具有带心 Pd 原子的五方反棱柱形结构，如图 6.4.5(d) 所示。当将 Pd 作为零价 Pd(0)，没有电子参加 $[Pd@Bi_{10}]^{4+}$ 簇成键的条件下，$[Pd@Bi_{10}]^{4+}$ 簇中的价电子数 g 为

$$g = 10 \times 5 - 4 = 46$$

其键价数 b 为

$$b = \frac{1}{2}(8 \times 10 - 46) = 17$$

这时簇中形成的化学键为：7 个 3c-2e BiBiBi 键和 3 个 2c-2e Bi—Bi 键，如图 6.4.5(e) 和 (f) 所示。

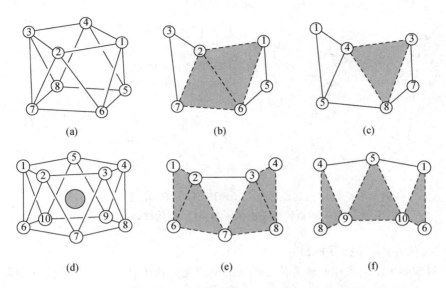

图 6.4.5 (a) Bi_8^{2+} 原子簇结构及(b)和(c)正反两面价键分布；
(d) $[Pd@Bi_{10}]^{4+}$ 原子簇结构及(e)和(f)正反两面化学键分布

2. 过渡金属

过渡金属化合物的金属原子簇经常呈现反棱柱多面体结构。一些棱柱体在一定条件下可转化为反棱柱体。例如，三方棱柱体$[Co_6N(CO)_{15}]^-$在 THF 中煮沸，将转变为三方反棱柱体$[Co_6N(CO)_{13}]^-$的结构，如下式所示。

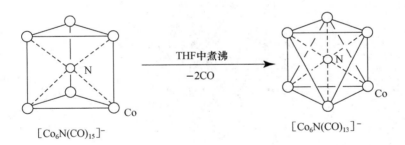

过渡金属原子簇化合物形成八面体形即三方反棱柱体形的结构为数甚多，已在第 4 章中讨论。具有四方反棱柱体和五方反棱柱体结构的原子簇，为数相对较少。$[Co_8C(CO)_{18}]^{2-}$和$[Ni_8C(CO)_{16}]^{2-}$形成簇中心有 C 原子的四方反棱柱体，如图 6.4.6(a)所示。在它们的金属骨干中(M_8)具有的价电子数分别为 114 和 118，它们的键价数分别为 15 和 17。在镍簇合物$[Ni_{10}(CO)_{18}(\mu_5\text{-AsMe})_2]^{2-}$和$[Ni_{10}(CO)_{18}(\mu_5\text{-SbPh})_2]^{2-}$中，$(Ni_{10})$原子簇形成五方反棱柱体，如图 6.4.6(b)所示。金属簇的价电子数和键价数均分别为：$g=142, b=19$。

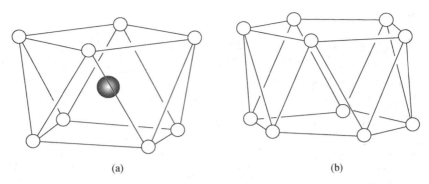

(a)   (b)

图 6.4.6 (a) $[Co_8 C(CO)_{18}]^{2-}$ 和 (b) $[Ni_{10}(CO)_{18}(\mu_5\text{-}AsMe)_2]^{2-}$
的金属原子簇($Co_8 C$)和(Ni_{10})的结构

3. $Cu_{12} S_6 (PEtPh_2)_8$ 分子的结构

以 Cu 和 S 原子组成的原子簇为核心形成的配位化合物中,Cu 原子的几何构型常出现四面体(如 $Cu_4 [S_2 P(O^i Pr)_2]_4$),八面体(如 $Cu_6 [S_2 P(OR)_2]_6$)和立方体(如 $Cu_8 [S_2 P(OR)_2]_8$(μ_8-S))。有时还会出现较复杂的多面体。在 $Cu_{12} S_6 (PEtPh_2)_8$ 的分子结构中,12 个 Cu 原子形成由两个四方反棱柱体共面连接而成的多面体,6 个 S 原子以 μ_4-配位方式和核心的 Cu_{12} 原子簇结合,8 个 $PEtPh_2$ 基团以 P 原子端接到 8 个顶角的 Cu 原子上,如图 6.4.7 所示。用多层多面体的空间排布方式可表示为

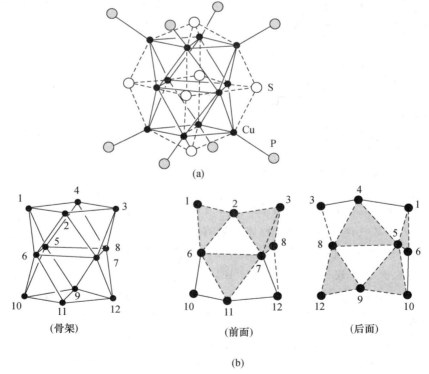

图 6.4.7 在 $Cu_{12} S_6 (PEtPh_2)_8$ 分子中

(a) $Cu_{12} S_6 P_8$ 原子簇的结构,(b) Cu_{12} 原子簇的一种共振杂化体的化学键

$$Cu_{12} \qquad @ \qquad S_6 \qquad @ \qquad P_8$$

$$\left[\begin{array}{c}\text{两个四方反棱柱体}\\ \text{共面连接而成}\end{array}\right] \qquad \text{(八面体)} \qquad \text{(立方体)}$$

Cu 原子的价电子数为 11，μ_4-S 提供给 Cu_{12} 簇的价电子数为 4，P 原子提供的价电子数为 2，按此，Cu_{12} 原子簇的价电子数

$$g = 12 \times 11 + 6 \times 4 + 8 \times 2 = 172$$

键价数

$$b = (12 \times 18 - 172)/2 = 22$$

在 Cu_{12} 中形成的化学键为 8 个 3c-2e CuCuCu 键和 6 个 2c-2e Cu—Cu 键。这些化学键的一种价键表达式示于图 6.4.7(b)中。

6.5 沸石分子筛中的多面体

6.5.1 沸石分子筛结构简介

分子筛是指一类能够筛分分子的固体材料。晶态的沸石分子筛结构中，具有一定大小而规整的孔窗、孔道和孔穴，孔径的范围为 0.2～2 nm，和分子的大小尺寸相当。当不同大小的分子混合物通过分子筛时，小的分子进入孔窗，吸附到孔道和孔穴而停留在其中，大的分子因不能通过孔窗进入孔穴而被筛除出去。吸附在分子筛中的小分子可用化学方法，如用另一种吸附性能不同的分子将已吸附的分子顶替出来，也可用物理方法如加热或抽真空让已吸附在其中的分子释放出来。所以分子筛筛分分子和人们日常生活中常用筛子不同。日常用筛子依靠筛孔的大小让小颗粒物体穿过筛孔，大颗粒不能通过筛孔，这样就把大小不同的物体筛分开来。

广义的分子筛除晶态的沸石分子筛外，还包括无定形硅胶、活性炭，以及其他各种具有多孔的固体材料。这些非晶态材料依靠表面吸附分子性质的不同，有选择地吸附某一类物质而起筛分作用，例如将空气中的水分子吸去，使它形成干燥的空气。又如将毒气分子吸附掉，防止毒气对人体的危害。

分子筛除具有筛分大小不同的分子和吸附性能不同的分子外，还可以根据它具有独特的多孔结构，通过同晶置换等方法引入一些具有高效催化性能的金属离子，让吸附到孔穴中的分子进行特定的化学反应。分子筛已成为一类重要的具有工业应用价值的新材料，用作新型催化剂、吸附剂，大大地推动了化学工业和炼油工业的发展。例如，稀土-Y 型分子筛催化剂用于重油催化裂化，使汽油的收率大幅度提高，获得巨大的经济效益，改善对石油资源的利用效率。人们从 20 世纪 40 年代起就对分子筛的合成、性能、结构和应用长期地进行了大量深入的研究。

常用的沸石分子筛是由硅酸铝盐或磷酸铝盐等组成的晶态多孔物质。分子筛是由 (SiO_4)、(AlO_4) 或 (PO_4) 等四面体结构单元 (TO_4) 共顶点连接形成的三维骨架。在骨架中，每个 T 原子都与 4 个 O 原子配位，而每个 O 原子桥连两个 T 原子。骨架常带有一定的负电荷，由骨架外的正离子来平衡其电荷，达到电中性的结构。为了简明地表达骨架的结构，将四面体结构单元 (TO_4) 中 T 原子作为骨架多面体顶点，相邻四面体的 T—O—T 的化学键用直线段

表示,作为多面体的棱边。图 6.5.1 示出由 24 个(TO₄)四面体共顶点连接形成的切角八面体的原子连接结构及其简明的多面体的结构图形,这个多面体的记号为$[4^6 6^8]$。

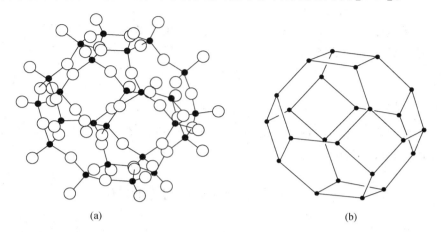

(a)　　　　　　　　　　　　　　　　(b)

图 6.5.1　(a) 由 24 个(TO₄)四面体组成的切角八面体的结构,(b) 切角八面体的简单表示

图 6.5.2 示出分子筛骨架结构中存在的若干种多面体的图形及其表达记号。组成这些多面体的面都是平面或接近于平面的构型,这样符合本书的主题。

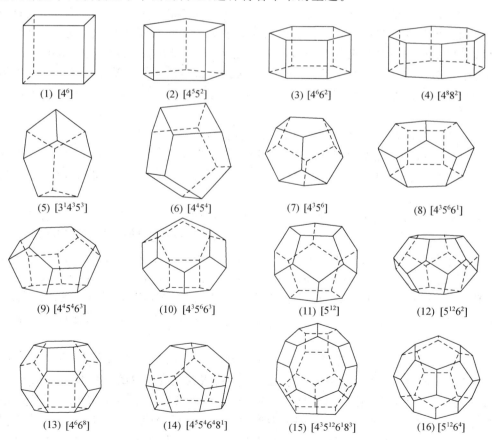

(1) $[4^6]$　　　　　(2) $[4^5 5^2]$　　　　　(3) $[4^6 6^2]$　　　　　(4) $[4^8 8^2]$

(5) $[3^1 4^3 5^3]$　　　　(6) $[4^4 5^4]$　　　　(7) $[4^3 5^6]$　　　　(8) $[4^3 5^6 6^1]$

(9) $[4^4 5^4 6^3]$　　　(10) $[4^3 5^6 6^3]$　　　(11) $[5^{12}]$　　　(12) $[5^{12} 6^2]$

(13) $[4^6 6^8]$　　　(14) $[4^5 5^4 6^4 8^1]$　　　(15) $[4^3 5^{12} 6^1 8^3]$　　　(16) $[5^{12} 6^4]$

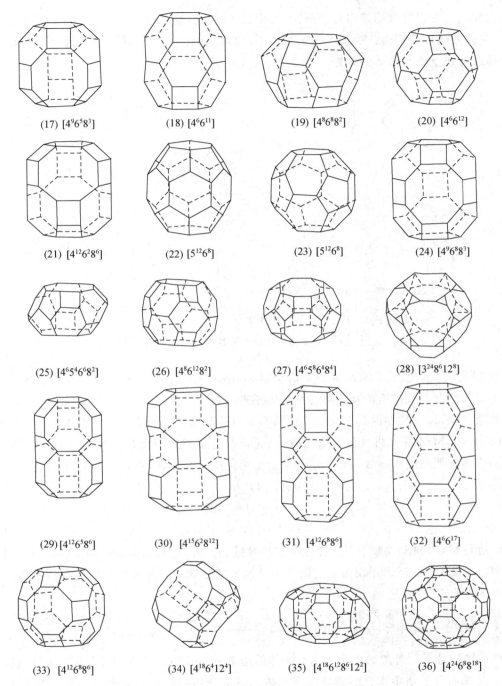

(17) $[4^96^58^3]$ (18) $[4^66^{11}]$ (19) $[4^86^88^2]$ (20) $[4^66^{12}]$

(21) $[4^{12}6^28^6]$ (22) $[5^{12}6^8]$ (23) $[5^{12}6^8]$ (24) $[4^96^88^3]$

(25) $[4^65^46^68^2]$ (26) $[4^86^{12}8^2]$ (27) $[4^65^86^48^4]$ (28) $[3^{24}8^66^{12}8^8]$

(29) $[4^{12}6^58^6]$ (30) $[4^{15}6^28^{12}]$ (31) $[4^{12}6^88^6]$ (32) $[4^66^{17}]$

(33) $[4^{12}6^88^6]$ (34) $[4^{18}6^48^{12}4^4]$ (35) $[4^{18}6^{12}8^68^{12}2^2]$ (36) $[4^{24}6^88^{18}]$

图 6.5.2 分子筛结构中存在的多面体

除了图 6.5.2 中所列由平面型多边形面组成的多面体外,化学家对分子筛结构中孔穴的描述更常用的是"笼"。笼是指由平面型和非平面型多元环围成的孔穴。笼的意义比多面体更广泛,它不受平面型多边形面的限制。笼和笼之间通过共用顶点或面连接成三维骨架。图 6.5.3 示出若干具有非平面型多元环结构的笼。图中多元环的记号和多边形面记号相同。一

139

个多面体的名称也可以用笼表达。例如,A 型分子筛中存在着$[4^6]$,$[4^66^8]$和$[4^{12}6^88^6]$三种多面体,它们的名称分别为:立方体或立方体笼;切角八面体或 β 笼或方钠石笼;$[4^{12}6^88^6]$二十六面体或切角立方八面体或 α 笼。

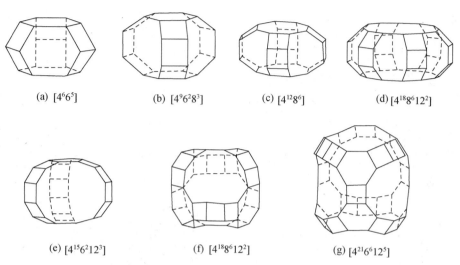

(a) $[4^66^5]$　　(b) $[4^96^28^3]$　　(c) $[4^{12}8^6]$　　(d) $[4^{18}8^66^{12^2}]$

(e) $[4^{15}6^28^{12^3}]$　　(f) $[4^{18}8^66^{12^2}]$　　(g) $[4^{21}6^{6}12^5]$

图 6.5.3　沸石分子筛结构中一些具有非平面型多元环的笼

20 世纪 70 年代,国际沸石分子筛协会(International Zeolite Association,IZA)结构委员会开始对天然及合成沸石的结构进行分类和整理。按照结构骨架中(TO_4)四面体连接的方式划分骨架类型,每一类型由其对应的典型沸石材料的英文名称用 3 个英文黑体大写字母表示,如 **LTA,FAU,MEI** 等。将骨架的结构编写成《沸石骨架类型图集》。该书给出 133 种理想的骨架。这种骨架的晶胞参数是在相应骨架满足可能的最高对称性以及(TO_4)的理想键长值:

$$d(\text{Si—O}) = 161 \text{ pm}$$
$$d(\text{O}\cdots\text{O}) = 262.9 \text{ pm}$$
$$d(\text{Si}\cdots\text{Si}) = 307 \text{ pm}$$

等条件进行精修,画出骨架图形及相应的结构数据。另外,还给出该骨架的典型材料的真实结构实例。至 2005 年 5 月由 IZA 认定的骨架结构类型已达到 165 种。新增的类型主要源自人工合成的材料。

6.5.2　切角八面体参与形成的分子筛骨架

组成沸石分子筛骨架结构的切角八面体结构单元,如图 6.5.1 所示,它通称为方钠石笼或 β 笼,它是沸石分子筛中常见而重要的多面体。下面介绍一些由它参加连接形成的三维骨架的结构类型。

1. SOD 型骨架

这个结构类型的编码 **SOD** 源自 sodalite(方钠石)。方钠石的骨架结构是由方钠石笼共用四边形面连接而成,在 8 个方钠石笼围成的中心新形成一个方钠石笼。方钠石属立方晶系晶体,它的理想结构的对称性属空间群 $Im\overline{3}m$,晶胞参数 $a = 900 \text{ pm}$,如图 6.5.4 所示。

实际的矿物方钠石的组成为 $Na_8[Al_6Si_6O_{24}]Cl_2$，它为立方晶系晶体，空间群为 $P\bar{4}3m$，晶胞参数 $a=887.0\,pm$。在这结构中，最大的孔窗为六元环。方钠石的结构起不了筛分分子的作用。

作为方钠石骨架 $[Al_6Si_6O_{24}]^{6-}$ 的结构，(TO_4) 中的 T 可为 Si，Ge，P，As，Be，Al，Ga 等原子，而笼中的正、负离子可为 Na^+，Ca^{2+}，Zn^{2+}，Co^{2+}，Cl^-，S_2^-，WO_4^{2-} 等。

在方钠石 $Na_8[Al_6Si_6O_{24}]Cl_2$ 的铝硅酸盐骨架孔穴中的部分或全部 Cl^- 被 S_2^- 或 S_3^- 置换，就形成深蓝色的矿物颜料群青(ultramarine)，其化学式为 $Na_8[Al_6Si_6O_{24}]S_n$。在紫外-可见光谱中，S_2^- 吸收波长为 370 nm 的光，S_3^- 吸收波长为 595 nm 的光。控制 S_2^- 和 S_3^- 的含量，可得到由蓝到绿不同色调的无机颜料。工业上合成群青的方法，即是将高岭土、硫黄和碳酸钠的混合物在一定条件下加热制得。

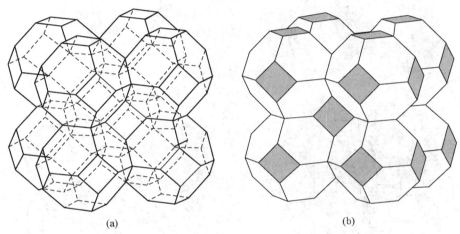

(a)　　　　　　　　　　　　　(b)

图 6.5.4　方钠石的结构

2. LTA 型骨架

这个类型的编码 **LTA** 源自 Linde Type A(A 型分子筛)，它是最早人工合成、最常见、应用最广的沸石分子筛。A 型分子筛的骨架结构可看作由切角八面体和立方体共用四边形面连接而成，如图 6.5.5 所示。注意在图 6.5.5(a)中，切角八面体和立方体之间连接的相对位置，使每个立方体只和两个切角八面体相连。理想的骨架结构属立方晶系 $Pm\bar{3}m$ 空间群，立方晶胞参数 $a=1190\,pm$。在这骨架中，由晶胞顶点上的 8 个切角八面体的六边形面和棱边上的 12 个立方体的四边形面共同组成了一个新的切角立方八面体 $[4^{12}6^88^6]$，它由 26 个面组成，通称 α 笼，如图 6.5.5(b)所示。α 笼最大孔窗为八元环，两个相对孔窗的距离为 1190 pm。孔窗直径约为 4Å(400 pm)，属于小孔分子筛。

从多面体的连接来看，若强调切角八面体和立方体的连接方式，可用图 6.5.5(c)表示；若强调 α 笼的连接，可用图 6.5.5(d)表示。

以水玻璃和偏铝酸钠等为原料合成的 A 型分子筛的典型组成为 $Na_{12}[Al_{12}Si_{12}O_{48}](H_2O)_{27}$。它的有序结构属立方晶系，$Fm\bar{3}c$ 空间群，晶胞参数 $a=2461\,pm$，$Z=8$。A 型分子筛中的 Na^+ 可被 K^+ 或 Ca^{2+} 等置换，而处于孔穴中的 H_2O 分子可以加热除去，形成较大的空间和孔窗。

受孔窗孔径的限制,可吸附较小的分子存在于孔穴之中,起筛分分子的作用。当结构中的正离子为 Na$^+$ 时,有效孔道直径为 4Å;若 Na$^+$ 被半径较大的 K$^+$ 置换,有效孔道直径约为 3Å;若 Na$^+$ 被 Ca^{2+} 置换,每一个 Ca^{2+} 可置换 2 个 Na$^+$,正离子占有率降低,孔道中的正离子位置空出,有效孔径增大为 5Å。这三种情况分别相应于 4A、3A 和 5A 分子筛。利用这一性质可以调变 A 型分子筛的孔径,用以吸附不同尺寸的分子。

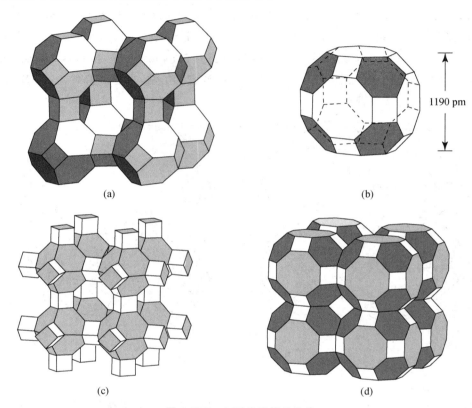

(a)

(b)

1190 pm

(c)

(d)

图 6.5.5 A 型分子筛的结构

(a) 切角八面体(β笼)和立方体连接成理想的立方晶胞的骨架结构,

(b) 切角立方八面体(α笼)的结构,

(c) 强调切角八面体和周边 6 个立方体的连接关系,

(d) 强调 α 笼间共用八元环的连接

3. AST 型骨架

这是一种由磷酸铝盐合成所得的分子筛骨架的结构。这种骨架类型的结构可看作切角八面体和立方体两种多面体结构单元共用四边形面连接而成。它和 A 型分子筛不同,每个立方体同时和 6 个切角八面体连接;反之,每个切角八面体也同时和 6 个立方体连接。这种结构的特点和 NaCl 型的结构相似。图 6.5.6 示出 AST 型骨架的结构。这种理想骨架属立方晶系,$Fm\bar{3}m$ 空间群,晶胞参数 $a=1360$ pm。

组成为 $[(C_7H_{13}N)_4(H_2O)_{16}][Al_{20}P_{20}O_{80}]$(式中 $C_7H_{13}N$ 为喹核碱)的沸石分子筛具有 AST 型骨架的结构,它属立方晶系,F23 空间群,晶胞参数 $a=1338.3$ pm。

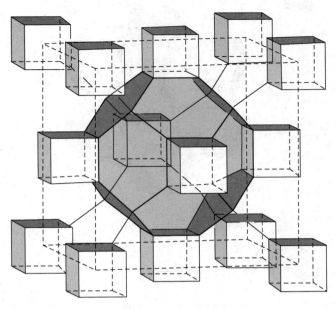

图 6.5.6　AST 型骨架的结构

4. FAU 型和 EMT 型骨架

FAU 结构类型的编码源自 faujasite(八面沸石),其结构可看作切角八面体中的六边形面(选四面体取向的 4 个)和六方柱体的六边形面互相共面连接。连接的方式采取立方金刚石型,即将切角八面体当作立方金刚石结构中的碳原子,以六方柱体当作 C—C 键,向三维空间连接伸展,如图 6.5.7(a)所示。在此结构中形成了新的八面沸石笼,它是由 18 个四边形面、4 个六边形面和 4 个十二边形面组成的二十六面体[$4^{18}6^412^4$][见图 6.5.2(34)],如图 6.5.7(b)所示。十二元环孔窗直径为 740 pm。理想的 **FAU** 型骨架结构属立方晶系,$Fd\bar{3}m$ 空间群,晶胞参数 $a=2430$ pm。在此结构中,六方柱体、切角八面体和八面沸石笼的连接情况示于图 6.5.7(c)中。

八面沸石矿物典型的组成为 $[(Ca,Mg,Na_2)_{29}(H_2O)_{240}][Al_{58}Si_{134}O_{384}]$,它为立方晶系,$Fd\bar{3}m$ 空间群,$a=2474$ pm。人工合成的 X-、Y-型沸石分子筛也采取这种骨架类型。骨架中硅/铝的比值可在一定的范围内变化,一般将 Si/Al 比值低于 2～3 的称为 X 型,高于此值的称为 Y 型。将稀土离子 RE^{3+} 置换 Na^+,Ca^{2+},Mg^{2+} 等骨架外正离子而形成的稀土 Y 分子筛,是石油化工中重要的催化裂化催化剂。

若将切角八面体和六方柱体相互连接的方式采取六方金刚石型结构,向三维空间伸展所得的骨架为 **EMT** 型结构,或称为六方八面沸石型,如图 6.5.8 所示。理想的 **EMT** 型骨架结构属六方晶系,$P6_3/mmc$ 空间群,晶胞参数为 $a=1720$ pm,$c=2810$ pm。

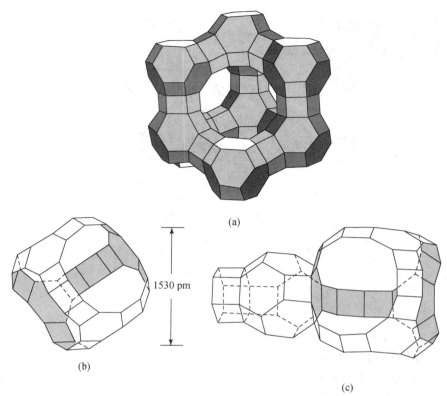

(a)

1530 pm

(b)

(c)

图 6.5.7　FAU 型骨架的结构

（a）切角八面体和六方柱体的连接，

（b）八面沸石笼的结构，

（c）六方柱体、切角八面体和八面沸石笼的连接

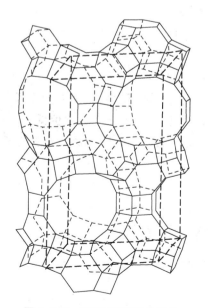

图 6.5.8　EMT 型骨架的结构

人工合成的$[Na_{21}(18C6)_4][Al_{21}Si_{75}O_{192}]$（18C6 为 18-冠-6，$C_{12}H_{24}O_6$）属于六方八面沸石型，其晶体所属的晶系和空间群都与 **EMT** 型的理想骨架结构相同，晶胞参数为 $a=1737.4\ pm，c=2836.5\ pm$。

6.5.3 切角立方八面体（α 笼）参与形成的分子筛骨架

α 笼是列于表 2.4.1 中的第 6 号阿基米德半正多面体，称为切角立方八面体，它是由 6 个八边形面、8 个六边形面和 12 个四边形面组成的二十六面体。由于它有较大的八元环孔窗和较大的孔穴体积，使它能参与形成性能优良的沸石分子筛的基础。

α 笼直接共用八边形面连接形成的结构属于 **LTA** 型骨架，已示于图 6.5.5(d) 中。下面再叙述两种类型的结构。

1. RHO 型骨架

这种类型骨架可看作切角立方八面体和八方柱体共用八边形面组成的立方晶系晶体，它的理想结构的空间群为 $Im\overline{3}m$，晶胞参数 $a=1490\ pm$，每个晶胞中包含 2 个切角立方八面体和 3 个八方柱体，如图 6.5.9 所示。

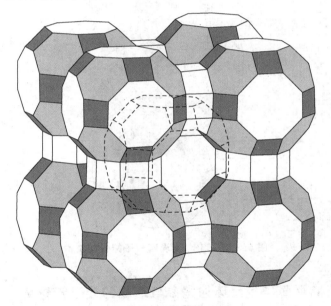

图 6.5.9 RHO 型骨架的结构

RHO 型沸石分子筛典型的组成为 $[(Na,Cs)_{12}(H_2O)_{44}][Al_{12}Si_{36}O_{96}]$。它的晶系和空间群与理想的 **RHO** 型骨架相同，晶胞参数相近，$a=1503.1\ pm$。一些磷酸铝盐也具有这种结构。

2. TSC 型骨架

这种结构类型的编码源自矿物 tschörtnerite（钙铜沸石）。它的结构是由 5 种多面体共面连接而成的骨架。这 5 种多面体为六方柱体、八方柱体、切角八面体、切角立方八面体和五十面体，如图 6.5.2 中 (3)，(4)，(13)，(33) 和 (36) 所示。理想的骨架结构属立方晶系，$Fm\overline{3}m$ 空间群，晶胞参数 $a=3070\ pm$。晶胞中含有 4 个巨大的五十面体 $[4^{24}6^88^{18}]$，它处在晶胞的体心和棱心位置,该多面体中心点在晶胞中的坐标为 $\left(\frac{1}{2},\frac{1}{2},\frac{1}{2};\frac{1}{2},0,0;0,\frac{1}{2},0;0,0,\frac{1}{2}\right)$。另一种较大的多面体是切角立方八面体 $[4^{12}6^86^6]$,该多面体中心点在晶胞中的坐标为 $\left(0,0,0;0,\frac{1}{2},\frac{1}{2};\frac{1}{2},0,\frac{1}{2};\frac{1}{2},\frac{1}{2},0\right)$。这两种大的多面体共用八边形面相互连接,构成晶体的骨架。其余 3 种多面体:立方八面体、八方柱体和六方柱体则共面连接填在上述两种大的多面体间的空隙之中。图 6.5.10 示出一个晶胞轮廓及每种多面体在晶胞中的位置和取向。

在矿物钙铜沸石中[①],晶体的化学组成为

$$\left[Ca_{64}(K_2,Ca,Sr,Ba)_{48}Cu_{48}(OH)_{128}(H_2O)_x\right]\left[Al_{192}Si_{192}O_{768}\right]$$

晶体所属晶系和空间群与理想的骨架结构相同,晶胞参数 $a=3162\ pm$。

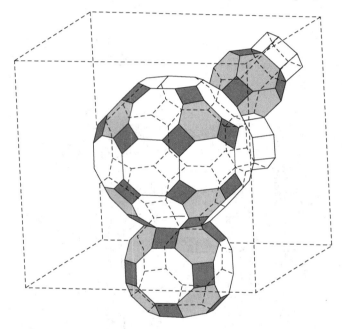

图 6.5.10　TSC 型沸石分子筛骨架结构

6.5.4　一些具有非平面型多元环的笼参与形成的分子筛骨架

一些具有非平面型多元环的笼(如图 6.5.3 所示)参与形成的分子筛骨架,在沸石分子筛中占有重要的位置。下面举些实例讨论它们的结构。

1. LOS,LIO 和 ERI 型骨架

LOS,LIO 和 **ERI** 等结构类型编码的名称分别源自 losod,liottite(利钙霞石)和 erionite(毛沸石)。这 3 种沸石都由具有六方对称性的笼共面连接而成。它们的晶体结构都为六方晶系。**LOS** 和 **ERI** 的理想骨架属 $P6_3/mmc$ 空间群,而 **LIO** 属 $P\bar{6}m2$ 空间群。图 6.5.11 示出这3 种骨架的结构。

---

①　Effenberger H,Giester G,Krause W and Bernhardt H J. Am Mineral,1998,83:607~617.

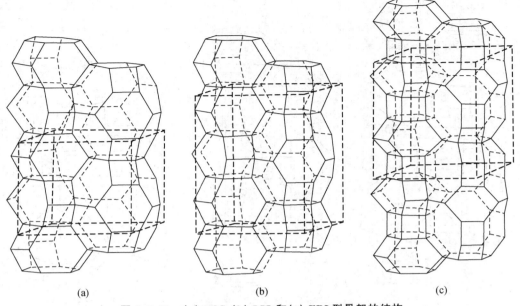

(a)　　　　　　　　(b)　　　　　　　　(c)

图 6.5.11　(a) LOS,(b) LIO 和(c) ERI 型骨架的结构

矿物 losod 和 bystrite(比钙霞石)的骨架结构属 **LOS** 型。合成得到组成为$[Na_{12}(H_2O)_{18}]$ $[Al_{12}Si_{12}O_{48}]$的 losod 晶体,其结构的晶系和空间群与理想的 **LOS** 型相同,晶胞参数 $a=1290.6$ pm, $c=1054.1$ pm。

组成为$[Ca_8(K,Na)_{16}(SO_4)_5Cl_4][Al_{18}Si_{18}O_{72}]$的利钙霞石矿物晶体属六方晶系,$P\bar{6}$ 空间群,晶胞参数 $a=1287.0$ pm,$c=1054.1$ pm。

毛沸石及 Linde T 型沸石等晶体具有理想的 **ERI** 型骨架结构,晶系空间群和理想的骨架相同,组成为$[(Ca,Na_2)_{3.5}K_2(H_2O)_{27}][Al_9Si_{27}O_{72}]$,晶胞参数 $a=1327$ pm,$c=1505$ pm。

2. CHA,LEV 和 EAB 型骨架

CHA,**LEV** 和 **EAB** 等结构类型编码的名称分别源自菱沸石(chabazite)、插晶菱沸石(levyne,levynite)和 TMA-E(aiello and barrer)。它们的理想骨架结构示于图 6.5.12 中。由图可见,它们都由含有六元环和六元环的笼通过六方柱笼连接成长链,沿晶体的 c 轴伸展。

CHA 型骨架的理想结构属三方晶系,$R\bar{3}m$ 空间群,晶胞参数 $a=1370$ pm,$c=1480$ pm,如图 6.5.12(a)所示。菱沸石、Linde D 型沸石、Linde R 型沸石以及多种磷酸铝盐组成的沸石都属于这种结构。组成为$[Ca_6(H_2O)_{40}][Al_{12}Si_{24}O_{72}]$的典型菱沸石晶体所属的晶系和空间群与理想骨架相同,晶胞参数也相近。

LEV 型骨架的理想结构属三方晶系,$R\bar{3}m$ 空间群,晶胞参数 $a=1320$ pm,$c=2260$ pm,如图 6.5.12(b)所示。插晶菱沸石和一些合成的沸石晶体属于这种结构。组成为$[Ca_9(H_2O)_{50}]$ $[Al_{18}Si_{36}O_{108}]$的插晶菱沸石所属的晶系和空间群与理想骨架相同,晶胞参数 $a=1333.8$ pm, $c=2301.4$ pm。

EAB 型骨架的理想结构属六方晶系,$P6_3/mmc$ 空间群,晶胞参数 $a=1320$ pm,$c=1500$ pm,如图 6.5.12(c)所示。矿物贝尔格石(bellbergite)结构属于这种类型。组成为$[(Me_4N)_2Na_7$ $(H_2O)_{226}][Al_9Si_{27}O_{72}]$晶体所属的晶系、空间群和理想的骨架相同,晶胞参数 $a=1328$ pm,

147

$c = 1521$ pm。

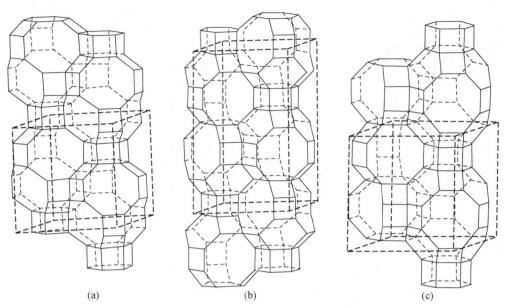

图 6.5.12 (a) CHA,(b) LEV 和(c) EAB 型骨架的结构

3. LTL 型骨架

LTL 结构类型编码源自 Linde Type L(L 型分子筛),它的理想骨架结构的特点是含有巨大而呈平面形的十二元环组成的笼[见图 6.5.3(d)]。通过共用这种十二边形面形成长链,沿着 c 轴伸展。在这种链之间和另外两种笼共面连接而成骨架。图 6.5.13 示出这种骨架的结构。理想骨架结构属六方晶系,$P6/mmm$ 空间群,晶胞参数 $a = 1810$ pm,$c = 760$ pm。L 型沸石分子筛及矿物皮水硅铝钾石(perlialite)的结构属于这种类型。组成为 $[K_6 Na_3 (H_2O)_{21}]$ $[Al_9 Si_{27} O_{72}]$ 的 **LTL** 型晶体的晶系、空间群和理想骨架相同,晶胞参数也相近。

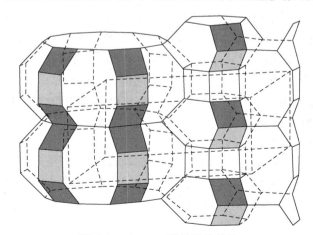

图 6.5.13 LTL 型骨架的结构

4. MFI 型骨架

MFI 结构类型的骨架是合成所得的 **ZSM**-5 型沸石分子筛中的骨架。由于 **ZSM**-5 型沸石

分子筛具有优越的催化性能,在石油化工中有着重大的应用价值,已对它的制备、性质、组成和结构进行了深入的研究。**MFI** 型骨架的结构特点是由五元环组成它的基本结构单元。图 6.5.14(a)示出 8 个五元环相互共边结合在一起,再进一步共面连接成长链的情况。长链沿 c 轴伸展,链间以镜面对称相关联合成层,再由这种层结合成三维骨架。在骨架中形成十元环的孔道,孔径约 550 pm,如图 6.5.14(b)所示。理想的骨架结构属正交晶系,$Pnma$ 空间群,晶胞参数 $a=2010$ pm,$b=1970$ pm,$c=1310$ pm。典型的 **ZSM**-5 型分子筛的组成为 $[Na_n(H_2O)_{16}]$ $[Al_nSi_{96-n}O_{192}]$,$n<27$。

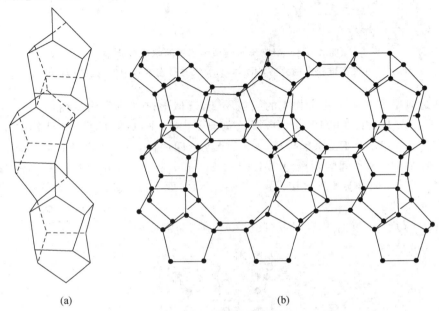

(a)　　　　　　　　　　　　　　　　(b)

图 6.5.14　MFI 型骨架的结构

(a) 由五元环组成的结构长链,(b) 三维骨架结构

6.6　一些单质和化合物结构中的多面体

6.6.1　原子最密堆积结构中的半正多面体

同一种原子(或等径圆球)进行最密堆积时,最典型的结构为立方最密堆积(ccp)和六方最密堆积(hcp)。在这两种最密堆积中,每个原子的配位数为 12,这 12 个原子的排列形成半正多面体。立方最密堆积中形成的半正多面体为立方八面体或表达为 $[4^6 3^8]$ 十四面体,如图 6.6.1(a)所示。六方最密堆积中形成的配位多面体也是半正多面体,通常称它为反立方八面体(anticubeoctahedron),可表达为 $[4^6 3^8]$ 十四面体,如图 6.6.1(b)所示。

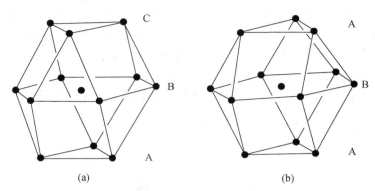

(a) (b)

图 6.6.1　最密堆积结构中原子的配位多面体

(a) 立方最密堆积中的立方八面体,(b) 六方最密堆积中的反立方八面体

在一些过渡金属原子簇化合物中的簇核原子,近似地排列成半正多面体的结构。例如在 $[Rh_{13}H_2(CO)_{24}][P(CH_2Ph)Ph_3]_3$ 中,簇核负离子 $[Rh_{13}H_2(CO)_{24}]^{3-}$ 的结构示于图 6.6.2 中。在此结构中的 12 个 Rh 原子排成 $[4^6 3^8]$ 半正十四面体,其中心为 Rh 原子,它和周围 12 个 Rh 原子接触,Rh 原子间的距离为 274.6～288.7 pm,和金属 Rh 相近。原子簇周围的 24 个 CO 基团,有一半和一个 Rh 原子端接,另一半和 2 个 Rh 原子桥连。Rh—C 键长端接为 181 pm, 桥连为 200 pm。

$[Rh_{13}H_3(CO)_{24}]^{2-}$ 的结构和 $[Rh_{13}H_2(CO)_{24}]^{3-}$ 非常接近。

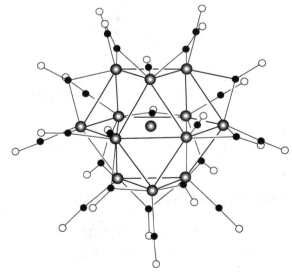

图 6.6.2　$[Rh_{13}H_2(CO)_{24}]^{3-}$ 的结构

(H 原子未示出)

6.6.2　$Ag(Ag_6O_8)NO_3$ 晶体中(Ag_6O_8)结构的多面体

电解酸性硝酸银水溶液,当阳极的电流密度较大,可在阳极表面上生长出黑色具有金属光泽的晶体。晶体的组成为 $Ag(Ag_6O_8)NO_3$。晶体属立方晶系,立方面心点阵型式。在晶体结构中,(Ag_6O_8) 构成中性氧化物骨架,其中 Ag 的氧化态可表达为 $(Ag^I Ag_5^{III} O_8)$ 或 $(Ag_2^{II} Ag_4^{III} O_8)$。Ag 通过 dsp^2 杂化轨道和 O 原子结合成 (AgO_4) 平行四边形面,如图 6.6.3 (a)所示。这些四边形面相互共用顶点,组成菱形立方八面体$[4^{18} 3^8]$,它是阿基米德半正多面体第 5 号[见图 2.4.1(5)],如图 6.6.3(b)所示。实际上 (AgO_4) 四边形是边长分别为 275 pm 和 301 pm 的矩形。这个多面体是由晶面指标为(110),(100)和(111)的三组面组成。(110)的 12 个面即 (AgO_4) 平行四边形面,由它可组成菱形十二面体;(100)的 6 个四边形面可组成立方体;(111)的 8 个三角形面可组成八面体,所以这种多面体称为菱形立方八面体。由菱形立方八面体和立方体交替排列、共面连接形成的三维无限骨架,即为 (Ag_6O_8) 中性氧化物晶体结构的骨架,如图 6.6.3(c)所示。

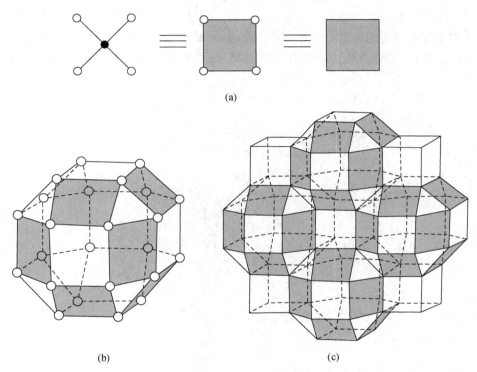

图 6.6.3　**Ag(Ag₆O₈)NO₃ 晶体中(Ag₆O₈)结构的多面体**

(a) Ag 原子以 dsp^2 杂化轨道和 O 原子形成的 (AgO_4) 基团,及其在图(b)和图(c)中的简化表示,

(b) 平面形 (AgO_4) 基团共顶点连接形成的菱形立方八面体,

(c) 由菱形立方八面体共面连接形成的 (Ag_6O_8) 骨架,在这种骨架中还有立方体孔穴和四面体空隙

(参看周公度:科学通报,1962 年 7 月号,41—43 页;Sci. Sinica(Peking),1963,12:139)

从 (Ag_6O_8) 三维骨架可见,骨架中有两种类型的孔穴和一种四面体空隙。两种孔穴分别是大的菱形立方八面体孔穴和小的立方体孔穴。大孔穴为大的负离子 NO_3^- 所占,小孔穴为小的 Ag^+ 所占。平面三角形的 NO_3^- 在大孔穴中按对称性要求统计地取向分布。四面体空隙由 4 个 O 原子组成,因体积太小,内部没有其他原子。

(Ag_6O_8) 骨架结构的特点,可以适应多种负离子置换所形成的盐,如 $Ag(Ag_6O_8)ClO_4$,$Ag(Ag_6O_8)(HF_2)$ 等。实现置换的条件关键是要求这种 AgX 电解质银盐在水中的溶解度较大,同时 X 的大小适合于进入菱形立方八面体孔穴之中。

6.6.3　$Cu_{14}(\mu_2\text{-}S)(SPh)_{12}(PPh_3)_6$ 结构中的多面体

$Cu_{14}(\mu_2\text{-}S)(SPh)_{12}(PPh_3)_6$ 是一个较复杂的分子,由 Cu,S,P,C 和 H 等原子组成。整个分子含有 363 个原子,除去 H,还有 213 个原子。为了阐明这个分子的结构,先删去 30 个 Ph 基团,从多面体关系出发来理解其核心部分中原子的排布。分子中 14 个 Cu 原子分成两组,其中 8 个 Cu 原子组成变形的(Cu_8)立方体,其余的 6 个 Cu 原子按八面体排列,每个 Cu 原子

分别和 P,S 等组成 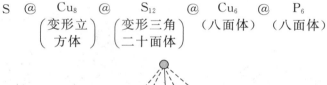 基团,它近似呈平面三角形。6 个基团中的 12 个 S 原子,以桥连方式和立方体棱边的两端 Cu 原子配位,如图 6.6.4 所示。这 12 个 S 原子形成变形的三角二十面体。在(Cu_8)立方体的中心有一个 S 原子,它和因立方体压缩变形而较短的体对角线上的两个 Cu 原子配位,Cu—S 距离为 253.6 pm,其余 6 个 Cu—S 距离约为 280 pm。由上述描述可见,这个分子核心部分的结构可用多面体表达为:

$$S \quad @ \quad Cu_8 \quad @ \quad S_{12} \quad @ \quad Cu_6 \quad @ \quad P_6$$
$$\quad\quad \begin{pmatrix} 变形立 \\ 方体 \end{pmatrix} \quad \begin{pmatrix} 变形三角 \\ 二十面体 \end{pmatrix} \quad (八面体) \quad (八面体)$$

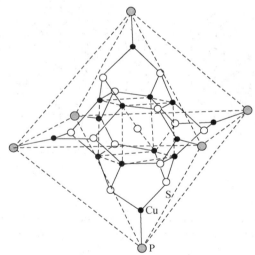

图 6.6.4　$Cu_{14}(\mu_2\text{-}S)(SPh)_{12}(PPh_3)_6$ 分子的结构

(略去全部 Ph 基团。黑球代表 Cu 原子,小白球代表 S 原子,大灰球代表 P 原子)

(参看汤卡罗等的文章:Polyhedron,1993,12(23):2895~2898)

6.6.4　蜂房结构和尿素烷烃包合物的晶体结构

蜂巢由成千个六角形的蜂房组成。蜂房是按正六边形棱柱体共面连接成层,图 6.6.5(a)是沿着蜂房门口方向观看的图形。每个蜂房的底部并不是一个正六边形面,而是由 3 个菱形四边形面连接成的锥体,菱形四边形面的夹角分别为 $109°28'$ 和 $70°32'$。图 6.6.5(b)示出每个蜂房的结构。层和层之间通过共用菱形四边形面连接而成,如图 6.6.5(c)所示。

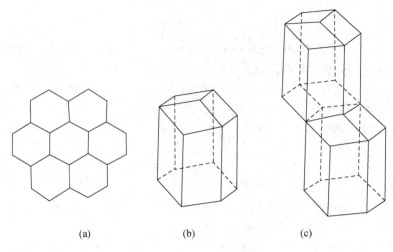

图 6.6.5　蜂房的结构图

（a）沿蜂房门口看，（b）蜂房底面结构，（c）蜂房间的连接

可以证明：按上述菱面体的角度可以使同样的表面积得到最大的容积。蜂房的这种精巧构造，十分符合蜜蜂生长和它身体大小的需要。

在尿素-烷烃包合物晶体结构中，尿素分子通过 N—H⋯O 氢键有序地组合成具有蜂窝状六角形通道结构，如图 6.6.6(a) 所示，长链烷烃分子进入通道之中，它在其中可以沿通道统计地分布，相当于很长的长链分子。这种包合物的结构为单层蜂窝结构，如图 6.6.6(b) 所示。

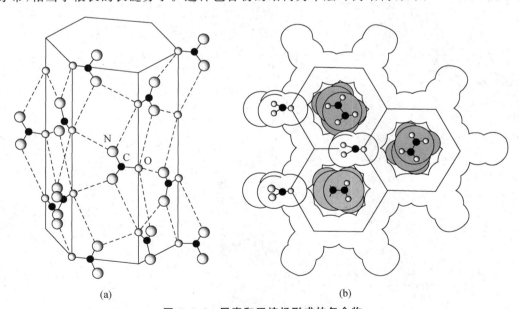

图 6.6.6　尿素和正烷烃形成的包合物

（a）尿素分子通过氢键形成六角形通道的结构，

（b）正烷烃填入蜂窝状六角形通道，形成晶体结构

参 考 文 献

［1］　唐敖庆,李前树.原子簇的结构规则和化学键［M］.济南:山东科学技术出版社,1998.

［2］　徐如人,庞文琴,等.分子筛和多孔材料化学［M］.北京:科学出版社,2004.

［3］　麦松威,周公度,李伟基.高等无机结构化学(第 2 版)［M］.北京:北京大学出版社,2006.

［4］　《大学化学》编辑部编.今日化学(2006 年版)［M］.北京:高等教育出版社,2006.

［5］　Taylor R. Lecture Notes on Fullerene Chemistry:A Handbook for Chemists［M］. London:Imperial College Press,1999.

［6］　Akasaka T and Nagase S. Endofullerenes:A New Family of Carbon Clusters［M］.Dordrecht:Kluwer,2002.

［7］　Cotton F A,Wilkinson G,Murillo C A and Bochmann. Advanced Inorganic Chemistry (6th ed.)［M］. New York:Wiley-Interscience,1999.

［8］　Hargittai I and Hargittai M. Symmetry through the Eyes of a Chemist ［M］. Weinheim:VCH,1986.

［9］　Baerlocher C H,Meier W M and Olson D H. Atlas of Zeolite Framework Types. (5th revised ed.)［M］. Elsevier,2001.

［10］　Bonchev D and Rouvray D H. Chemical Topology:Introduction and Fundamentals［M］. Amsterdam:Gordon and Breach Science,1999.

［11］　O'Keeffe M and Hyde B G. Crystal Structures:I. Patterns and Symmetry［M］. Washington D C:Mineralogical Society of America,1996.

第7章 化学中的不规整多面体

前面几章阐述了化学中的正多面体和半正多面体,本章是在前述几章的基础上介绍化学结构中所涉及的不规整多面体。这里所指的"不规整"的含义,并不是指它们出现残缺、破损、变形以及其他因素使它变成不完整的一类多面体,而是指它们不满足正多面体和半正多面体所规定的几何条件的一类多面体。

从前述几章的内容可见,各种物质的化学结构,因受周围环境的限制和影响,实际上绝大多数都是偏离数学上所规定的关于正多面体和半正多面体的几何条件。为了叙述上和理解上的方便,经常是加以注明,仍归入其中。有时也会因偏离理想的规定条件过多,而将它纳入不规整多面体之中。

不规整多面体数目是无限的,在化学中出现的机会很多,它的"不规整"只是在几何条件上规定的一种语言。例如,一个有四边形面参加组成的多面体,当四边形面不是正方形,而是菱形,即 4 个内角都不是 $90°$,尽管这种多面体完整有序、对称性高、整齐美观,但从几何条件上规定它属于不规整多面体。

许多不规整多面体可从正多面体或半正多面体进行加帽、切角、切棱而得到。本章第一节首先介绍加帽多面体,通过它了解不规整多面体的几何学。然后通过各类化合物:主族元素簇合物、过渡金属簇合物、鸟巢型和蛛网型硼烷以及笼形气体水合物等对其结构中的不规整多面体加以讨论。最后一节归纳结构化学中的配位多面体,包括正多面体、半正多面体和不规整多面体,以供读者参考。

7.1 加帽多面体

7.1.1 加帽多面体的一般规则

将一个多面体 P_1 中的一个 k 边形面加帽一个原子形成多面体 P_2,则 P_1 多面体的顶点数 v_1、面数 f_1 和棱边数 e_1 与加帽后形成的 P_2 多面体的顶点数 v_2、面数 f_2 和棱边数 e_2 相互满足下列条件:

顶点数 $\qquad\qquad\qquad v_2 = v_1 + 1$

面数 $\qquad\qquad\qquad f_2 = f_1 + k - 1$

棱边数 $\qquad\qquad\qquad e_2 = e_1 + k$

图 7.1.1 分别示出八面体单加帽和三方棱柱体在四边形面上单加帽的情况。

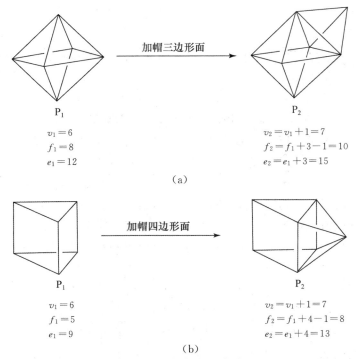

P_1

$v_1 = 6$
$f_1 = 8$
$e_1 = 12$

加帽三边形面

P_2

$v_2 = v_1 + 1 = 7$
$f_2 = f_1 + 3 - 1 = 10$
$e_2 = e_1 + 3 = 15$

(a)

P_1

$v_1 = 6$
$f_1 = 5$
$e_1 = 9$

加帽四边形面

P_2

$v_2 = v_1 + 1 = 7$
$f_2 = f_1 + 4 - 1 = 8$
$e_2 = e_1 + 4 = 13$

(b)

图 7.1.1　加帽多面体的关系
(a) 八面体三边形面单加帽，(b) 三方棱柱体四边形面单加帽

7.1.2　加帽四面体

　　一个化合物的四面体骨干，可以被 1 个、2 个、3 个或 4 个原子加帽，分别形成单加帽、双加帽、三加帽和四加帽骨干结构。这些骨干的结构示于图 7.1.2 中。表 7.1.1 列出加帽四面体化合物的实例及其结构情况。

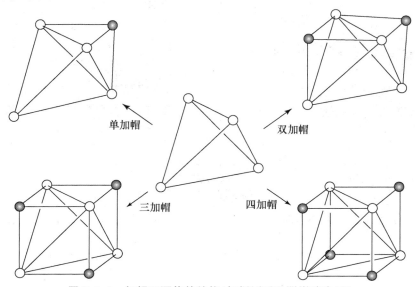

单加帽　　双加帽　　三加帽　　四加帽

图 7.1.2　加帽四面体的结构（加帽原子以阴影球表示）

表 7.1.1 四面体加帽簇合物

多面体	实例	骨干价电子数 (g)	骨干键价数 (b)	化学键
四面体单加帽	Pb_5^{2-}, Sn_5^{2-}	22	9	9M—M
	$Os_5(CO)_{16}$	72	9	9M—M
	$[PtRh_4(CO)_{12}]^{2-}$	72	9	9M—M
	$[FeRh_4(CO)_{15}]^{2-}$	76	7	3M—M, 2MMM
	$[Rh_5(CO)_{15}]^-$	76	7	3M—M, 2MMM
四面体双加帽	$Os_6(CO)_{18}$	84	12	12M—M
	$Ag_2Ru_4H_2(CO)_{12}(PPh_3)_2$	84	12	12M—M
四面体三加帽	$Au_3Ru_4H(CO)_{12}(PPh_3)_3$	96	15	15M—M
	$Au_3CoRu_3(CO)_{12}(PPh_3)_3$	96	15	15M—M
四面体四加帽	$[Os(CO)_3]_4O_4$	80	12	12M—O
	$[NiCp]_4P_4$	80	12	12M—P
	$Co_4H_4(C_5Me_4Et)_4$	60	6	6M—M

下面就各种加帽四面体簇合物分别加以讨论。

1. 四面体单加帽簇合物

常见的四面体单加帽簇合物由下面两种键型结合形成:

(1) 9 个 2c-2e M—M 键。这类过渡金属簇合物的价电子数为 72(主族元素簇合物的价电子数为 22),键价数 $b=9$。

例如 $Os_5(CO)_{16}$,$[Os_5(CO)_{15}]^{2-}$,$[PtRh_4(CO)_{12}]^{2-}$,$Au_2Ru_3S(CO)_9(PPh_3)_2$,$Co_2Pt_3(CO)_9 \cdot (PEt_3)_3$ 等簇合物,它们由 9 个 2c-2e M—M 键结合形成,如图 7.1.3(a)所示。

(2) 3 个 2c-2e M—M 键和 2 个 3c-2e MMM 键。这类簇合物的价电子数为 76,键价数 $b=7$。

例如 $[Rh_5(CO)_{15}]^-$,$Co_5(CO)_{11}(PMe_2)_3$,$[FeRh_4(CO)_{15}]^{2-}$,$[RuIr_4(CO)_{15}]^{2-}$ 等,它们由 3 个 2c-2e M—M 键和 2 个 3c-2e MMM 键结合形成,如图 7.1.3(b)所示。

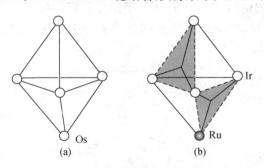

图 7.1.3 四面体单加帽原子簇中的化学键

(a) $Os_5(CO)_{16}$, (b) $[RuIr_4(CO)_{15}]^{2-}$

2. 四面体双加帽簇合物

在 $Os_6(CO)_{18}$,$Os_6(CO)_{16}(PPh_3)_2$,$H_2Cu_2Ru_4(CO)_{12}(PPh_3)_2$,$Ag_2Ru_4H_2(CO)_{12}(PPh_3)_2$ 等簇合物中,金属原子簇呈四面体双加帽结构,簇的价电子数为 84,键价数为 12。可见金属原子间形成 12 个 2c-2e M—M 键,如图 7.1.4(a)所示。

3. 四面体三加帽簇合物

在 $Au_3Ru_4H(CO)_{12}(PPh_3)_3$ 和 $Au_3CoRu_3(CO)_{12}(PPh_3)_3$ 等簇合物中,Au 处于同一三边形面的顶点,如图 7.1.4(b)所示。金属原子簇(Au_3Ru_4)和(Au_3CoRu_3)的价电子数为 96,键价数 $b=15$,金属原子间形成 15 个 2c-2e M—M 键。

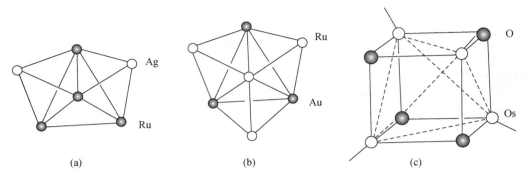

图 7.1.4　四面体加帽原子簇的结构

(a) $Ag_2Ru_4H_2(CO)_{12}(PPh_3)_2$, (b) $Au_3Ru_4H(CO)_{12}(PPh_3)_3$, (c) $[Os(CO)_3]_4O_4$

4. 四面体四加帽簇合物

许多四面体四加帽化合物形成杂原子立方烷型原子簇,如图 7.1.4(c)所示。$[Os(CO)_3]_4O_4$,$[NiCp]_4P_4$,$[Mn(CO)_3]_4(SEt)_4$,$[Co(CO)_3]_4Sb_4$ 等化合物,可看作金属原子 M 排成四面体,O,S,P,Sb 等原子加帽在四个面上,形成杂原子立方体形簇合物。它们的价电子数均为 80,键价数

$$b=[(4\times18+4\times8)-80]/2=12$$

在立方体形的杂原子簇中每条棱边都是 2c-2e M—O 键或 M—P 键等。若只考虑金属簇(Os_4)和(Ni_4),其价电子数为 72,键价数为 0,即金属原子间没有化学键。

$Co_4H_4(C_5Me_4Et)_4$ 的结构已在 20 K 用中子衍射测定。4 个 Co 形成四面体,在 4 个顶点外接(μ_5-C_5Me_4Et)配位体,而 4 个面上加帽氢负离子(μ_3-H^-),如图 7.1.5 所示。结构中

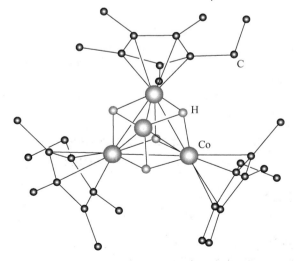

图 7.1.5　$Co_4(\mu_3$-$H)_4(C_5Me_4Et)_4$ 的结构(略去上面的一个 C_5Me_4Et 基团)

Co—Co 257.1 pm，Co—H 174.9 pm，Co—C 215.8 pm，Co—H—Co 94.6°，H—Co—H 85.1°。若只考虑金属簇 Co_4，其价电子数为 60，键价数为 6，它形成 6 个 Co—Co 键。所以从成键情况和外形看，它是四面体配位化合物。

图 7.1.6 示出一些四加帽 Li_4 簇配合物的结构。Li_4 簇中 Li 原子间的化学键以及 Li_4 簇和加帽原子间的化学键尚有待探讨。

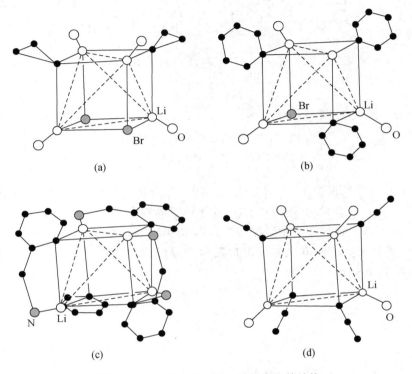

图 7.1.6 一些四加帽 Li_4 簇配合物的结构

(a) $(LiBr)_2 \cdot (CH_2CH_2CHLi)_2 \cdot 4Et_2O$，

(b) $(PhLi \cdot Et_2O)_3 \cdot LiBr$，

(c) $[C_6H_4CH_2N(CH_3)_2Li]_4$，

(d) $('BuC{\equiv}CLi)_4(THF)_4$

7.1.3 加帽立方体

在簇合物结构中，可将金属原子的排列理解成加帽立方体结构者为数很少。下面列出几例：

(1) $[Rh_{14}(CO)_{26}]^{2-}$ 的结构为带心的立方体五加帽，如图 7.1.7(a) 所示。在此金属原子簇中，价电子数 $g = 14 \times 9 + 26 \times 2 + 2 = 180$，键价数 $b = (13 \times 18 - 180)/2 = 27$。由于计算 b 值时只考虑组成多面体面上的金属原子间的成键，实际上是将带心的金属原子作为内配位体考虑。它的成键尚待深入分析。

(2) $[Rh_{15}(CO)_{30}]^{3-}$ 的结构为带心的立方体六加帽，如图 7.1.7(b) 所示。它的价电子数为 198；键价数 $b = 27$，和上一例子相同。

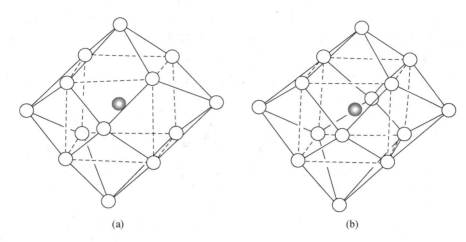

(a)　　　　　　　　　　　　　(b)

图 7.1.7　加帽立方体簇合物的结构

(a) $[Rh_{14}(CO)_{26}]^{2-}$, **(b)** $[Rh_{15}(CO)_{30}]^{3-}$

（3）Ti_8C_{12}：在氩气保护下，金属钛蒸气和碳氢化合物作用可生成 Ti_8C_{12} 气态分子，它的结构示于图 7.1.8(a)。在此分子中，8 个 Ti 原子通过弱键作用形成（Ti_8）立方体，Ti—Ti 间距离 302 pm，C_2 基团像一顶长方形帽子加帽在正四边形面上，C—C 键长为 140 pm。若将 Ti 原子和 C 原子一起考虑，全部 20 个原子形成略有变形的五角十二面体分子，如同最小的球碳 C_{20} 的结构，如图 7.1.8(b)所示。

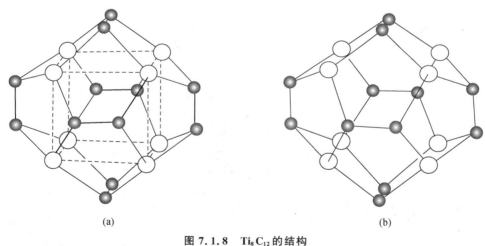

(a)　　　　　　　　　　　　　(b)

图 7.1.8　Ti_8C_{12} 的结构

7.1.4　加帽八面体

一个八面体原子簇理论上可以被 1 个，2 个，……，或 8 个原子（或基团）加帽，形成加帽多面体。但实际上由于金属原子和配位体结合成稳定化合物的条件，加帽数受到限制。在分立地存在的金属原子簇化合物中，已知的加帽金属原子最多只有 4 个。表 7.1.2 列出加帽八面体原子簇化合物的实例和结构。

表 7.1.2　加帽八面体原子簇化合物的实例和结构

多面体	实例	骨干价电子数	骨干键价数	化学键
八面体单加帽	$Os_7(CO)_{21}$	98	14	12M—M,1MMM
	$[NiRh_6(CO)_{16}]^{2-}$	98	14	12M—M,1MMM
	$[Re_7C(CO)_{22}]^-$	98	14	12M—M,1MMM
八面体双加帽	$[Os_8(CO)_{22}]^{2-}$	110	17	15M—M,1MMM
（对位）	$[Re_8C(CO)_{24}]^{2-}$	110	17	15M—M,1MMM
八面体双加帽	$Os_6Pt_2(CO)_{17}(C_8H_{12})_2$	110	17	15M—M,1MMM
（邻位）	$Pd_8(CO)_8(PMe_3)_7$	110	17	15M—M,1MMM
八面体四加帽	$Rh_{10}(CO)_{21}$	134	23	21M—M,1MMM
	$[Os_{10}H_4(CO)_{24}]^{2-}$	134	23	21M—M,1MMM
	$[Os_{10}C(CO)_{24}]^{2-}$	134	23	21M—M,1MMM

　　八面体的结构和成键情况已在第 4 章中讨论过。八面体单加帽中金属原子簇 M_7 的结构只有一种,如图 7.1.9(a)。八面体双加帽金属原子簇 M_8 的结构有对位和邻位两种,分别示于图 7.1.9(b)和(c)中。八面体四加帽的金属原子簇 M_{10} 的结构只有一种,如图 7.1.9(d)所示。

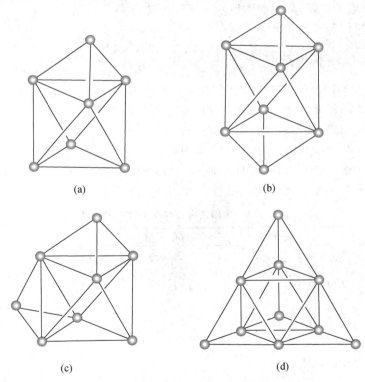

(a)　　　　　　　　　(b)

(c)　　　　　　　　　(d)

图 7.1.9　加帽八面体金属原子簇的结构

　　从 $Os_7(CO)_{21}$ 的结构和键价数分析,Os_7 原子簇较 $Rh_6(CO)_{16}$ 多一个加帽的金属原子,键价数 b 值增加 3。因此可简单地推论在 Os_7 原子簇中,八面体的骨干部分成键情况保持不变,即维持 1 个 3c-2e OsOsOs 键和 9 个 2c-2e Os—Os 键,加帽的 Os 原子和八面体三边形面顶角上的 Os 原子间形成 3 个 2c-2e Os—Os 键,使总的 2c-2e 键数目增加到 12。对于用不同的金属原子加帽,如$[NiRh_6(CO)_{16}]^{2-}$,以及在八面体中心有着填隙原子,如$[Re_7C(CO)_{22}]^-$等情况下,金属原子簇的成键情况保持不变。

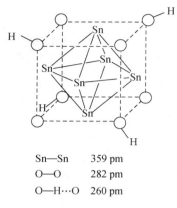

Sn—Sn　　359 pm
O—O　　　282 pm
O—H···O　260 pm

图 7.1.10　$Sn_6O_4(OH)_4$ 的结构

在对位-双加帽和邻位-双加帽金属原子簇中,价电子数均为 110,按此计算所得的键价数 b 均为 17,较单加帽多 3 个。这一数值相应于加帽原子和八面体三角面上的 3 个金属原子之间多形成 3 个 M—M 键。

在八面体四加帽簇合物中,M_{10} 的价电子数均为 134,键价数 b 值均为 23。它们较不加帽的八面体原子簇的键价数多了 12,其值即为每个加帽原子和八面体面上的金属原子间形成 3 个 M—M 键,4 个加帽原子共有 12 个 M—M 键。M_{10} 中总共有 1 个 3c-2e MMM 键和 21 个 2c-2e M—M 键。

八面体八加帽化合物 $Sn_6O_4(OH)_4$ 的结构如图 7.1.10 所示。它是利用 X 射线衍射法测定组成为 $3SnO·H_2O$ 的晶体所得的结果。在结构中,6 个 Sn 组成八面体原子簇,每个面外都有一个 O 原子加帽,形成如图所示的近似立方体结构。这个$[Sn_6O_4(OH)_4]$结构单元通过 O—H···O 氢键和其他单元结合成晶体。

7.1.5　加帽棱柱体和反棱柱体

加帽棱柱体和加帽反棱柱体的结构常见于下列三类化合物:

(1) 主族元素的裸原子簇,关于这方面内容将在 7.2 节讨论。

(2) 硼烷和碳硼烷,其内容将在 7.4 节中讨论。

(3) 过渡金属原子簇,其内容将在 7.3 节中讨论。

结构测定结果表明,对三方棱柱体和四方反棱柱体加帽优先处于四边形面上。表 7.1.3 列出加帽三方棱柱体的实例和结构。图 7.1.11 示出它们的结构图。

表 7.1.3　加帽三方棱柱体的实例和结构

多面体	实例	价电子数(g)	键价数(b)	化学键
四边形单加帽 三方棱柱体	$[Rh_7N(CO)_{15}]^{2-}$	100	13	13Rh—Rh 2c-2e
	$[CoRh_6N(CO)_{15}]^{2-}$	100	13	$\begin{cases} 9Rh—Rh\ 2c\text{-}2e \\ 4Rh—Co\ 2c\text{-}2e \end{cases}$
四边形双加帽 三方棱柱体	$Cu_2Rh_6C(CO)_{15}(NCMe)_2$	114	15	$\begin{cases} 2RhRhRh\ 3c\text{-}2e \\ 3Rh—Rh\ 2c\text{-}2e \\ 8Rh—Cu\ 2c\text{-}2e \end{cases}$
四边形三加帽 三方棱柱体	$Ge_9^{2-}(Sn_9^{3-},Ge_9^{3-})$	38	17	$\begin{cases} 3MMM\ 3c\text{-}2e \\ 11M—M\ 2c\text{-}2e \end{cases}$
	Bi_9^{5+}	40	16	$\begin{cases} 2BiBiBi\ 3c\text{-}2e \\ 12Bi—Bi\ 2c\text{-}2e \end{cases}$
五加帽 三方棱柱体	$Ni_6Se_5(PPh_3)_6$	102	23	

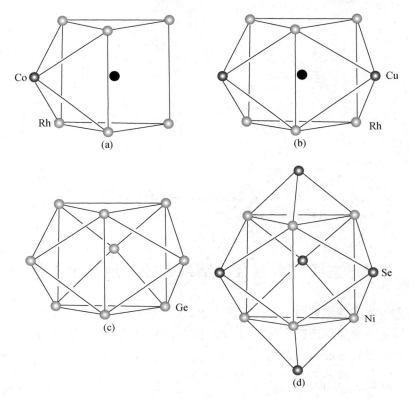

图 7.1.11 加帽三方棱柱体的结构

(a) $[CoRh_6N(CO)_{15}]^{2-}$, (b) $Cu_2Rh_6C(CO)_{15}(NCMe)_2$,

(c) Ge_9^{2-} , (d) $Ni_6Se_5(PPh_3)_6$

表 7.1.4 列出加帽四方反棱柱体的实例和结构。图 7.1.12 示出加帽四方反棱柱体的结构图。

表 7.1.4 加帽四方反棱柱体的实例和结构

多面体	实例	价电子数 (g)	键价数 (b)
四边形单加帽 四方反棱柱体	Ge_9^{4-} , Sn_9^{4-} , Pb_9^{4-}	40	16
	$[Ni_9C(CO)_{17}]^{2-}$	130	16
	$[Rh_9P(CO)_{21}]^{2-}$	130	16
四边形双加帽 四方反棱柱体	$TlSn_9^{3-}$	42	19
	$[Rh_{10}P(CO)_{22}]^{3-}$	142	19
	$[Rh_{10}S(CO)_{22}]^{2-}$	142	19

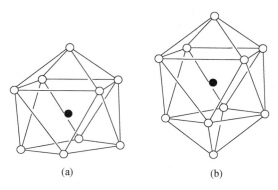

图 7.1.12　加帽四方反棱柱体的结构
(a) $\left[Rh_9P(CO)_{21}\right]^{2-}$，(b) $\left[Rh_{10}P(CO)_{22}\right]^{3-}$

7.2　主族元素簇合物结构中的不规整多面体

主族元素能形成多种多样的多面体形簇合物,其中有关正多面体形和半正多面体形的簇合物以及碳和硼等元素形成的簇合物前面几章已经介绍,本节主要介绍其他主族元素形成的簇合物结构中的不规整多面体的情况。

7.2.1　铊负离子簇结构

铊能和碱金属化合,形成分立的裸原子簇。它们有的呈正多面体形,例如在 Na_2Tl 中,存在 Tl_4^{8-},它呈正四面体;在 KTl 中,存在 Tl_6^{6-},它呈八面体形;在 $Na_3K_8Tl_{13}$ 中,存在 Tl_{13}^{11-},它呈带心的三角二十面体。在另外一些化合物中,裸原子簇呈现不规整多面体,如表 7.2.1 所示。

表 7.2.1　呈现不规整多面体的 Tl_n^{m-} 负离子簇

簇合物	Tl_n^{m-}	多面体结构 （图 7.2.1 中的序号）	价电子数 （g）	键价数 （b）	化学键
$K_{10}Tl_7$	Tl_7^{7-}，$3e^-$	压扁的五方双锥 (a)	28	14	4TlTlTl 3c-2e 6Tl—Tl 2c-2e
K_8Tl_{11}	Tl_{11}^{7-}，e^-	五加帽三棱柱体 (b)	40	24	3TlTlTl 3c-2e 18Tl—Tl 2c-2e
$Na_2K_{21}Tl_{19}$	$2Tl_5^{7-}$	三方双锥	22	9	3TlTlTl 3c-2e 3Tl—Tl 2c-2e
	Tl_9^{9-}	2 个八面体共面 的十四面体(c)	36	18	3TlTlTl 3c-2e 12Tl—Tl 2c-2e

由表可见,化合物 $K_{10}Tl_7$ 的组成为 $10K^+$,Tl_7^{7-} 和 $3e^-$,这 3 个离域电子使化合物显示金属性。Tl_7^{7-} 簇的结构是一个沿着轴向压缩的五方双锥,接近 D_{5h} 对称性,如图 7.2.1(a)所示。

在簇中沿轴的两个顶点间的距离为 346.2 pm,只比其他键长略长(Tl—Tl 318.3~324.7 pm)。图 7.2.1(a)的下部示出 3c-2e 键和 2c-2e 键。按其键价数 $b=14$,也可以形成 2 个 3c-2e TlTlTl 键和 10 个 2c-2e Tl—Tl 键,构成相同键价数而化学键有差异的共振杂化体。

化合物 K_8Tl_{11} 的组成为 $8K^+$,Tl_{11}^{7-},e^-,其中 Tl_{11}^{7-} 为五加帽三棱柱体。关于它的结构和化学键,示于图 7.2.1(b)中。

化合物 $Na_2K_{21}Tl_{19}$ 的组成为 $2Na^+$,$21K^+$,$2Tl_5^{7-}$ 和 Tl_9^{9-}。Tl_5^{7-} 的结构为三方双锥体,Tl_9^{9-} 的结构由 2 个八面体共面连接变形而成十四面体,关于它的结构和化学键示于图 7.2.1(c)中。

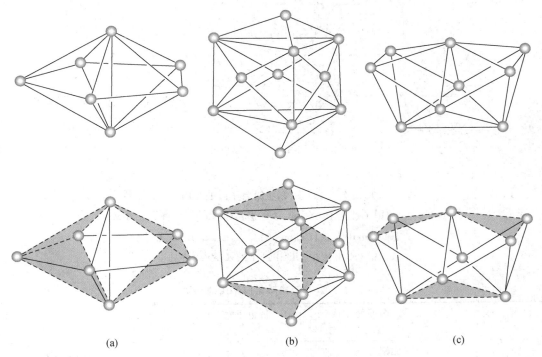

(a)　　　　　　　　(b)　　　　　　　　(c)

图 7.2.1　Tl_n^{m-} 的结构(上)和化学键(下)

(a) Tl_7^{7-},(b) Tl_{11}^{7-},(c) Tl_9^{9-}

7.2.2　锗、锡、铅簇合物结构

锗、锡和铅都能形成多种结构的簇合物,其中有些以裸负离子形式出现,另一些以簇合物形式出现。将金属元素溶解在液氨中,当有碱金属存在时能将它还原,形成多原子金属负离子,并和乙二胺等结晶分离出簇合物盐。例如,$[K(crypt)]_2Ge_4$,$[K(crypt)]_2Sn_4$,$[Na(crypt)]_2Sn_5$,$[Na(crypt)]_2Pb_5$,$[Na(crypt)]_4Sn_9$,$[K^+(crypt)]_6Ge_9^{2-}$-Ge_9^{4-}·$2.5en$,$[K(crypt)]_4[M_9Cr(CO)_3]$ $(M=Sn,Pb)$等。式中 crypt 是指穴醚 $N_2C_{18}H_{36}O_6$,en 是乙二胺 $C_2H_8N_2$。

在这些簇合物盐中,Ge,Sn 和 Pb 的裸负离子除形成正四面体、正八面体等多面体外,还可形成不规整的多面体,如表 7.2.2 所列。锡和一些大的配位体 R 形成高核簇合物,如:

$Sn_9 R_3$，$R = C_6 H_3 (C_6 H_2{}^i Pr_3)_2$

$[Sn_{10} R_3]^-$，$R = C_6 H_3 (C_6 H_2 Me_3)_2$

$Sn@(Sn_{14} R_6')$，$R' = N(C_6 H_3{}^i Pr_2)(SiMe_2 Ph)$

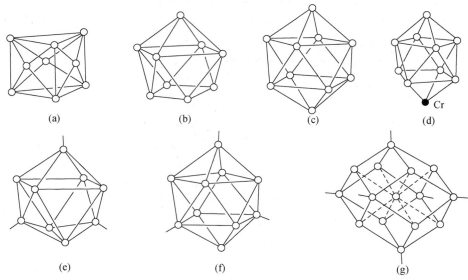

图 7.2.2　锗、锡和铅原子簇的结构

(a) Ge_9^{2-}，**(b)** Ge_9^{4-}，**(c)** Ge_{10}^{2-}，**(d)** $[Sn_9 Cr(CO)_3]^{4-}$（CO 已删去），

(e) $[Sn_9 R_3]^-$，**(f)** $[Sn_{10} R_3]^-$，**(g)** $Sn@[Sn_{14} R_6']$

（R 和 R' 用从图中画出的线段表示）

表 7.2.2　锗、锡和铅原子簇的结构

原子簇	多面体结构 （图 7.2.2 中的序号）	价电子数 (g)	键价数 (b)	化学键
Ge_9^{2-}（Sn_9^{3-}，Ge_9^{3-}）	三加帽三方 棱柱体(a)	38	17	$\begin{cases} 3\text{MMM 3c-2e} \\ 11\text{M—M 2c-2e} \end{cases}$
Ge_9^{4-}，Sn_9^{4-}，Pb_9^{4-}	单加帽四方 反棱柱体(b)	40	16	$\begin{cases} 4\text{MMM 3c-2e} \\ 8\text{M—M 2c-2e} \end{cases}$
Ge_{10}^{2-}，$(Sn_9 Tl)^{3-}$	双加帽四方 反棱柱体(c)	52	19	$\begin{cases} 5\text{MMM 3c-2e} \\ 9\text{M—M 2c-2e} \end{cases}$
$[M_9 Cr(CO)_3]^{4-}$ （M = Sn, Pb）	（$M_9 Cr$）为双加帽 四方反棱柱体(d)	52	19	$\begin{cases} 5\text{MMM 3c-2e} \\ 9\text{M—M 2c-2e} \end{cases}$
$[Sn_9 R_3]^-$	三加帽三方 棱柱体(e)	40	16	$\begin{cases} 4\text{MMM 3c-2e} \\ 8\text{M—M 2c-2e} \end{cases}$
$[Sn_{10} R_3]^-$	双加帽四方反 棱柱体(f)	44	18	$\begin{cases} 4\text{MMM 3c-2e} \\ 10\text{M—M 2c-2e} \end{cases}$
$Sn@[Sn_{14} R_6']^*$	带心菱形十二 面体(g)	72	24	24M—M 2c-2e

* R' 为 $N(C_6 H_3{}^i Pr_2)(SiMe_2 Ph)$，它提供给该原子簇骨干的电子为 N 原子上的孤对电子，即每个 R' 提供的价电子数为 2。

上述 Ge, Sn 和 Pb 裸离子簇及 Sn 簇合物的结构和化学键列于表 7.2.2。图 7.2.2 示出它们的结构。

在 $Cs_4[K(crypt\text{-}222)]_2(Ge_9)_2 \cdot 6en$ 晶体中,$[(Ge_9)_2]^{6-}$ 离子是由两个单加帽四方反棱柱体形的 Ge_9 单元通过 Ge—Ge 共价键结合而成,如图 7.2.3(a)所示。计算 $[(Ge_9)_2]^{6-}$ 的价电子数和键价数可得

$$g = 18 \times 4 + 6 = 78$$
$$b = (18 \times 8 - 78)/2 = 33$$

除去连接两个 Ge_9 的 2c-2e Ge—Ge 键外,剩余均分给每个 Ge_9 簇的键价数为 16,它和表 7.2.2 中的 Ge_9^{4-} 的键价数相同,即每个 Ge_9 簇均形成 4 个 3c-2e GeGeGe 键和 8 个 2c-2e Ge—Ge 键,如图 7.2.3(b)所示。

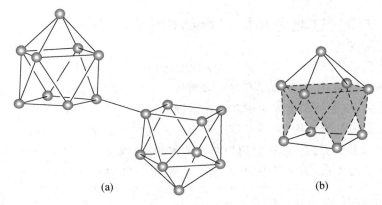

(a)   (b)

图 7.2.3 $[(Ge_9)_2]^{6-}$ **离子的结构和化学键**

(参看:Xu L et al. J Am Chem Soc, 1999, 121:9245)

7.2.3 铋裸正离子簇

已知铋能形成裸正离子簇 Bi_n^{m+} 多面体,例如在 $Bi_5(AlCl_4)_3$ 中,Bi_5^{3+} 呈三方双锥形;在 $Bi_8(AlCl_4)_2$ 中,Bi_8^{2+} 呈四方反棱柱形。化合物 $Bi_{24}Cl_{28}$ 的结构很复杂,它是由 2 个 Bi_9^{5+}、4 个 $BiCl_5^{2-}$ 和 1 个 $Bi_2Cl_8^{2-}$ 组成。Bi_9^{5+} 原子簇呈三加帽三方棱柱形,如图 7.2.4(a)所示。在簇中有价电子 40 个,可算得键价数 $b = 16$。化学键中包含有 2 个 3c-2e BiBiBi 键和 12 个 2c-2e Bi—Bi 键。化学键的分布示于图 7.2.4(b)中,三棱柱形的上下两个底边为 3c-2e BiBiBi 键。3 个加帽 Bi 原子和棱柱体的长方四边形面顶角上的 Bi 原子形成 12 个 2c-2e Bi—Bi 键,如图(b)中的实线所示,这样总的键价数为 16。实验测定上下底边 Bi—Bi 平均键长为 324 pm,加帽原子形成的 2c-2e Bi—Bi 键的平均键长值为 310 pm,3 条三角棱柱的 Bi---Bi 距离为 374 pm,它们没有直接的成键作用。这种化学键的分布与实验测定数据是一致的。

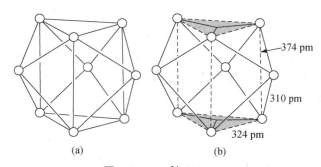

图 7.2.4　Bi_9^{5+} 的结构

(a) 原子排布图, (b) 化学键表示

7.3　过渡金属簇合物结构中的不规整多面体

许多过渡金属能和配位体(如羰基 CO)形成多核簇合物,在其中金属原子簇 M_n 除形成正多面体和半正多面体外,还大量形成不规整多面体。下面按簇合物中金属原子的数目,以实例讨论多面体的形式、多面体中金属原子间的化学键。由于过渡金属原子价层有 9 个轨道,在和羰基等强配位体形成的配位场中,一般遵循十八电子规则。因而可以按键价数计算公式,计算 M 原子之间的键价数。并按照 M_n 金属原子的几何构型,以及多面体棱边较多地形成2c-2e 键会使该簇趋于稳定的要求,了解其中 3c-2e 多中心键和 2c-2e M—M 键的分布。

7.3.1　五核和六核簇合物

表 7.3.1 列出若干五核和六核簇合物及其成键情况。$Os_5(CO)_{16}$,$[Os_5(CO)_{15}I]^{2-}$ 和 $H_2Os_5(CO)_{14}(PEt_3)$ 等五核簇合物为三方双锥形或看作加帽四面体形。它们有 72 个价电子,按此计算的键价数 b 为

$$b=(5\times18-72)/2=9$$

这个数值和多面体棱边数目相同,可以认为每条棱边为 2c-2e M—M 键。它们属于半正多面体,其结构如图 7.3.1(a)所示。

$[Ni_5(CO)_{12}]^{2-}$,$Co_5(CO)_{11}(PMe_2)_3$ 和 $[Rh_5(CO)_{15}]^-$ 等五核簇合物具有 76 个价电子,按此计算其键价数 $b=7$。这时在 M_5 簇中形成 2 个 3c-2e MMM 键和 3 个 2c-2e M—M 键。

价电子数为 72 的 $[CuFe_4(CO)_{13}(PPh_3)]^-$,$[HgFe_4(CH_3)(CO)_{13}]^-$ 和 $[PtRh_4(CO)_{12}]^{2-}$ 等簇合物,以及价电子数为 76 的 $[FeRh_4(CO)_{15}]^{2-}$,$[RuIr_4(CO)_{15}]^{2-}$ 等簇合物中,杂原子加帽四面体结构图示于图 7.3.1(b)中。它们的成键情况和上述只含一种金属元素的 M_5 簇合物相同。

在含有 C,N 等配位原子的五核簇合物中,M_5 形成四方锥形,C,N 等原子处于四边形面的中心,如图 7.3.1(c)。在表 7.3.1 中的两个实例,价电子数均为 74,按此计算的键价数 b 为 8,和该簇合物的四方锥的棱边数相同,可认为每条棱为 2c-2e M—M 键。

表 7.3.1 一些五核和六核簇合物的结构

簇合物	多面体名称及图号	价电子数 (g)	键价数 (b)	化学键
$Os_5(CO)_{16}$	三方双锥,7.3.1(a)	72	9	9M—M
$[CuFe_4(CO)_{13}(PPh_3)]^-$	四面体加帽 7.3.1(b)	72	9	9M—M
$[Ni_5(CO)_{12}]^{2-}$	三方双锥 7.3.1(a)	76	7	$\begin{cases}2MMM(3c\text{-}2e)\\3M\text{—}M\end{cases}$
$[FeRh_4(CO)_{15}]^{2-}$	四面体加帽 7.3.1(b)	76	7	$\begin{cases}2MMM(3c\text{-}2e)\\3M\text{—}M\end{cases}$
$Os_5C(CO)_{15}$	四方锥,7.3.1(c)	74	8	8M—M
$[Ru_5N(CO)_{14}]^-$	四方锥,7.3.1(c)	74	8	8M—M
$Os_6(CO)_{18}$	三方双锥加帽 7.3.2(a)	84	12	12M—M
$H_2Os_6(CO)_{18}$	四方锥加帽 7.3.2(b)	86	11	11M—M
$[Co_6C(CO)_{15}]^{2-}$	三方柱,7.3.2(c)	90	9	9M—M
$[Rh_6N(CO)_{15}]^-$	三方柱,7.3.2(c)	90	9	9M—M

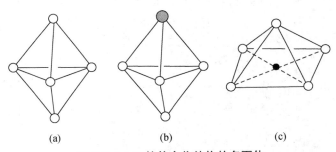

(a) (b) (c)

图 7.3.1 五核簇合物结构的多面体

大量的六核簇合物结构属于八面体,已在第 4 章中加以讨论。表 7.3.1 列出一些加帽多面体和不规整多面体的实例。

$Os_6(CO)_{18}$ 及其一系列取代物,如 $Os_6(CO)_{17}(PPh_3)$,$Os_6(CO)_{16}(PPh_3)_2$,$Os_6(CO)_{16}$ (MeCCEt)等都具有加帽三方双锥形,如图 7.3.2(a)所示。它们都有 84 个价电子,按公式计算所得的键价数应为 12。据此可指认多面体结构中含有 12 个 2c-2e M—M 键。

$H_2Os_6(CO)_{18}$ 及其一系列取代物,如 $Os_6(CO)_{17}(HCCEt)$,$Os_6(CO)_{17}S$,及 Au_2Os_4 $(CO)_{13}(PEt_3)_2$ 等都具有加帽四方锥结构,如图 7.3.2(b)所示。在这些 M_6 核中,价电子数 $g=84$,计算所得的键价数 b 为 11。据此,其结构中形成 11 个 2c-2e M—M 键。

由 C,N 等原子配位的六核簇合物$[Co_6C(CO)_{15}]^{2-}$,$[Co_6N(CO)_{15}]^-$,$[Rh_6C(CO)_{15}]^{2-}$ 和$[Rh_6N(CO)_{15}]^-$ 等形成三方柱体结构,C,N 等原子处在三方柱体的中心,如图 7.3.2(c)所示。在这些簇合物的 M_6 核中,价电子数 $g=90$,计算所得的键价数 $b=9$,和这些多面体的棱边数目相同,可认为在每条棱上形成 2c-2e M—M 键。$Re_6(CO)_{18}(PMe)$ 分子中不含 C,N 配位原子,也形成 $b=9$ 的三方柱体结构。

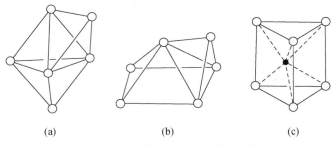

(a)   (b)   (c)

图 7.3.2   六核簇合物结构的多面体

7.3.2   七核、八核和九核簇合物

表 7.3.2 列出若干七核、八核和九核簇合物的结构情况,这些簇合物的金属原子簇 M_n 的排布都属加帽多面体。

表 7.3.2   七核、八核和九核簇合物的结构

簇合物	多面体名称 (图 7.3.3 中的序号)	价电子数 (g)	键价数 (b)	化学键
$Os_7(CO)_{21}$	单加帽八面体(a)	98	14	1MMM 3c-2e 12M—M 2c-2e
$[Re_7C(CO)_{21}]^{3-}$	单加帽八面体(a)	98	14	1MMM 3c-2e 12M—M 2c-2e
$[NiRh_6(CO)_{16}]^{2-}$	单加帽八面体(b)	98	14	1MMM 3c-2e 12M—M 2c-2e
$[Os_8(CO)_{22}]^{2-}$	对位双加帽八面体(c)	110	17	1MMM 3c-2e 15M—M 2c-2e
$Pd_8(CO)_8(PMe_3)_7$	间位双加帽八面体(d)	110	17	1MMM 3c-2e 15M—M 2c-2e
$[Ni_9C(CO)_{17}]^{2-}$	单加帽四方反棱柱体(e)	130	16	4MMM 3c-2e 8M—M 2c-2e

$Os_7(CO)_{21}$,$Pd_7(CO)_7(PMe_3)_7$,$[Rh_7(CO)_{16}]^{3-}$ 和 $[Re_7C(CO)_{21}]^{3-}$ 等簇合物的结构为单加帽八面体,如图 7.3.3(a)所示。$[NiRh_6(CO)_{16}]^{2-}$ 和 $AuRu_6C(CO)_{15}(NO)(PPh_3)$ 等簇合物结构中,6 个相同的原子组成八面体,剩余一个另一种原子加帽于八面体三角形面外侧,如图 7.3.3(b)所示。

八核簇合物大量形成如图 7.3.3(c)所示的对位双加帽八面体,如 $[Os_8(CO)_{22}]^{2-}$ 和 $[Re_8C(CO)_{24}]^{2-}$。在 $AuRe_7C(CO)_{21}(PPh_3)$ 和 $Cu_2Ru_6(CO)_{18}(C_6H_4Me)_2$ 等簇合物中,Au 和 Cu 等原子处于加帽位置。对于 $Pd_8(CO)_8(PMe_3)_7$ 和 $Os_6Pt_2(CO)_{17}(C_8H_{12})_2$ 等簇合物则形成间位双加帽八面体,Pt 原子处于加帽位置,如图 7.3.3(d)所示。在这些簇合物 M_8 中共有价电子 110 个,相应地形成了 1 个 3c-2e MMM 键和 15 个 2c-2e M—M 键,键价数为 17。

$[Ni_9C(CO)_{17}]^{2-}$ 和 $[Rh_9P(CO)_{21}]^{2-}$ 等九核簇合物形成单加帽四方反棱柱体结构,核中有价电子 130 个,键价数为 16。它们组成 4 个 3c-2e MMM 键和 8 个 2c-2e M—M 键。如图 7.3.3(e)所示。

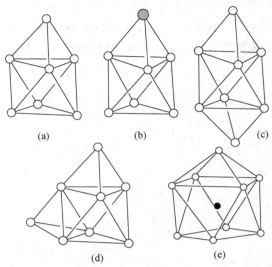

图 7.3.3　一些七核、八核和九核簇合物结构的多面体

7.3.3　十核、十一核和十二核簇合物

已知十核簇合物可形成多种几何形式的结构，表 7.3.3 和图 7.3.4 中只列出两种：一种是双加帽四方反棱柱体，另一种是四加帽八面体。$[Rh_{10}S(CO)_{22}]^{2-}$，$[Rh_{10}P(CO)_{22}]^{-}$ 和 $[Rh_{10}As(CO)_{22}]^{-}$ 等簇合物属于前者，它们的价电子数 $g=142$，计算所得的键价数为 19，它由 1 个 3c-2e MMM 键和 17 个 2c-2e M—M 键组成。另外，$[Os_{10}C(CO)_{24}]^{2-}$，$[Os_{10}C(CO)_{23}(NO)]^{-}$ 和 $[HOs_{10}C(CO)_{24}]^{-}$ 等簇合物为四加帽八面体结构，这种簇合物的价电子数为 134，计算得键价数为 23。由于在三边形面上加一个帽则形成 3 个 2c-2e M—M 键，四加帽八面体的结构中，将在八面体基础上增加 $4\times3=12$ 个 2c-2e M—M 键，余下键价数为 $23-12=11$，构成 1 个 3c-2e MMM 键和 9 个 2c-2e M—M 键。所以，这种四加帽八面体中共形成 1 个 3c-2e MMM 键和 21 个 2c-2e M—M 键。

表 7.3.3　十核、十一核和十二核簇合物的结构

簇合物	多面体名称 （图 7.3.4 中的序号）	价电子数 (g)	键价数 (b)	化学键
$[Rh_{10}S(CO)_{22}]^{2-}$	双加帽四方反棱柱体(a)	142	19	1MMM 3c-2e 17M—M 2c-2e
$[Os_{10}C(CO)_{24}]^{2-}$	四加帽八面体(b)	134	23	1MMM 3c-2e 21M—M 2c-2e
$[Rh_{11}(CO)_{23}]^{3-}$	3 个八面体相互共面(c)	148	25	2MMM 3c-2e 21M—M 2c-2e
$Au_{11}(PPh_3)_7(SCN)$	带心四元环合五方锥(d)	138	30	30M—M 2c-2e
$[Ni_{12}(CO)_{21}]^{4-}$	三加帽共面二八面体(e)	166	25	8MMM 3c-2e 9M—M 2c-2e
$[Ir_{12}(CO)_{26}]^{2-}$	二重共面三八面体(f)	162	27	3MMM 3c-2e 21M—M 2c-2e

十一核簇合物也和十核簇合物一样,有多种几何形态,表 7.3.3 和图 7.3.4 中只给出两种。$[Rh_{11}(CO)_{23}]^{3-}$ 为由 3 个八面体相互共面形成的一种多面体,如图 7.3.4(c)所示。它的价电子数(g)为 148,键价数为 25,形成 2 个 3c-2e MMM 键和 21 个 2c-2e M—M 键。

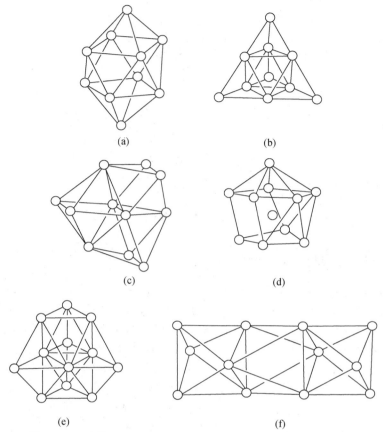

图 7.3.4 十核(a,b)、十一核(c,d)和十二核(e,f)簇合物的结构

由 11 个 Au 原子组成的簇合物,已知的 $Au_{11}(PPh_3)_7(SCN)_3$,$Au_{11}(PPh_3)_7I_3$,$Au_{11}[Ph_2P(CH_2)_3PPh_3]_5^{3+}$ 等许多种,它们的几何形态均相近,价电子数为 138,由此计算所得的键价数为 30,这数值远超过图 7.3.4(d)中所示的原子间连线的数目(21)。如果考虑中心 Au 原子和周边近邻的 9 个原子均形成 2c-2e Au—Au 键,这样 11 个 Au 原子形成的原子簇正好是形成 30 个 2c-2e Au—Au 键,是一个饱和的稳定的结构,与饱和烷烃相似。这正是 Au_{11} 簇合物能稳定地按这种结构存在的内在原因。注意:图中没有画出中心 Au 原子和相邻的 9 个 Au 原子间的 Au—Au 键。

许多形成三角二十面体的十二核簇合物的结构已在第 5 章中加以讨论。这里只介绍 $[Ni_{12}(CO)_{21}]^{4-}$ 和 $[Ir_{12}(CO)_{26}]^{2-}$ 两种簇合物的结构。$[Ni_{12}(CO)_{21}]^{4-}$ 的结构示于图 7.3.4(e),它是两个八面体共面连接后,在其中部外侧有 3 个 Ni 原子加帽,形成 3 个三方双锥形体和中心两个八面体共面连接。在这十二核金属簇中,$g=166$,$b=25$。它由 8 个 3c-2e MMM 键和 9 个 2c-2e M—M 键结合在一起。

$[Ir_{12}(CO)_{26}]^{2-}$ 的结构示于图 7.3.4(f),它是 3 个八面体按对位共面连接成的结构。在这金属簇中，$g=162$，$b=27$。它由 3 个 3c-2e MMM 键和 21 个 2c-2e M—M 键结合在一起。

7.3.4 高核簇合物

十三核和十三核以上的簇合物已有许多被合成制备得到并测定其结构，表 7.3.4 列出其中的一部分。

表 7.3.4 若干高核簇合物结构的多面体

簇合物	多面体名称 （图 7.3.5 中的序号）	价电子数 (g)	键价数 (b)
$[HRh_{13}(CO)_{24}]^{4-}$	带心的反立方八面体(a)	170	32
$[Rh_{14}(CO)_{26}]^{2-}$	带心单加帽反立方八面体(b)	180	36
$[Rh_{15}(CO)_{30}]^{3-}$	带心六加帽立方体(c)	198	36
$[Ni_{16}(C_2)_2(CO)_{23}]^{4-}$	二十二面体(d)	216	36
$[Rh_{17}(CO)_{30}]^{3-}$	四加帽反立方八面体(e)	216	45
$[Pt_{19}(CO)_{22}]^{4-}$	双加帽共面二带心五棱柱(f)	238	52

$[HRh_{13}(CO)_{24}]^{4-}$，$[H_2Rh_{13}(CO)_{24}]^{3-}$ 和 $[H_3Rh_{13}(CO)_{24}]^{2-}$ 等簇合物具有相似的结构，它们可以看作等径圆球按六方最密堆积中，每个金属原子和它周围的 12 个配位原子所形成的结构。这种多面体结构称为带心的反立方八面体，如图 7.3.5(a)所示。

$[Rh_{14}(CO)_{26}]^{2-}$，$[Rh_{14}(CO)_{25}]^{4-}$ 和 $[HRh_{14}(CO)_{25}]^{3-}$ 都形成相似结构的簇合物，其中十四核形成带心单加帽反立方八面体，如图 7.3.5(b)所示。

$[Rh_{15}(CO)_{30}]^{3-}$ 核形成带心六加帽立方体，如图 7.3.5(c)所示。这个十五核簇合物的结构近似为带心的菱形十二面体。

在 $[Ni_{16}(C_2)_2(CO)_{23}]^{4-}$ 中，16 个 Ni 原子围成二十二面体，如图 7.3.5(d)所示，其内部有较大空腔，容纳 2 个 C_2 单元。

$[Rh_{17}(CO)_{30}]^{3-}$ 结构可看作在 Rh_{13} 反立方八面体基础上，4 个四方形面均由 Rh 原子加帽形成，如图 7.3.5(e)所示。

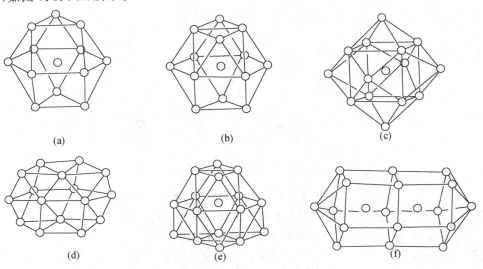

(a)   (b)   (c)

(d)   (e)   (f)

图 7.3.5 高核簇合物的结构

$[Pt_{19}(CO)_{22}]^{4-}$ 的结构可看作双加帽共面二带心五棱柱,如图 7.3.5(f)所示。

表 7.3.4 列出上述高核簇合物中金属原子 M_n 的价电子数 g 值及按此计算所得的键价数 b 值。由于簇中原子数目较多,它们的成键图像比较复杂,没有进一步分析,但是成键的基本方案和前述较小的簇合物是一致的。

7.4　鸟巢型和蛛网型硼烷结构中的多面体

7.4.1　硼烷和碳硼烷的分子形态

硼烷分子按其几何形态可分为封闭型(closo)、鸟巢型(nido)、蛛网型(arachno)和敞网型(hypho)等类型的结构。敞网型已不具有多面体形态,本书将不加讨论。封闭型硼烷分子的多面体全部由三角形面组成,顶点为硼原子,典型的化学式为 $B_nH_n^{2-}$,其中每个 H 原子都和 B 原子端接,由多面体中心向外伸展。封闭型碳硼烷的组成为 $(CH)_2(BH)_{n-2}$ 中性分子,它和 $B_nH_n^{2-}$ 是等电子体,也是同构的物种。有关它们的结构,已在 6.2 节中加以讨论。鸟巢型和蛛网型硼烷和碳硼烷分子是缺顶多面体分子,它们和封闭型的硼烷和碳硼烷比较,分别缺少一个和两个顶点。鸟巢型和蛛网型硼烷的组成分别为 B_nH_{n+4} 和 B_nH_{n+6},碳硼烷的组成可由 C 原子置换 BH 基团形成,例如 $nido\text{-}C_2B_3H_7$,$nido\text{-}C_2B_9H_{13}$,$arachno\text{-}C_2B_8H_{14}$ 等。图 7.4.1 上部示出 $B_7H_7^{2-}$,B_6H_{10},B_5H_{11} 的结构,下部示出 $C_2B_5H_7$,$C_2B_4H_8$,$C_2B_3H_9$ 的结构。

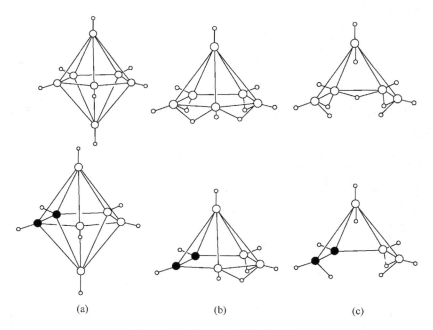

(a)　　　　　(b)　　　　　(c)

图 7.4.1　硼烷和碳硼烷的结构

(a) 封闭型 $B_7H_7^{2-}$（上）和 $C_2B_5H_7$（下）,

(b) 鸟巢型 B_6H_{10}（上）和 $C_2B_4H_8$（下）,

(c) 蛛网型 B_5H_{11}（上）和 $C_2B_3H_9$（下）

当硼烷分子的多面体从封闭型转变为鸟巢型和蛛网型时,连接骨干原子间的多面体棱边的数目会降低,降低的数目随不同的结构而异。封闭型 $B_nH_n^{2-}$ 分子的 B_n 骨干多面体的棱边数目为 $(3n-6)$,在图 7.4.1 中示出 $B_7H_7^{2-}$ 的 B_7 骨干多面体的棱边数目为 15,鸟巢型 B_6H_{10} 的 B_6 骨干的棱边数为 10,蛛网型 B_5B_{11} 的 B_5 骨干的棱边数为 7。可见,鸟巢型和蛛网型的 B_n 骨干多面体棱边数均少于 $(3n-6)$。

7.4.2 鸟巢型硼烷和碳硼烷的结构

鸟巢型硼烷和碳硼烷是在封闭型硼烷多面体中除去一个顶点而形成。除去顶点新形成的面最常见的是五边形面,如图 7.4.1(b) 的 B_6H_{10} 和 $C_2B_4H_8$ 所示。在有些硼烷中也可能出现四边形面和六边形面。

根据鸟巢型硼烷的组成 B_nH_{n+4},其中 B_n 骨干的价电子数 $g=4n+4$,骨干的键价数

$$b = [8n - (4n+4)]/2 = 2n - 2 \tag{7.4.1}$$

当用 $styx$ 数码描述鸟巢型硼烷结构时,由于一个敞开的骨干物种的稳定性可由形成 3c-2e BHB 键而得到加强,所以在一个稳定的鸟巢型硼烷中,相邻的 H—B—H 和 B—H 基团趋向于转化为一个 H—BHB—H 体系,即

对 B_n 的骨干而言,每个 3c-2e BHB 键所得键价数为 1。

鸟巢型硼烷 B_nH_{n+4} 中不存在 BH_2 基团,它的 $x=0, s=4$,即其分子骨干的 $styx$ 数码为 $4ty0$,它的键价数 b 为

$$b = s + 2t + y = 4 + 2t + y \tag{7.4.2}$$

由 (7.4.1) 和 (7.4.2) 式得

$$s + 2t + y = 2n - 2 \tag{7.4.3}$$

硼烷 B_nH_{n+4} 的价电子数 $(4n+4)$ 中,有 $2n$ 个用于端接的 B—H 键,2×4 个电子形成 4 个 3c-2e BHB 键,剩余的电子用于骨干中形成 2c-2e B—B 键(数目为 y)和 3c-2e BBB 键(数目为 t),每个键为 2 个电子,故

$$t + y = [(4n+4) - 2(n+4)]/2 = n - 2 \tag{7.4.4}$$

从 (7.4.3) 和 (7.4.4) 式得鸟巢型硼烷中各种键型的数目为

$$t = n - s = n - 4$$
$$y = s - 2 = 2$$

表 7.4.1 列出一些鸟巢型硼烷中 B_n 骨干的 $styx$ 数码和键价数 b。图 7.4.2 示出一些鸟巢型硼烷骨干结构中的化学键,图中示出的是沿着鸟巢敞口投影的图形。

表 7.4.1　鸟巢型硼烷的 $styx$ 数码

硼烷	B_4H_8	B_5H_9	B_6H_{10}	B_7H_{11}	B_8H_{12}	B_9H_{13}	$B_{10}H_{14}$
s	4	4	4	4	4	4	4
t	0	1	2	3	4	5	6
y	2	2	2	2	2	2	2
x	0	0	0	0	0	0	0
$b(=s+2t+y)$	6	8	10	12	14	16	18

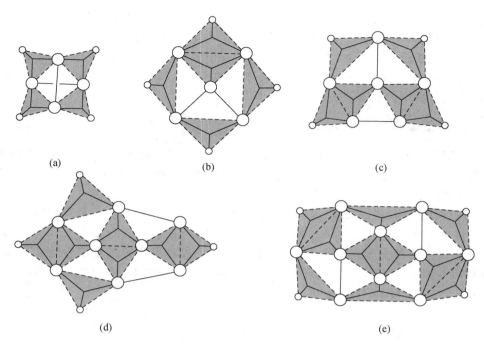

图 7.4.2　一些鸟巢型硼烷骨干结构中的化学键

(a) B_4H_8 (4020)，(b) B_5H_9 (4120)，(c) B_6H_{10} (4220)，(d) B_8H_{12} (4420)，(e) $B_{10}H_{14}$ (4620)

（大球代表 BH 基团中的 B 原子，小球代表 BHB 键中的 H 原子）

7.4.3　金属硼烷的结构

硼烷中的 B 原子可以被 C 原子置换，形成碳硼烷。硼烷和碳硼烷中的 B 原子和 C 原子可以和金属原子(M)产生置换作用和配位作用形成金属硼烷。下面分两方面加以介绍。

1. 置换作用

一个 C 原子和 BH 基团是等电子体。在一个硼烷中，当一个 C 原子置换一个 BH 基团，置换前后的硼烷分子和碳硼烷分子有着相同的价电子数 g。在 B_n 骨干和 CB_{n-1} 骨干中的键价数 b 是相同的，它们的结构和化学键也是相同的。当一个 C 原子或 BH 基团被一个过渡金属原子(M)置换，按照过渡金属原子(M)在结构中要满足 18 个价电子的十八电子规则，对于这种金属硼烷若含有 n_1 个 B 和 C 原子以及 n_2 个 M 原子的骨干，它的键价数

$$b = \left[(8n_1 + 18n_2) - g\right]/2$$

若金属硼烷的骨干原子数目以及键价数和硼烷或碳硼烷相同时，它们的结构和化学键也相同。图 7.4.3(a)~(c)示出 B_5H_9，CB_4H_8 和 $B_3H_7[Fe(CO)_3]_2$ 的结构。这 3 种化合物的骨干原子簇 B_5，CB_4，B_3Fe_2 都具有鸟巢型结构特点，骨干的价电子数 g 分别等于 24，24 和 44，骨干的键价数 b 都等于 8。这 3 种化合物是等同键价系列化合物，都有着相同的结构和化学键，如图 7.4.2(b)所示。图 7.4.3(d)~(f)示出 B_6H_{10}，CB_5H_9 和 $B_5H_8[Ir(CO)(PPh_3)_2]$ 的结构。这 3 种化合物骨干原子簇 B_6，CB_5 和 B_5Ir 的价电子数 g 分别等于 28，28 和 38，它们键价数 b 都等于 10，它们是等同键价系列化合物，都有着相同的结构和化学键，如图 7.4.2(c)所示。

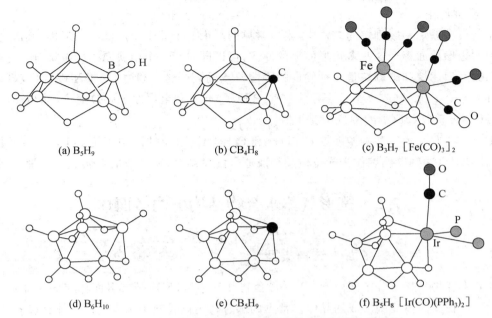

(a) B$_5$H$_9$ (b) CB$_4$H$_8$ (c) B$_3$H$_7$［Fe(CO)$_3$］$_2$

(d) B$_6$H$_{10}$ (e) CB$_5$H$_9$ (f) B$_5$H$_8$［Ir(CO)(PPh$_3$)$_2$］

图 7.4.3 有相同键价数的硼烷、碳硼烷和金属硼烷的结构

［(a)～(c) $b=8$；(d)～(f) $b=10$］

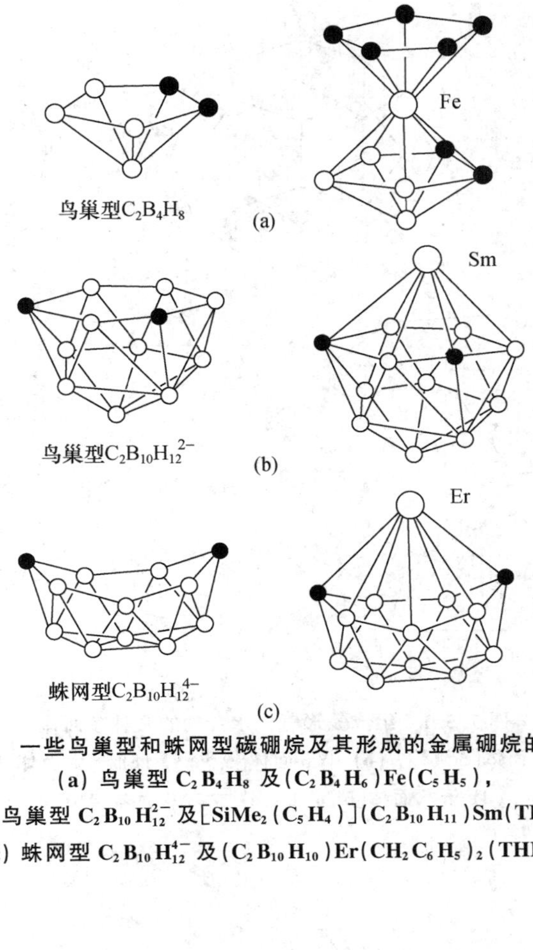

鸟巢型C$_2$B$_4$H$_8$

(a)

鸟巢型C$_2$B$_{10}$H$_{12}^{2-}$

(b)

蛛网型C$_2$B$_{10}$H$_{12}^{4-}$

(c)

图 7.4.4 一些鸟巢型和蛛网型碳硼烷及其形成的金属硼烷的骨干结构

(a) 鸟巢型 C$_2$B$_4$H$_8$ 及 (C$_2$B$_4$H$_6$)Fe(C$_5$H$_5$)，

(b) 鸟巢型 C$_2$B$_{10}$H$_{12}^{2-}$ 及［SiMe$_2$(C$_5$H$_4$)］(C$_2$B$_{10}$H$_{11}$)Sm(THF)$_2$，

(c) 蛛网型 C$_2$B$_{10}$H$_{12}^{4-}$ 及 (C$_2$B$_{10}$H$_{10}$)Er(CH$_2$C$_6$H$_5$)$_2$(THF)$^-$

2. 配位作用

在鸟巢型硼烷和碳硼烷的结构中,巢口常见的是由 5 个原子组成的五边形面,其次是六边形面和七边形曲面等。这些多边形面上的原子,可以同时和一个金属原子配位结合。这样,鸟巢型和蛛网型硼烷和碳硼烷是一种优良的多配位点的配位体。例如,鸟巢型硼烷(或碳硼烷)的巢口上 5 个 B 原子(或 2 个 C 原子和 3 个 B 原子)同时和金属原子(M)配位,就与环戊二烯基($C_5H_5^-$)的 5 个 C 原子的配位情况相似。

图 7.4.4 左边示出鸟巢型硼烷 $C_2B_4H_8$ 和 $C_2B_{10}H_{12}^{2-}$ 以及蛛网型硼烷 $C_2B_{10}H_{12}^{4-}$ 的骨干结构;其右边示出这些碳硼烷作为配位体和金属原子配位结合,所形成的金属硼烷的骨干结构。

7.5　笼形气体水合物结构中的多面体

7.5.1　笼形水合物的多面体结构类型

笼形水合物是指水分子间由 O—H⋯O 氢键相互连接,形成带有多面体笼的主体骨架,客体分子包合在多面体笼中形成的晶体。常见的水合物主体骨架中出现的多面体笼以五角十二面体 $[5^{12}]$ 为主,如图 5.3.3 所示。随着包合客体分子大小变化的需要,还出现一些其他形状的多面体,如图 7.5.1 所示。

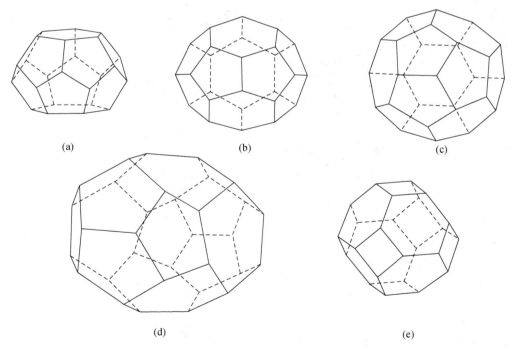

图 7.5.1　组成笼形气体水合物的几种多面体
(a) 十四面体$[5^{12}6^2]$, (b) 十五面体$[5^{12}6^3]$, (c) 十六面体$[5^{12}6^4]$,
(d) 十八面体$[5^{12}6^6]$, (e) 立方八面体$[4^66^8]$

这些笼形多面体内空腔的体积可算得如下($1\text{Å}^3 = 10^{-3}\ \text{nm}^3 = 10^6\ \text{pm}^3$)：

$$五角十二面体[5^{12}]\quad 170\ \text{Å}^3$$
$$十四面体[5^{12}6^2]\quad 230\ \text{Å}^3$$
$$十五面体[5^{12}6^3]\quad 250\ \text{Å}^3$$
$$十六面体[5^{12}6^4]\quad 260\ \text{Å}^3$$

客体分子可选择大小合适的多面体空腔居留其中。有时客体分子可和主体骨架上的水分子形成氢键，客体分子则选择适宜于形成氢键的多面体空腔居留。

根据气体水合物中客体分子的差异，可形成不同结构类型的多面体水合物。各种类型的名称和结构情况，列于表 7.5.1 中。

表 7.5.1 笼形气体水合物的晶体结构类型

类型	晶胞中多面体的类型和数目	理想晶胞的化学式	空间群	实例	晶胞参数/nm
Ⅰ	$6[5^{12}6^2] \cdot 2[5^{12}]$	$6X \cdot 2Y \cdot 46H_2O$	$Pm\bar{3}n$ $Pm\bar{3}n$	$6(CH_2)_2O \cdot 46H_2O$ $8CH_4 \cdot 46H_2O$	$a \approx 1.19$ $a \approx 1.19$
Ⅱ	$8[5^{12}6^4] \cdot 16[5^{12}]$	$8X \cdot 16Y \cdot 136H_2O$	$Fd\bar{3}m$	$8C_4H_8O \cdot 16H_2S \cdot 136H_2O$	$a \approx 1.73$
Ⅲ *	$16[5^{12}6^2] \cdot 4[5^{12}6^3] \cdot 10[5^{12}]$	$20X \cdot 10Y \cdot 172H_2O$	$P4_2/mnm$	—	$a \approx 2.35$ $c \approx 1.25$
Ⅳ **	$4[5^{12}6^2] \cdot 4[5^{12}6^3] \cdot 6[5^{12}]$	$8X \cdot 6Y \cdot 80H_2O$	$P6/mmm$	—	$a \approx 1.25$ $c \approx 1.25$
Ⅴ ***	$4[5^{12}6^4] \cdot 8[5^{12}]$	$4X \cdot 8Y \cdot 68H_2O$	$P6_3/mmc$	—	$a \approx 1.2$ $c \approx 1.9$
Ⅵ	$16[4^35^96^27^3] \cdot 12[4^45^4]$	$16X \cdot 156H_2O$	$I\bar{4}3d$	$16(CH_3)_3CNH_2 \cdot 156H_2O$	$a \approx 1.88$
Ⅶ	$2[4^66^8]$	$2X \cdot 12H_2O$	$Im\bar{3}m$	$HPF_6 \cdot 5H_2O \cdot HF$	$a \approx 0.77$

* 由 $(n\text{-}C_4H_9)_4N^+C_6H_5COO^- \cdot 39.5H_2O$ 的骨架结构推引而得。

** 由 $(i\text{-}C_5H_{11})_4N^+F^- \cdot 38H_2O$ 的骨架结构推引而得。

*** 由 $10(CH_3)_2CHNH_2 \cdot 80H_2O$ 的有关堆积结构推引而得。

7.5.2 Ⅱ型笼形水合物的结构

Ⅱ型水合物的主体骨架由五角十二面体$[5^{12}]$和十六面体$[5^{12}6^4]$按 2∶1 的比例，共面连接形成立方晶系骨架，立方晶胞参数 $a = 1.73$ nm，如表 7.5.1 所列。晶胞中含有 136 个 H_2O 分子，通过 16 个$[5^{12}]$和 8 个$[5^{12}6^4]$排列而成。

十六面体$[5^{12}6^4]$具有三重轴对称性，它通过六边形面的中心和对面 3 个$[5^{12}]$的交点，如图 7.5.1(c)所示。$[5^{12}6^4]$的对称性点群为 T_d，它的 4 个六边形面按四面体的 4 个方向排列。在水合物骨架中，每个$[5^{12}6^4]$就像金刚石结构的一个 C 原子，按四面体方向和周围 4 个$[5^{12}6^4]$共用六边形面连接。立方晶胞中的 8 个$[5^{12}6^4]$的中心位置相当于金刚石晶胞中 C 原子的位置。$[5^{12}6^4]$的五边形面和$[5^{12}]$共面连接，填充在$[5^{12}6^4]$骨架的空隙之中。图 7.5.2(a)

179

示出两个$[5^{12}6^4]$共用六边形面连接并和周边 6 个$[5^{12}]$连接的情况。图 7.5.2(b)示出两个$[5^{12}6^4]$共面连接在一起,三重轴通过六边形面的中心,其两端和 3 个五边形面的交点相遇(用小三角形标示)。图 7.5.2(c)示出 Ⅱ 型骨架结构中,大的客体分子处于$[5^{12}6^4]$中,小的客体分子处于$[5^{12}]$中的情况。

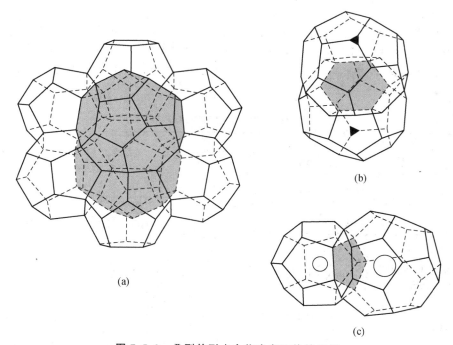

图 7.5.2　Ⅱ 型笼形水合物中多面体的连接

(a) 两个$[5^{12}6^4]$共面连接(如阴影表示)并和周边 6 个$[5^{12}]$连接,

(b) 两个$[5^{12}6^4]$连接在一起及三重轴方向(阴影表示共用的六边形面),

(c) $[5^{12}6^4]$和$[5^{12}]$共面连接情况,客体分子处于$[5^{12}6^4]$和$[5^{12}]$中(阴影表示共用的五边形面)

$8CCl_4 \cdot 16Xe \cdot 136H_2O$,$8CS_2 \cdot 16H_2S \cdot 136H_2O$ 和 $8C_4H_8O \cdot 16H_2S \cdot 136H_2O$ 等笼形气体水合物属于 Ⅱ 型,其中较大的分子 CCl_4,CS_2,C_4H_8O 等处在$[5^{12}6^4]$中,Xe 和 H_2S 处在$[5^{12}]$中。

$Cs_8Na_{16}Si_{136}$ 和 $Cs_8Na_{16}Ge_{136}$ 的晶体结构属立方晶系,空间群为 $Fd\bar{3}m$。它们的结构和 Ⅱ 型水合物相似,是以 Si 或 Ge 置换 H_2O。晶胞中包含由 Si 或 Ge 组成的多面体骨架,有 8 个$[5^{12}6^4]$和 16 个$[5^{12}]$,Cs 处于$[5^{12}6^4]$中,Na 处于$[5^{12}]$中。

7.5.3　其他一些水合物的结构

$HAsF_6 \cdot 6H_2O$ 和 $HSbF_6 \cdot 6H_2O$ 是由水的多种多面体共面连接组成主体骨架,通常认为骨架是带正电性的。在骨架多面体中无序地安放 AsF_6^- 或 SbF_6^-。骨架的结构示于图 7.5.3(a)中,它可转变为相关的 Ⅳ 型水合物结构。每个晶胞中包含的多面体化学式为

$$1[4^66^2] \cdot 3[4^25^86^4] \cdot 2[5^{12}6^2] \cdot 2[5^{12}6^3] \cdot 46H_2O$$

其中十四面体$[4^25^86^4]$的结构示于图 7.5.3(b),六方柱体$[4^66^2]$以及和它共面连接的十四面体$[5^{12}6^2]$的结构示于图 7.5.3(c),而处于中心的十五面体$[5^{12}6^3]$的结构已示于图 7.5.1(b)

中。除六方柱外,其他 3 种多面体均安放 AsF_6^- 或 SbF_6^- 负离子,离子在其中按一定要求无序取向。

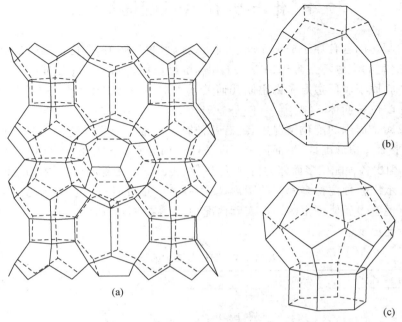

(a)

(b)

(c)

图 7.5.3　笼形水合物 $HAsF_6 \cdot 6H_2O$ 和 $HSbF_6 \cdot 6H_2O$ 的结构

(a) 主体骨架的结构,(b) $[4^2 5^8 6^4]$ 的结构,

(c) $[5^{12} 6^2]$ 和 $[4^6 6^2]$ 的结构

16(CH_3)$_3$$CNH_2$ · 156H_2O 的结构属 Ⅵ 型水合包合物,在此结构中,客体分子 (CH_3)$_3$$CNH_2$ 处于十七面体$[4^3 5^9 6^2 7^3]$中,它的 C—N 键沿着多面体的极性轴定向。图 7.5.4 示出$[4^3 5^9 6^2 7^3]$多面体从两个方向观看时的形状。在主体骨架结构中,十七面体共用六边形面和七边形面相互连接,并产生不被客体分子占据的八面体$[4^4 5^4]$。

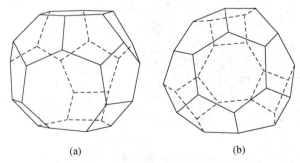

(a)　　　　　　　　　(b)

图 7.5.4　十七面体$[4^3 5^9 6^2 7^3]$的结构

(a) 垂直三重轴方向,(b) 沿三重轴方向

水合包合物 $HEF_6 \cdot 5H_2O \cdot HF(E＝P, As, Sb)$ 的结构,可看作由 H_2O 和 HF 共同组成带正电性的立方晶系主体骨架。该骨架只由一种立方八面体$[4^6 6^8]$[参看图 6.5.2(13)]共面连接而成。这种多面体骨架和方钠石的多面体骨架相同,可参看图 6.5.4。负离子 EF_6^- 按一定规律无序地处于骨架的多面体中。这种骨架结构归属于Ⅷ型水合包合物。

7.6　化合物结构中的配位多面体

归纳前面所述的各种原子或离子间空间所处位置的几何关系,化学家通常引进"配位多面体"的概念。这里的配位不是限于中心原子和周围配位原子间形成配位键,而是包括各种化学键作用下的中心原子和周边原子的空间几何关系。常用周边原子间形成的多面体表示,这种多面体总称为配位多面体。

在原子或离子周围的配位情况中,还有几种简单而常见的配位类型:如直线形二配位、弯曲形二配位、平面三角形配位、平面四方形配位等。因为它们没有形成多面体,不列在表中。

表 7.6.1 列出各种配位多面体的名称、配位数、实例以及在图 7.6.1 中画出图形的图号。

图 7.6.1 示出各种配位多面体的图形,图中基本上是按照正多面体、半正多面体以及较理想情况下的不规整多面体画出的。在实际情况中,大多数都有偏离、扭曲以及和中心原子距离不同等等的情况出现。

表 7.6.1　配位多面体的类型

配位多面体名称	配位数	实例	图 7.6.1 中序号
四面体	4	CX_4	(a)
四方锥	5	$(WCl_4O)^-$	(b)
三方双锥	5	$Ln(CH_2SiMe_3)_3(THF)_2(Ln=Er,Tm)$	(c)
八面体	6	SF_6	(d)
三方棱柱体	6	$Pr[S_2P(C_6H_{11})_2]_3$	(e)
单加帽三方棱柱体	7	$(ZrF_7)^{3-}$	(f)
单加帽八面体	7	$TaCl_4(PMe_3)_3$	(g)
五方双锥	7	$[SmI_2(THF)_5]^+$	(h)
立方体	8	$CsCl$	(i)
四方反棱柱体	8	$H_4W(CN)_8 \cdot 6H_2O$	(j)
单加帽四三棱柱体	8	$K_4Mo(CN)_8 \cdot 2H_2O$	(k)
双加帽三方棱柱体	8	$CdBr_2(18\text{-}冠\text{-}6)$	(l)
三加帽三方棱柱体	9	ReH_9^{2-}	(m)
单加帽四方反棱柱体	9	$Th(CH_3COCHCOCH_3)_4 \cdot H_2O$	(n)
四加帽三方棱柱体	10		(o)
双加帽四方反棱柱体	10	$K_4[Th(O_2CCO_2)_4(H_2O)_2] \cdot 2H_2O$	(p)
三角二十面体	12	$[Ce(NO_3)_6]^{3-}$	(q)
切角四面体	12		(r)
立方八面体	12	$Hf(BH_4)_4$,立方最密堆积	(s)
六方立方八面体	12	六方最密堆积	(t)
菱形十二面体	14		(u)
五角十二面体	20		(v)
切角八面体	24		(w)
切角立方体	24	CaB_6	(x)

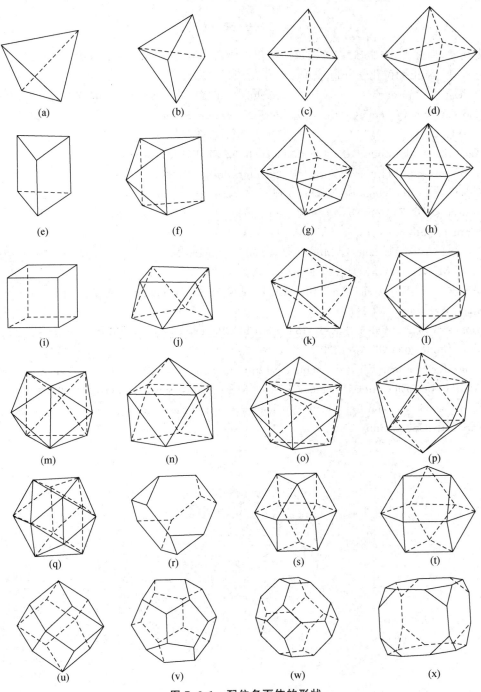

图 7.6.1　配位多面体的形状

(a) 四面体 4，(b) 四方锥 5，(c) 三方双锥 5，(d) 八面体 6，(e) 三方棱柱体 6，(f) 单加帽三方棱柱体 7，
(g) 单加帽八面体 7，(h) 五方双锥 7，(i) 立方体 8，(j) 四方反棱柱体 8，(k) 单加帽四三棱柱体 8，
(l) 双加帽三方棱柱体 8，(m) 三加帽三方棱柱体 9，(n) 单加帽四方反棱柱体 9，(o) 四加帽三方棱柱体 10，
(p) 双加帽四方反棱柱体 10，(q) 三角二十面体 12，(r) 切角四面体 12，(s) 立方八面体 12，(t) 六方立
方八面体 12，(u) 菱形十二面体 14，(v) 五角十二面体 20，(w) 切角八面体 24，(x) 切角立方体 24

参 考 文 献

［1］　麦松威，周公度，李伟基. 高等无机结构化学(第 2 版)［M］. 北京：北京大学出版社，2006.

［2］　黄春辉，稀土配位化学［M］. 北京：科学出版社，1997.

［3］　Wiberg N. Inorganic Chemistry. 1st English ed. （based on Holleman-Wiberg，Lehrbuch der Anorganischen Chemie(34th ed.)，Berlin：Walter de Gruyter）［M］. San Diego：Academic Press，2001.

［4］　Mac T C W and Zhou G-D. Crystallography in Modern Chemistry：A Resource Book of Crystal Structures［M］. New York：Wiley-Interscience，1992.

［5］　Kepert D L. Inorganic Stereochemistry［M］. Berlin，Springer-Verlag，1982.

［6］　Housecroft C E，and Sharpe A G. Inorganic Chemistry（3rd ed. ）［M］. Harlow：Pearson，Prentice-Hall，2008.

［7］　Cotton F A，Wilkinson G，Murillo C A and Bochmann M. Advanced Inorganic Chemistry（6th ed. ）［M］. New York：Wiley-Interscience，1999.

［8］　Shriver D F，Kaesz H D and Adams R D （eds. ）. The Chemistry of Metal Cluster Complexes ［M］. Weinheim：VCH，1990.

［9］　Mingos D M P，Wales D J. Introduction to Cluster Chemistry［M］. New Jersey：Prentice-Hall，Englewood Clifts，1990.

［10］　González-Moraga. Cluster Chemistry：Introduction to the Chemistry of Transition Metal and Main Group Element Molecular Cluster［M］. Berlin：Springer-Verlag，1993.

［11］　Greenwood N N and Earnshaw A. Chemistry of the Elements （2nd ed. ）［M］. Oxford：Butterworth Heinemann，1997.

第 8 章 化学结构中多层包合的多面体

8.1 单质结构中的多层多面体

8.1.1 立方最密堆积中多层多面体的包合

立方最密堆积形成的晶体,属于立方晶系、面心立方点阵型式,图 8.1.1(a)示出面心立方晶胞。由图可见,处在晶胞面心上的 6 个原子组成中空的八面体,晶胞原点上的 8 个原子组成立方体。在结构中它被较外一层的切角八面体[$6^8 4^6$,图 2.4.1(3)中的阿基米德半正多面体]所包围。切角八面体的形状示于图 8.1.1(b)。

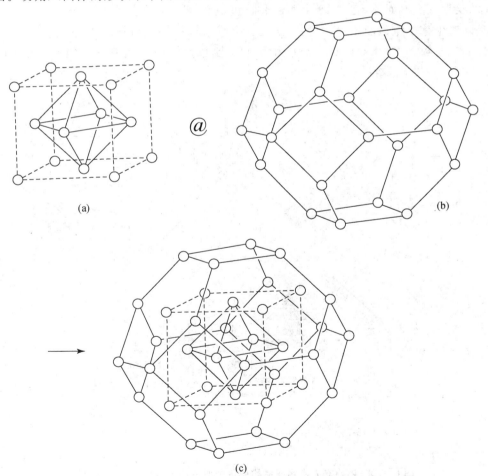

(a)

@

(b)

(c)

图 8.1.1 立方最密堆积结构中八面体被外围多面体多层包合的情况

(a) 立方面心晶胞,(b) 切角八面体的结构,(c) 八面体被立方体和切角八面体多层包合的情况立方晶胞中的八面体是立方最密堆积中的主要多面体,它被立方体和切角八面体多层包合的情况示于图 8.1.1(c)。由图可见,切角八面体的每个六边形面的中心,即为立方体顶点上的原子,它们是密置层的一部分。切角八面体的每个四边形面的中心,向内指向中心八面体的顶点,构成四方锥形体,它是新一个八面体的一半。

在化合物晶体中,一种较大原子(或离子)按立方最密堆积形成的八面体空隙,常被另一种较小的原子(或离子)所占据。例如在 NaCl 晶体中,Cl^- 作立方最密堆积,Na^+ 占据全部八面体空隙。研究这种八面体被周围原子按另一种形式的多面体多层包合的情况,可以帮助我们深入地理解晶体结构的规律和性质。

8.1.2　体心立方密堆积中的多面体

体心立方密堆积是金属元素晶体结构的主要型式之一。在这种堆积中,每个原子周围由多个多面体包围,第一层是由 8 个原子组成的立方体,如图 8.1.2(a),这个图也是这种密堆积晶体的晶胞结构图;第二层是由 6 个原子组成的八面体,如图 8.1.2(b);第三层是由 24 个原子组成的菱形立方八面体,它由 18 个四边形面和 8 个三边形面组成 $[4^{18}3^8]$,是一个二十六面体,也是阿基米德半正多面体之一(见图 2.4.1 中第 5 号)。由中心原子到各层原子之间的距离,若以晶胞参数 a[即图 8.1.2(a)立方体的边长]为单位计算,中心原子到第一层原子的距离为 $0.866a$,第二层为 a,第三层为 $1.658a$。

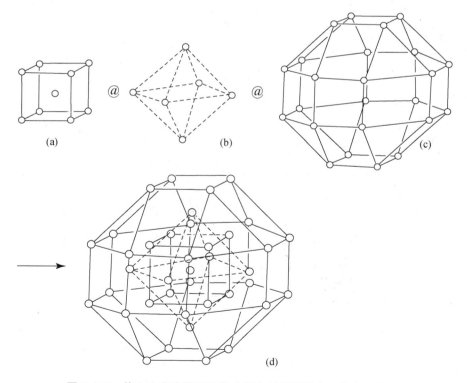

图 8.1.2　体心立方密堆积结构中每个原子周围多面体包合情况

8.1.3　β-三方硼的结构

β-三方硼又称为 β-R105 硼，它的晶体结构属三方晶系。六方晶胞参数为 $a = 1.0944\,nm$，$c = 2.381\,nm$，晶胞中包含 $3 \times 105 = 315$ 个 B 原子，空间群为 $R\bar{3}m$。三方菱面体晶胞参数为 $a = 1014.5\,pm$，$\alpha = 65.28°$，晶胞中包含 105 个 B 原子。在此晶体结构中，存在很有趣的 B_{84} 多面体单元，这个单元可从 B_{12} 出发来理解：中心为 B_{12} 三角二十面体，其中每个 B 原子，向外按径向和 12 个 B_6 "半个三角二十面体"连接，这种连接就像 12 把外翻的伞连接在三角二十面体的每个顶点上，如图 8.1.3 所示。这层的 12 个五边形面通过 B—B 键连接成和球碳 C_{60} 相似的 B_{60} 多面体结构，三层共有 84 个 B 原子。B_{84} 单元的多面体包合结构示于图 8.1.4 中。在晶体中 B_{84} 单元再和 B_{10}—B—B_{10} 单元按对称性要求通过 B—B 键连接成三方晶系的 β-三方硼晶体。

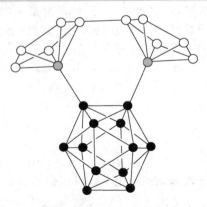

图 8.1.3　内层的 B_{12} 的每个顶点都和一个外向的五角锥单元连接
（图中只示出相邻的两个）

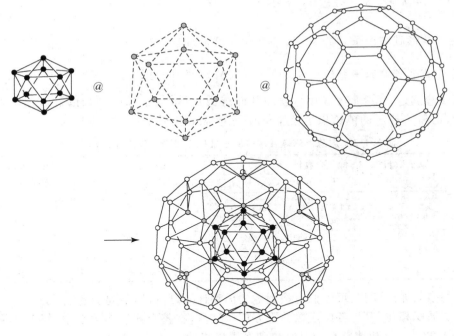

图 8.1.4　β-三方硼结构中的 B_{84} 单元的多个多面体包合情况
（为清楚起见，内层 B_{12} 用黑色，中层 B_{12} 用灰色，外层 B_{60} 用白色）

8.1.4　洋葱形多层球碳的结构

从 1990 年制出常量的球碳 C_{60} 和 C_{70} 以后，人们又相继地制备出洋葱形碳粒和纳米碳管等单质碳的另外多种形态。图 8.1.5 示出洋葱形碳粒的截面图。根据这种碳粒的图形，可以理想化地理解这种碳粒呈准圆球形的多层结构。每一层都可看作形成一个多面体，都是由六边形面和五边形面相互共边连接而成。理想的多层包合结构中,最内层的结构看作由球碳 C_{60} 的多面体构成。从第 2 层起,碳原子的数目可用 $60n^2$ 计算,即第 n 层多面体由 $60n^2$ 个碳原子组成,一层包着一层,如洋葱形的结构。各层碳原子数目(v)、棱边数(e)和面数(f)列于表 8.1.1 中。下面先计算各层的 C 原子数:

$$n = 1, v = 60 \times 1^2 = 60$$
$$n = 2, v = 60 \times 2^2 = 240$$
$$n = 3, v = 60 \times 3^2 = 540$$
$$n = 4, v = 60 \times 4^2 = 960$$
$$\cdots$$
$$n = 10, v = 60 \times 10^2 = 6000$$

洋葱形球碳的化学式可近似地写作:

$$C_{60}@C_{240}@C_{540}@C_{960}@\cdots$$

整个洋葱形球碳的粒子中原子的总数可按下一数列和的公式计算:

$$60(1^2 + 2^2 + 3^2 + \cdots + n^2) = 60\left[\frac{1}{6}n(n+1)(2n+1)\right]$$

按此式可算得:

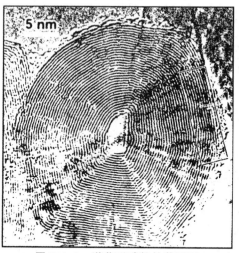

图 8.1.5　洋葱形碳粒的截面图

10 层洋葱形碳粒原子总数为 $60\left[\frac{1}{6} \times 10 \times 11 \times 21\right] = 23\,100$ 个

50 层洋葱形碳粒原子总数为 $60\left[\frac{1}{6} \times 50 \times 51 \times 101\right] = 2\,575\,500$ 个

根据实验测定,洋葱形碳粒中各层间的间距为 0.345 nm,这个数值既和石墨层形分子的间距相近,也和 C 原子的范德华半径加和值 0.344 nm 相近,是一个合理的结构。

表 8.1.1　洋葱形球碳各层的原子数(v)、面数(f)和边的数目(e)

层序数	原子数目 (v)	边数目 ($e=1.5v$)	多边形面数目		整个洋葱形碳粒原子数
			五边形面	六边形面	
1	60	90	12	20	60
2	240	360	12	110	300
3	540	810	12	260	840
$\vdots$	$\vdots$	$\vdots$	$\vdots$	$\vdots$	$\vdots$
10	6000	9000	12	2990	23 100

各层的多面体的面积,可近似地按圆球的面积计算,所得结果列于表 8.1.2 中。将各层面积和第 1 层面积相比,等于各层序数的平方值。这样,在整个洋葱形碳粒中,每个 C 原子所占面积均约 0.025 nm²,和球碳 C_{60} 相同,也和石墨层相近。

表 8.1.2　洋葱形碳粒中各层的多面体的面积

层序数	1	2	3	4	5	$\cdots$	10
半径 r/nm	0.345	0.690	1.035	1.380	1.725		3.45
面积($4\pi r^2$)/nm²	1.50	5.98	13.46	23.93	37.39		149.57
和第 1 层面积的比值	1	4	9	16	25		100

8.2 简单离子化合物结构中的多层多面体

8.2.1 NaCl 晶体结构中离子的配位

了解 NaCl 晶体结构中离子的配位几何学,是了解 NaCl 结构和性质的重要内容。例如,从理论上计算离子的点阵能数据,了解晶体中离子间作用力的本质要从计算 Madelung 常数入手。NaCl 型结构的 Madelung 常数,可根据每个离子周围具有下列配位的几何情况加以计算:

$$\frac{6}{\sqrt{1}} - \frac{12}{\sqrt{2}} + \frac{8}{\sqrt{3}} - \frac{6}{\sqrt{4}} + \frac{24}{\sqrt{5}} - \cdots$$

式中每项分子的数值表示配位原子的数目,分母的数值表示中心离子到该配位离子的距离,它们是以最邻近的 Na^+---Cl^- 距离作为长度单位计算的;各项前的 +,- 号表示离子带电的情

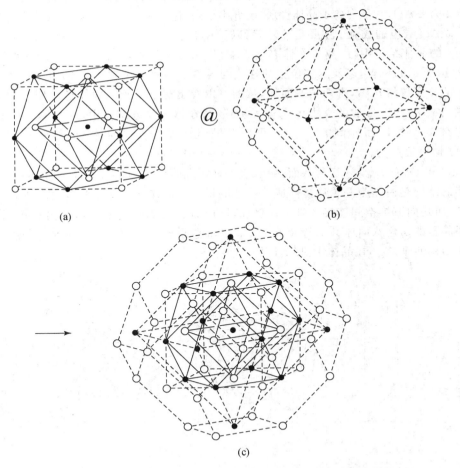

图 8.2.1 NaCl 晶体结构中每个离子的配位多面体

(a) NaCl 立方晶胞中的三层包合,(b) 晶胞外的两层包合,

(c) 中心 Na^+ 外的五层包合

况：中心 Na^+ 带正电荷，和周围异号离子配位，互相吸引定为"＋"值；若配位的是同号离子，互相排斥定为"－"值。

为了形象地理解这种配位的几何关系，可用图 8.2.1 所示的多面体表达。图中黑点（●）代表 Na^+，圈点（○）代表 Cl^-。由图可见，每个 Na^+ 周围的配位可表示为

$$Na^+@[Cl^-]_6（八面体）@[Na^+]_{12}（立方八面体）@[Cl^-]_8（立方体）$$
$$@[Na^+]_6（八面体）@[Cl^-]_{24}（切角八面体）@\cdots$$

这些多面体的对称性较高，每个多面体从顶点到中心点的距离都相同，分别为 $\sqrt{1},\sqrt{2},\sqrt{3},\sqrt{4}$，$\sqrt{5},\cdots$（注意不存在 $\sqrt{7},\sqrt{15}$ 等数值）。图中的 $[Cl^-]_8$ 立方体是常用来表示 NaCl 晶体结构的立方晶胞。

8.2.2　α-AgI 晶体结构中离子的配位多面体

AgI 存在多种晶型。在室温下从水溶液中沉淀制得的晶体为 γ-AgI，属立方 ZnS 型结构，Ag—I 间以共价键为主；在 409～419 K 转变为 β-AgI，属六方 ZnS 型结构；当温度升高到 419 K，转变为 α-AgI，它呈现离子晶体性质，电导率很高，达 $1.3\ \Omega^{-1}cm^{-1}$，比 γ-AgI 的电导率约大 4000 倍。α-AgI 导电的载流子主要是 Ag^+，所以 α-AgI 是一类重要的固体离子导电材料。

α-AgI 的晶体结构中，I^- 离子作体心立方堆积，如图 8.2.2(a) 所示。Ag^+ 统计地分布在如图 8.2.2(b) 所示的位置，以及这些位置的连线的通道上。每个位置 Ag^+ 的占有率为 1/6。将 $(Ag^+)_{1/6}$ 的分布位置作图，得切角八面体，从图可以看出这个切角八面体包合中心的一个 I^-，它的外围又被 8 个 I^- 形成的立方体包合。实际上，在体心立方结构中，立方体顶角上的 8 个 I^- 和立方体的四边形面外侧的 6 个 I^- 可以共同组成菱形十二面体，如图 8.2.2(c) 所示。α-AgI 的结构可表达为：

$$I^-@[(Ag^+)_{1/6}]_{24}（切角八面体）@(I^-)_8（立方体）/(I^-)_{14}（菱形十二面体）\cdots$$

晶体的结构是由晶胞并置连接而成。上述的切角八面体和立方体等多面体在晶体中不是孤立存在，而是向三维空间连接成骨架。例如，根据 Ag^+ 分布位置及通道画出的切角八面体，它和相邻晶胞的切角八面体共面连接在一起，在晶胞原点又出现切角八面体，并遍及整块晶体。这种结构便于 Ag^+ 在晶体中进行迁移。

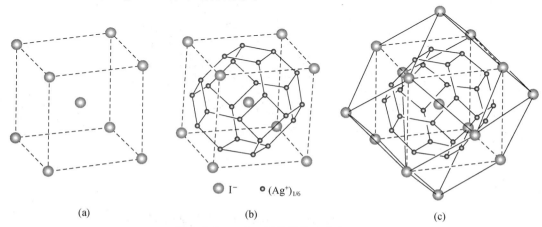

$●\ I^-$　$○\ (Ag^+)_{1/6}$

(a)　　　　　　　　(b)　　　　　　　　(c)

图 8.2.2　α-AgI 晶体结构中的多面体

（a）I^- 的体心立方堆积晶胞，（b）晶胞中 Ag^+ 的统计分布，

（c）$(I^-)_{14}$ 菱形十二面体包合 $[(Ag^+)_{1/6}]_{24}$ 切角八面体的情况

8.3 合金结构中的多层多面体

8.3.1 （Al,Zn)$_{49}$Mg$_{32}$合金的结构

（Al,Zn)$_{49}$Mg$_{32}$立方相合金是已知结构最复杂的合金之一,是 20 世纪 50 年代由 Pauling 等提出多层结构多面体模型。后来经过 M. Audier 等更细致的测定,得到晶体结构数据如下:这个合金属于立方晶系,空间群为 $Im\bar{3}$,晶胞参数 $a = 1425$ pm,$Z = 2$ [（Al,Zn)$_{49}$Mg$_{32}$],晶胞中包含 162 个原子。根据晶体结构测定结果,原子在晶胞中的坐标位置列于表 8.3.1 中。

表 8.3.1 （Al,Zn)$_{49}$Mg$_{32}$的原子坐标参数[*]

原子类型记号	Wyckoff标记	x	y	z	原子种类
A	2(a)	0	0	0	Al
B	24(g)	0	0.0908	0.1501	(Al$_{0.19}$,Zn$_{0.81}$)
C	24(g)	0	0.1748	0.3007	(Al$_{0.43}$,Zn$_{0.57}$)
D	16(f)	0.1836	0.1836	0.1836	Mg
E	24(g)	0	0.2942	0.1194	Mg
F	48(h)	0.1680	0.1860	0.4031	(Al$_{0.36}$,Zn$_{0.64}$)
G	12(e)	0.4002		1/2	Mg
H	12(e)	0.1797		1/2	Mg

[*] 参看：Audier M，Sainfort P and Dubost B. Phil Mag, 1986，B54：L105.

晶胞中的 162 个原子,可用两个完全相同的多层包合的多面体结构描述。这种多面体一个处在晶胞原点,另一个处在晶胞体心位置,即按照体心立方排列共用六边形面连接而成。图 8.3.1 示出处在晶胞中心的多层多面体由内向外各层的结构和组成情况。下面将各层的结构描述于下:

(1) 第 1 层由 12 个记号为 B 的原子[即为（Al$_{0.19}$,Zn$_{0.81}$)统计原子]组成三角二十面体,在这多面体的中心位置包合了 1 个记号为 A 的原子(即 Al 原子),如图 8.3.1(a)所示。

(2) 第 2 层的结构较为复杂,分成两个图[即图 8.3.1(b)和(c)]描述。这层较内的部分由 8 个 D 和 12 个 E 原子(均为 Mg 原子)共同组成五角十二面体,如图 8.3.1(b)所示。这层较外的部分由 12 个 C 原子[即（Al$_{0.43}$Zn$_{0.57}$)统计原子]加帽在较内部分的五角十二面体的各个面上。这两部分共同组成菱形三十面体,如图 8.3.1(c)所示。所以,第 2 层是由 12C,8D 和 12E 原子共同构成具有 32 个顶点、30 个菱形的面组成的菱形三十面体。这种多面体在晶胞的取向为图 8.3.1(b)中的每个原子处在图 8.3.1(a)的每个三角形面的外侧。

(3) 第 3 层由 48 个 F 原子[即（Al$_{0.36}$,Zn$_{0.64}$)统计原子]和 12 个 G 原子(即 Mg 原子)共同组成不规则的切角三角二十面体,如图 8.3.1(d)所示。这种多面体共有 60 个顶点、32 个面。它在晶胞中的相对位置是使每个面对着第 2 层菱形三十面体中的 32 个顶点之上。这层中的每个原子都为相邻的多层包合多面体所共用,每个顶点只有 1/2 个原子属于这个多面体。

(4) 第 4 层由 24 个 H 原子(即 Mg 原子)组成变形的立方八面体层,如图 8.3.1(e)所示。

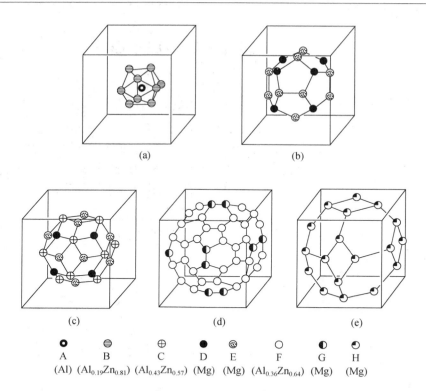

$\odot$ $\ominus$ $\oplus$ ● $\otimes$ ○   ◐   ◓

A   B   C   D   E   F   G   H

(Al) $(Al_{0.19}Zn_{0.81})$ $(Al_{0.43}Zn_{0.57})$ (Mg)   (Mg) $(Al_{0.36}Zn_{0.64})$ (Mg)   (Mg)

图 8.3.1 $Mg_{32}(Al, Zn)_{49}$ 的晶体结构：(**a**) 三角二十面体；(**b**) 五角十二面体；(**c**) 菱面三十面体；(**d**) 三十二面体，即截顶二十面体；(**e**) 切角八面体 (为清楚起见，图中各个多面体只示出直接看到的前面部分，背面的原子没有示出。图中删去了没有在三十二面体面上的 **6** 个 **G** 原子)

这个最外层的多面体原子处在晶胞的面上，为相邻晶胞所共用，而且也为处于晶胞原点上的另一个多面体所共用，实际上每个顶点只有 1/4 个原子属于这个立方八面体。这层原子的相对位置，一方面使图 8.3.1(d) 中的每对 G 原子处于由 H 原子组成的菱面体长对角线内，另一方面使图 8.3.1(d) 中纯由 F 原子组成的六元环套在由 H 原子组成的六元环中，但不在一个平面上。

由此可见，$(Al, Zn)_{49}Mg_{32}$ 的多层包合结构可用下式描述：

Al@12(Al, Zn)(三角二十面体)@[20Mg+12(Al, Zn)](菱形三十面体)

@[48(Al, Zn)+12Mg](切角二十面体)@24Mg(立方八面体)

而组成这多层包合多面体的实际原子数目为：

$$1+12(第 1 层)+32(第 2 层)+\frac{1}{2}(48+12)(第 3 层)+\frac{1}{4}\times 24(第 4 层)=81$$

8.3.2 $Li_{13}Cu_6Ga_{21}$ 的结构

Li 可和 Ga 及少量 Cu 和 Ag 等元素形成三角二十面体为核心的多层多面体结构的合金。$Li_{13}Cu_6Ga_{21}$ 合金属立方晶系，$Im\bar{3}$ 空间群。它的结构可看作以 Ga_{12} 三角二十面体为最内层的核心；其外第 2 层为由 Li_{20} 组成的五角十二面体；第 3 层由 Cu_{12} 组成较大的三角二十面体；第 4 层由 Ga_{60} 组成切角二十面体，即和球碳 C_{60} 相同的多面体。相邻两层的多面体有着对偶关系。图 8.3.2(a) 示出第 1 层和第 2 层的结构，由图可见，第 1 层三角二十面体的顶点正对着第 2 层五角十二面体五边形面的中心。图 8.3.2(b)示出第 3 层和第 4 层的结构。同样地,由 Cu_{12} 组成的三角二十面体的顶点也正对着第 4 层五边形面的中心。第 1,2 层被第 3,4 层包合,第 2 层的五边形面的中心,正对着第 3 层三角二十面体的顶点。这四层多面体包合的结构可表示为:

Ga_{12}(三角二十面体)@Li_{20}(五角十二面体)@Cu_{12}(三角二十面体)@Ga_{60}(切角二十面体)

这四层共有 104 个原子,由它们组成近似球体的结构,平均半径为 654 pm。有些文献称这种结构的多面体为 Samson 多面体(Samson polyhedron)。

在 $Li_{13}Cu_6Ga_{21}$ 结构的体心立方晶胞中,包含有 2 个这种多层多面体,它们通过共用六边形面和共棱连接而成,再在球体之间的空隙中加 Li 和 Ga,使其组成达到 $Li_{13}Cu_6Ga_{21}$。

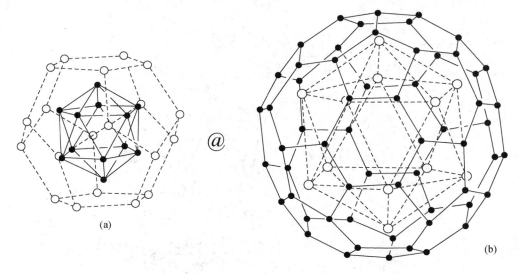

图 8.3.2 $Li_{13}Cu_6Ga_{21}$ 的结构

(a) Ga_{12}(三角二十面体)@Li_{20}(五角十二面体),(b) Cu_{12}(三角二十面体)@Ga_{60}(切角二十面体)

[参看:Tillard-Charbonnel M and Belin C. J Solid State Chem,1991,90:270]

8.4 主族元素簇合物的多层包合结构

近年来,由于合成化学和结构化学的发展,许多主族元素簇合物分子纷纷出现在化学文献之中。它们的原子数目很多、结构复杂,呈现出优美的多面体外形,反映出化学元素包含着无穷潜力,能相互组合出各种人们事先想象不到的分子,启迪着化学家的思维,扩展着化学家的眼界。本节通过几个实例予以介绍。

1. $Al_{50}Cp_{12}^*$ 的结构

$Al_{50}Cp_{12}^*$(Cp^* 为 C_5Me_5)的分子结构为多层包合多面体,如图 8.4.1 所示。内层为(Al_8)簇形成的变形四方反棱柱体,在其中每个 Al 原子都和相邻的 4 个 Al 原子成键。外层由 30 个 Al 原子组成的[$5^{12}3^{20}$]三十二面体是表 2.4.1 所列的阿基米德半正多面体中的第 7 号,它由 12 个五边形面和 20 个三角形面组成,它包合着内部的(Al_8)四方反棱柱体。为清楚起见,更外部由 12 个 Al 加帽在 12 个五边形面上形成的更大的三角二十面体,以及由这 12 个 Al 原子外接的 12 个 Cp^* 都没有单独画出。

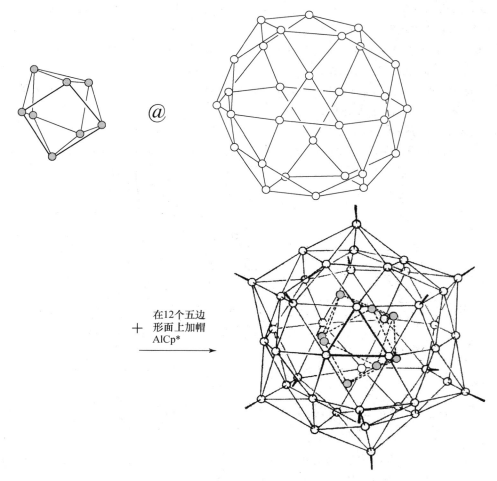

图 8.4.1　Al₅₀Cp*₁₂ (Cp* 为五甲基环戊二烯基) 的分子结构

（为清楚起见，将 Cp* 单元删去，只保留外层 12 个 Al 原子指向环中心的键，

带阴影的原子代表中心的变形四方反棱柱 Al₈ 的组成部分）

（参看 J. Vollet 等的文章：Angew Chem Int Ed, 2004, 43: 3186～3189）

2. $Ga_{84}[N(SiMe_3)_2]_{20}^{4-}$ 的结构

$Ga_{84}[N(SiMe_3)_2]_{20}^{4-}$ 的结构由内到外由四部分组成：Ga_2 单元、Ga_{32} 层、Ga_{30} 带和 $20Ga[N(SiMe_3)_2]$ 层。Ga_2 单元处于整个离子的中心，Ga—Ga 键长 235 pm，与 Ga≡Ga 三重键键长 232 pm 相近。Ga_{32} 层形似两端加帽的橄榄球，如图 8.4.2(b) 所示。$Ga_2@Ga_{32}$ 单元被一条由 30 个 Ga 原子组成的宽带包围，如图 8.4.2(c) 所示。最后，这个 $Ga_2@Ga_{32}@G_{30}$ 骨架被 20 个 $Ga[N(SiMe_3)_2]$ 基团配位连接，形成负离子簇 $Ga_{84}[N(SiMe_3)_2]_{20}^{4-}$ 的结构，如图 8.4.2(d)。整个离子的直径接近 2 nm。

3. $Li_{26}(\mu_6\text{-O})(PR)_{12}$ 的结构

$Li_{26}(\mu_6\text{-O})(PR)_{12}$ 和 $Li_{26}(\mu_6\text{-O})(AsR)_{12}$ 具有相似的结构，这种结构可从多面体的多层包合来理解。

在 $Li_{26}(\mu_6\text{-O})(PR)_{12}$ 的结构中，O 原子由 6 个呈八面体位置排列的 Li 原子所包围。Li_6

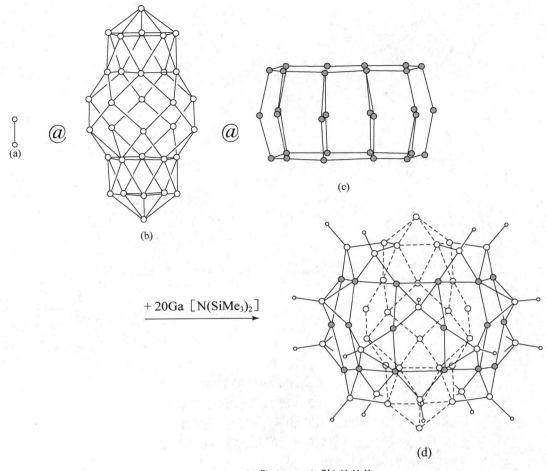

图 8.4.2 Ga₈₄[N(SiMe₃)₂]₂₀⁴⁻ 的结构

[大的球(包括带阴影的和不带阴影的)代表 Ga 原子,小的球代表 N 原子]

(a) 中心的 Ga₂ 单元;(b) Ga₃₂ 层;(c) 30 个 Ga 原子"带";(d) Ga₈₄[N(SiMe₃)₂]₂₀⁴⁻

的前面部分(Ga₂ 和在前后的 N 没有示出,Ga₃₂ 层用虚线相连,30 个 Ga 原子"带"

用阴影表示,对 N(SiMe₃)₂ 配位体只示出直接和 Ga 原子相连的 N 原子)

(参看 A. Schnepf 等的文章:Angew Chem Int Ed, 2002, 41:3532~3552)

又为由 20 个 Li 原子呈五角十二面体的 Li₂₀ 包合,同时又为由 12 个 P 原子组成的三角二十面体的 P₁₂ 包合,这两种多面体分别示于图 8.4.3(a)和(b)中。由于中心 Li₆O 与周边的 Li₂₀ 十二面体的 Li 原子和周边的 P₁₂ 二十面体的 P 原子的距离相近,可看作 Li₆O 八面体同时被一个由 20 个 Li 原子和 12 个 P 原子组成的五锥合十二面体所包合(这种 32 个顶点、60 个面的多面体的结构可参看示于图 2.6.1 中的卡塔蓝多面体第 8 号),图 8.4.3(c)示出它的结构。

Li₂₆(μ₆-O)(PR)₁₂ 的结构式可表达为:

O(中心)@Li₆(八面体)@Li₂₀(五角十二面体)@P₁₂(三角二十面体)

或者可表达为:

O(中心)@Li₆(八面体)@Li₂₀P₁₂(五锥合五角十二面体)

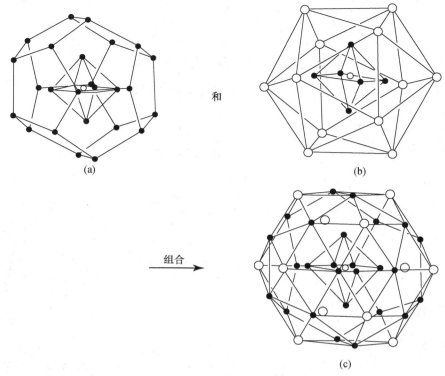

图 8.4.3　$Li_{26}(\mu_6\text{-}O)(PR)_{12}$ 的结构

(a) O@Li_6(八面体)@Li_{20}(五角十二面体),

(b) O@Li_6(八面体)@P_{12}(三角二十面体),

(c) O@Li_6(八面体)@$Li_{20}P_{12}$(五锥合五角十二面体)

(参看 M. Driess 等写的文章: Angew Chem Int Ed,1999,38:2733)

4. $Si_{60}C_{60}$: 一个假想的双层包合球碳化合物

球碳 C_{60} 被发现后,化学家们设想能否存在由两层包合的球碳型化合物 C_{60}@Si_{60}。由于 Si 原子较大,Si—Si 键较长,内层球碳分子包合在 Si_{60} 球体之内,并在层间通过 Si—C 键结合在一起。在这分子中,C 原子的 4 个化学键(3 个 C—C 键,1 个 Si—C 键)接近四面体形排布。Si 原子的 4 个化学键(3 个 Si—Si 键,1 个 Si—C 键)形成反四面体形。这种具有 I_h 点群对称性的 C_{60}@Si_{60} 分子结构如图 8.4.4 所示。

对 C_{60}@Si_{60} 分子进行量子化学计算,优化其几何构型,得到 C_{60} 和 Si_{60} 两层的半径从原来所给的数据都有增大。C_{60} 层半径由 355 pm 增大到 373 pm,Si_{60} 半径由 524 pm 增大到 575 pm。两层间的距离为 202 pm,基本上保持原来所给数值。计算结果显示,能量最低时对应的结构是合理的,具有稳定的电子组态。希望这个分子能早日面世。

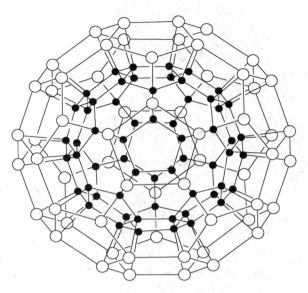

图 8.4.4 Si$_{60}$C$_{60}$分子的结构

(参看 O. Osawa 等写的文章：Fullerene Science and Technology，1995，3(2)：225～239)

8.5 过渡金属簇合物结构中的多层包合多面体

8.5.1 八面体、立方八面体和切角八面体间的包合

1. [Pt$_{38}$(CO)$_{44}$H$_m$]$^{2-}$

在[Pt$_{38}$(CO)$_{44}$H$_m$]$^{2-}$簇合离子中，38 个 Pt 原子可分为内外两层：内层由 6 个 Pt 原子组成八面体；外层由 32 个原子组成切角八面体，其中 24 个处在顶角上，8 个处在 8 个六边形面的中心位置，如图 8.5.1 所示。[Pt$_{38}$(CO)$_{44}$H$_m$]$^{2-}$中金属原子簇的结构可表示为：

$$\text{Pt}_6(\text{八面体})@\text{Pt}_{32}(\text{切角八面体})$$

2. [Ni$_{38}$Pt$_6$(CO)$_{48}$H$_{6-n}$]$^{n-}$

在[Ni$_{38}$Pt$_6$(CO)$_{48}$H$_{6-n}$]$^{n-}$原子簇离子中，有 38 个 Ni 和 6 个 Pt，计 44 个金属原子。6 个 Pt 组成内层较小的八面体。38 个 Ni 原子组成外层大的八面体：6 个 Ni 原子处在大八面体顶点上，8 个处在大八面体面的中心，剩余 24 个处在大八面体 12 条棱边上，在每个棱距离顶点的 1/3 和 2/3 处各放一个。图 8.5.2 示出[Ni$_{38}$Pt$_6$(CO)$_{48}$H$_{6-n}$]$^{n-}$（$n=4,5$）中金属原子的排列。此(Ni$_{38}$Pt$_6$)金属原子簇的结构可表达为：

$$\text{Pt}_6(\text{八面体})@\text{Ni}_{38}(\text{八面体})$$

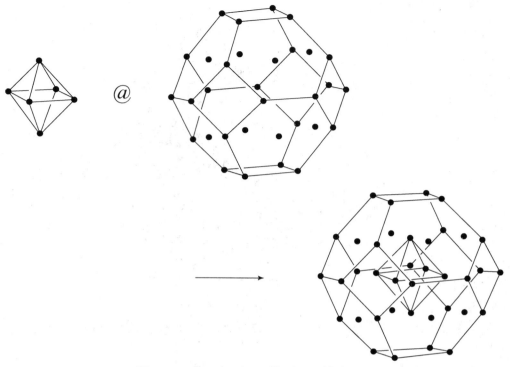

图 8.5.1 [Pt$_{38}$(CO)$_{44}$H$_m$]$^{2-}$ 中 Pt$_{38}$簇的结构

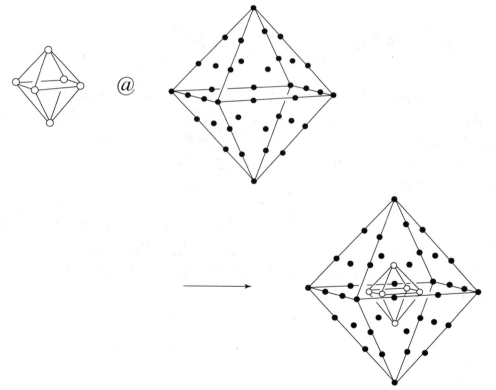

图 8.5.2 在[Ni$_{38}$Pt$_6$(CO)$_{48}$H$_{6-n}$]$^{n-}$($n=4,5$)中(Ni$_{38}$Pt$_6$)簇的结构

3. $Au_{55}(PPh_3)_{12}Cl_6$

$Au_{55}(PPh_3)_{12}Cl_6$ 分子是由大小两个立方八面体包合形成的高核金的簇合物。其内层为一带心的小立方八面体,和单质金的立方最密堆积中每个金原子的周围配位情况相同[见图6.6.1(a)所示],这内层共计 13 个 Au 原子。外层则由 42 个 Au 原子组成一个大的立方八面体,它们分别分布在 12 个顶角、6 个四方形平面的中心和 24 条边的中心点上。12 个顶角上的每个 Au 原子外接一个 PPh_3 基团,每个四方形平面上的 Au 原子外接 1 个 Cl 原子。由此结构可见,55 个 Au 原子簇可用下式表达其结构:

$$Au@Au_{12}(立方八面体)@Au_{42}(立方八面体)$$

图 8.5.3 示出在 $Au_{55}(PPh_3)_{12}Cl_6$ 分子中 Au_{55} 簇的结构。

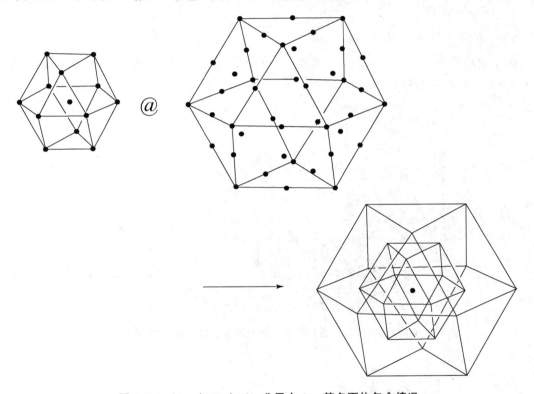

图 8.5.3 $Au_{55}(PPh_3)_{12}Cl_6$ 分子中 Au_{55} 簇多面体包合情况

8.5.2 三角二十面体间的包合

一些过渡金属簇合物由多层三角二十面体包合组成。这些簇合物最外层的金属原子和配位体结合,可以防止分子之间的金属原子相互接触而结合成大的金属微粒,保持簇合物的稳定存在。若干 Au,Pt,Pd,Ru,Rh 等金属簇合物中的金属原子,形成一层一层的三角二十面体结构。表 8.5.1 列出一些多层三角二十面体结构的簇合物实例。

表 8.5.1　多层三角二十面体结构的簇合物

层数	金属原子数	实例[①]
单层	13	$[Au_{13}(PMePh_2)_{10}Cl_2]^{3+}$
两层	55	$Ru_{55}(P^tBu_3)_{12}Cl_{20}$
		$Rh_{55}(P^tBu_3)_{12}Cl_{20}$
		$Pt_{55}(As^tBu_3)_{12}Cl_{20}$
三层	147	—
四层	309	$Pt_{309}(phen^*)_{36}O_{30\pm10}$
五层	561	$Pd_{561}(phen)_{36}O_{190\sim200}$

① phen 为 1,10-菲咯啉 ( )

phen* 为 4,7-$(C_6H_4SO_3^-Na^+)_2$phen·$2H_2O$

单层的结构为由 12 个金属原子组成的三角二十面体,其中心包合一个金属原子,如图 8.5.4所示,图的右边示出一个面的结构。

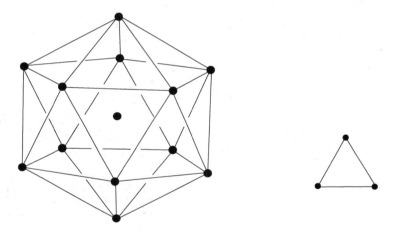

图 8.5.4　单层三角二十面体包合一个金属原子的结构(右边为面的结构)

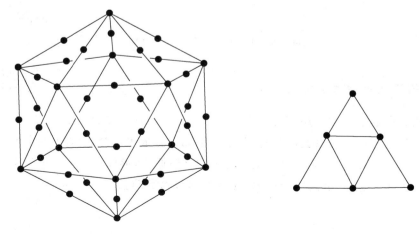

图 8.5.5　双层包合物中外层三角二十面体和面上原子的排列

图 8.5.5 示出两层三角二十面体的过渡金属簇合物外层 42 个原子的排布。这 42 个金属原子分布在顶角上有 12 个,分布在 30 条棱的中心有 30 个。包括内部包合的原子整个金属簇计 55 个原子,它的结构可表达为:

$$M@M_{12}(三角二十面体)@M_{42}(三角二十面体)$$

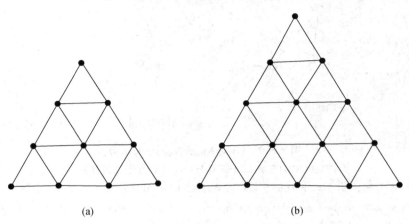

(a)   (b)

图 8.5.6 **(a)第 3 层和(b)第 4 层三角二十面体面上原子的排列**

图 8.5.6 示出第 3 层和第 4 层三角二十面体面上原子的排列。按此结构可推出三角二十面体第 n 层上原子的数目:

$n=1$,　12(顶点)

$n=2$,　12(顶点)+30(边的中心点)=42 个

$n=3$,　12(顶点)+2×30(边上原子)+20(面中心)=92 个

$n=4$,　12(顶点)+3×30(边上原子)+3×20(面上原子)=162 个

所以第 n 层由($10n^2+2$)个原子组成三角二十面体。由 n 层包合的原子簇中原子的总数:

1 层	2 层	3 层	4 层	5 层	n 层
13	55	147	309	561	$\left[1+\sum(10n^2+2)\right]$

上述原子排布的三角二十面体结构称为 Mackay 三角二十面体模型。这种结构已得到许多实验所证实,如用 EXAFS、NMR 谱、X 射线衍射、电子衍射等。这些结构也反映了金属原子簇和金属晶体中原子排列的相似性。

8.5.3　三角二十面体和五角十二面体的包合

在 $[PBu_4^+]_3[As@Ni_{12}@As_{20}]^{3-}\cdot1.5en$ 晶体中,负离子 $[As@Ni_{12}@As_{20}]^{3-}$ 的结构示于图 8.5.7。中心 As 原子由 12 个 Ni 原子组成的三角二十面体所包合,而这个多面体又由 20 个 As 原子组成的五角十二面体所包合。其结构可表达为:

$$As@Ni_{12}(三角二十面体)@As_{20}(五角十二面体)$$

在这个结构中,三角二十面体的每个顶点都指向五角十二面体的每个面的中心。这个负离子的理想的对称性属于 I_h 点群。在实际晶体中,由于受周围配位原子的影响,对称性要降低。

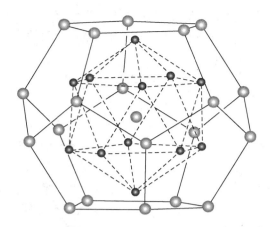

图 8.5.7　[As@Ni$_{12}$@As$_{20}$]$^{3-}$ 的结构

As@Ni$_{12}$(三角二十面体)@As$_{20}$(五角十二面体)

[参看 M. J. Moses，J. C. Fettinger and B. W. Eichhorn. Interpenetrating As$_{20}$ fullerene and Ni$_{12}$ icosahedra in the onion-skin[As@Ni$_{12}$@As$_{20}$]$^{3-}$ ion. Science，2003，300：778～780]

参　考　文　献

[1]　周公度,段连运. 结构化学基础(第 5 版)[M]. 北京：北京大学出版社,2018.

[2]　麦松威,周公度,李伟基. 高等无机结构化学(第 2 版)[M]. 北京：北京大学出版社,2006.

[3]　Mak T C W and Zhou G-D. Crystallography in Modern Chemistry：A Resource Book of Crystal Structures [M]. New York：Wiley-Interscience，1992.

[4]　Echeverria J，Casanova D，Llunell M，Alemany P and Alvarez S. Molecules and Crystals with both Icosahedral and Cubic Symmetry [J]. Chem Comm，2008，2717～2725.

[5]　Mingos D M P and Wales D J. Introduction to Cluster Chemistry [M]. New Jersey：Prentice-Hall，1990.

第9章 晶体学中的多面体

9.1 晶体的结构特征和晶胞多面体

9.1.1 晶胞和点阵

人们对晶体内部结构进行研究,发现在晶体中原子或分子的排列具有三维空间的周期性,隔一定距离重复出现。这种周期性排列的规律是晶体结构最基本的特征。晶体是由原子或分子在空间按一定规律周期重复地排列构成的固体物质。

晶体中原子在三维空间重复排列的周期很小,约为纳米量级。每个重复单元都具有相同的化学组成、相同的空间结构、相同的排列取向、相同的周围环境。组成晶体的这种基本单元叫结构基元(structural motif)。结构基元是晶体的基本结构单位,它通过平移在空间重复地出现。

为了描述晶体的内部结构,了解原子排列的周期性,常将晶体按实际的结构划分成晶胞或抽象出点阵进行研究。

按照晶体内部结构的周期性,划分出一个个大小和形状完全一样的平行六面体,以代表晶体结构的基本重复单位,称为晶胞。将晶胞并置排列即成晶体。晶胞的形状一定是平行六面体。图 9.1.1 示出晶胞的形状。不同晶体的晶胞形状用晶胞参数表达。晶胞参数指 3 条边的长度 a,b,c 和 3 条边的坐标轴间的夹角 α,β,γ。不同的晶体其晶胞参数是不相同的。

点阵是将晶体每个结构基元(即划分所得的最小晶胞所包含的全部内容)抽象成一个几何学上的点来代表,而不考虑结构基元中包含的具体内容和结构。点阵只反映晶体结构中结构基元在空间周期排列的重复方式。从晶体中无数个

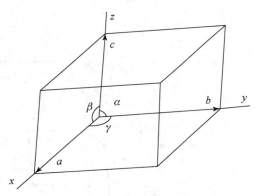

图 9.1.1 晶胞平行六面体

结构基元抽象出来的一组无限个全同点的集合,形成一个点阵(lattice)。点阵中每个点都有着相同的周围环境,可任意选 3 个和它近邻的点画不相平行的两点之间的矢量 a,b,c,它们的长度和彼此间的夹角 α,β,γ 称为点阵参数,它和该晶体的晶胞参数是一致的。

图 9.1.2 画出 CsCl 晶体的两种晶胞(a)和(b),其中(a)是常见于文献的一种简单画法。由于立方体晶胞的轮廓线划定了顶点上的 8 个小球所代表的 Cs^+ 离子,每一个 Cs^+ 都只有1/8在晶胞内,所以晶胞内包含 1 个 Cs^+ 和 1 个 Cl^-。图(b)是将 Cs^+ 和 Cl^- 画大,使相互之间接触,并且将不属于晶胞内的那部分原子切除掉,生动形象地表达出立方晶胞内部包含 1 个 Cs^+ 和 1 个 Cl^- 的含义。图(c)将整个晶胞的内容用一个点表示,即每个点阵点代表一个结构基

元,即 1 个 Cs^+ 和 1 个 Cl^-。将这些点阵点按点阵参数画线连接成的单位称为点阵单位。将整个点阵画成格子,称为晶格。

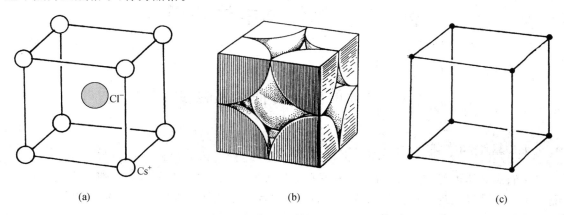

(a)　　　　　　　　　　(b)　　　　　　　　　　(c)

图 9.1.2　CsCl 晶体结构的晶胞(a)和(b)以及它的点阵单位(c)

晶格和点阵有相同的意义。点阵强调的是代表结构基元在空间的排列,它反映的周期排列方式是唯一的;晶格强调的是按点阵单位划出来的格线,由于点阵单位的划分有一定的灵活性,所以不是唯一的。图 9.1.3 示出点阵和晶格。图中示出同一套点阵画出两种不同形状的平行六面体的点阵单位及相应的晶格。

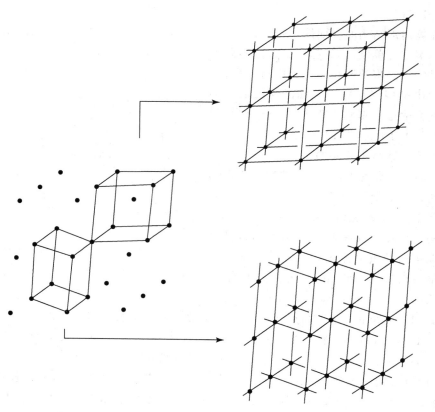

图 9.1.3　晶格和点阵:同一套点阵画出两种不同形状的平行六面体的点阵单位及相应的晶格

9.1.2 晶体结构的对称性

晶体的内部结构和晶体的外形具有一定的对称性。晶体的点对称元素有四类：

(1) 旋转操作对应的旋转轴，n；

(2) 反映操作对应的镜面，m；

(3) 反演（或倒反）操作对应的对称中心，$\bar{1}$ 或 i；

(4) 旋转反映操作对应的反轴，$\bar{n}$。

由于受晶体点阵的制约，晶体中的旋转轴轴次 n 只有 1，2，3，4，6；反轴的轴次 $\bar{n}$ 也只有 $\bar{1}$，$\bar{2}$，$\bar{3}$，$\bar{4}$，$\bar{6}$。

根据晶体所具有的特征对称元素，可将晶体分成 7 个晶系，如表 9.1.1 所示。

当晶体具有一个以上对称元素时，这些点对称元素一定要通过一个公共点。将这些点对称元素通过一个公共点，按一切可能性组合起来总共有 32 种类型，这 32 种类型相应的对称操作群称为 32 种晶体学点群，列于表 9.1.1 中。表中对每个点群所列的符号前半为 Shönflies（熊夫利斯）符号，后半为简化的国际符号。

表 9.1.1　晶系和点群

晶系	特征对称元素	点群
立方晶系	4 个按立方体对角线排列的方向上有三重轴	$T\text{-}23, T_h\text{-}m\bar{3}, T_d\text{-}\bar{4}3m, O\text{-}432$ $O_h\text{-}m\bar{3}m$
六方晶系	在一个方向上有六重轴	$C_6\text{-}6, C_{3h}\text{-}\bar{6}, C_{6h}\text{-}6/m, D_6\text{-}622$ $C_{6v}\text{-}6mm, D_{3h}\text{-}\bar{6}m2, D_{6h}\text{-}6/mmm$
三方晶系	在一个方向上有三重轴	$C_3\text{-}3, C_{3i}\text{-}\bar{3}, D_3\text{-}32, C_{3v}\text{-}3m, D_{3d}\text{-}\bar{3}m$
四方晶系	在一个方向上有四重轴	$C_4\text{-}4, S_4\text{-}\bar{4}, C_{4h}\text{-}4/m, D_4\text{-}422$ $C_{4v}\text{-}4mm, D_{2d}\text{-}\bar{4}2m, D_{4h}\text{-}4/mmm$
正交晶系	三个互相垂直的二重轴，或两个互相垂直的镜面	$D_2\text{-}222, C_{2v}\text{-}mm2, D_{2h}\text{-}mmm$
单斜晶系	一个二重轴或镜面	$C_2\text{-}2, C_s\text{-}m, C_{2h}\text{-}2/m$
三斜晶系	无	$C_1\text{-}1, C_i\text{-}\bar{1}$

9.1.3 晶族和空间点阵类型

根据晶体的对称性选择平行六面体晶胞（或点阵单位），要遵循下列三条原则：

(1) 所选的平行六面体应能反映晶体的对称性；

(2) 晶胞参数中轴的夹角 α, β, γ 为 90° 的数目最多；

(3) 在满足上述两个条件下，所选的平行六面体的体积最小。

根据这三条原则，7 个晶系的晶体可选择如图 9.1.4 所示的 6 种几何特征的平行六面体为晶胞（或点阵单位）。每种几何特征的晶胞和一种晶族相对应。晶族（crystal family）是按上述选择晶胞的三个原则的几何特征为依据，将晶体分成 6 类的名称。由表 9.1.2 可见，除了将六方晶系和三方晶系合为一个六方晶族外，其他各个晶族都和晶系相同。晶族的记号为：三斜晶族用记号 a（anorthic），而不用 t（triclinic），以便和四方晶族 t（tetragonal）区分开；立方晶族用 c（cubic）；六方晶族用 h（hexagonal）；正交晶族用 o（orthorhombic）；单斜晶族

用 m（monoclinic）等。

根据上述 6 种晶胞平行六面体的几何特征、晶体结构的对称性及点阵点在晶胞（或点阵单位）中的分布，可以推出晶体点阵结构只存在 14 种空间点阵类型，它又称为 Bravias（布拉维）点阵类型。表 9.1.2 列出晶族、晶胞的几何特征及空间点阵类型。图 9.1.5 示出 14 种空间点阵类型图。

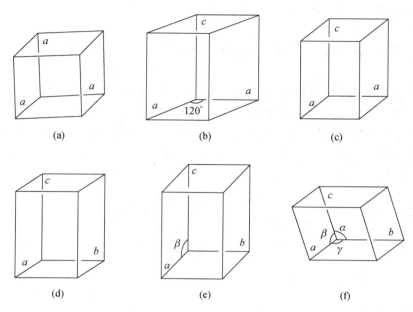

图 9.1.4　6 种晶族中晶胞的几何特征

表 9.1.2　晶族、晶胞的几何特征及空间点阵类型

晶族	记号	晶系	晶胞的几何特征（图 9.1.4 中的编号）	空间点阵类型*
三斜	a	三斜	$a \neq b \neq c$，$\alpha \neq \beta \neq \gamma$(f)	aP
单斜	m	单斜	$a \neq b \neq c$，$\alpha = \gamma = 90°$，$\beta \neq 90°$(e)	mP，mC(mA，mI)
正交	o	正交	$a \neq b \neq c$，$\alpha = \beta = \gamma = 90°$(d)	oP，oI，oF，oC(oA，oB)
四方	t	四方	$a = b \neq c$，$\alpha = \beta = \gamma = 90°$(c)	tP，tI
六方	h	三方	$a = b \neq c$，$\alpha = \beta = 90°$，$\gamma = 120°$(b)	hP，hR
		六方	$a = b \neq c$，$\alpha = \beta = 90°$，$\gamma = 120°$(b)	hP
立方	c	立方	$a = b = c$，$\alpha = \beta = \gamma = 90°$(a)	cP，cI，cF

　*空间点阵类型记号中 P 表示素点阵（primitive lattice），I 表示体心点阵（body-centered lattice，I 来自德文 innenzentriert），F 表示面心点阵（face-centered lattice），A(B，C)分别表示 A 面（B 面或 C 面）带心点阵（A-centered lattice），R 表示菱面体点阵（rhombohedral lattice）。

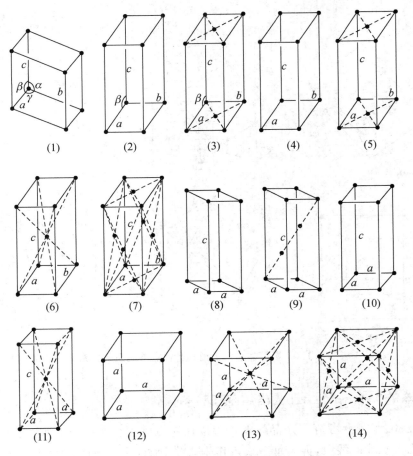

图 9.1.5 14 种空间点阵型式

(1) 简单三斜(aP),**(2)** 简单单斜(mP),**(3)** C 心单斜(mC),**(4)** 简单正交(oP),

(5) C 心正交(oC),**(6)** 体心正交(oI),**(7)** 面心正交(oF),**(8)** 简单六方(hP),

(9) R 心六方(hR),**(10)** 简单四方(tP),**(11)** 体心四方(tI),

(12) 简单立方(cP),**(13)** 体心立方(cI),**(14)** 面心立方(cF)

常见于文献的菱面体晶胞的几何特征为:$a=b=c,\alpha=\beta=\gamma<120°$,如图 9.1.6(a)所示。根据上述选择晶胞的原则它没有被选上。菱面体晶胞不是某个晶系的特征晶胞,它和六方晶系、三方晶系及立方晶系都有关系。简单六方点阵类型(hP)可划出体积大三倍的菱面体复晶胞,如图 9.1.6(b)所示。R 心六方点阵类型(hR)可划出体积小三倍的菱面体素单位,如图 9.1.6(c)所示。立方晶系晶体的简单立方(cP)、体心立方(cI)和面心立方(cF)等点阵类型都和菱面体点阵单位有关。$\alpha=90°$ 的特殊菱面体即为立方体,如图 9.1.6(d);$\alpha=109.47°$ 的菱面体素单位可从体心立方点阵中画出,如图 9.1.6(e);$\alpha=60°$ 的菱面体素单位可从面心立方点阵中画出,如图 9.1.6(f)。

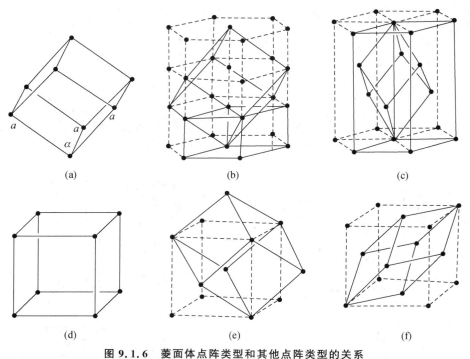

图 9.1.6　菱面体点阵类型和其他点阵类型的关系

9.1.4　点阵的 Wigner-Seitz(威格纳-塞茨)多面体

　　Wigner-Seitz 多面体是在一个晶体点阵中取任一点阵点作为原点 O，由它向周围近邻的或次近邻的点阵点作一线段，再对每一线段作垂直平分面，这些面围绕 O 点围成的多面体称为 Wigner-Seitz 多面体。

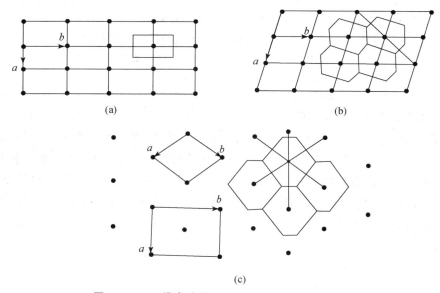

图 9.1.7　二维点阵单位和 Wigner-Seitz 多边形面

下面先从三个二维点阵划分出点阵单位和 Wigner-Seitz 多边形面为例加以说明。图 9.1.7(a)示出在一组点阵点中,左右两边分别画矩形点阵单位和 Wigner-Seitz 矩形四边形面。图 9.1.7(b)左边示出单斜点阵单位,右边示出 Wigner-Seitz 六边形面。这些多边形面正好铺满整个平面。图 9.1.7(c)左边示出菱形简单点阵单位和惯用的 C 心矩形点阵单位;右边示出 Wigner-Seitz 六边形面,它只含一个点阵点,按它平移可以铺满整个平面而不留空隙。

对于三维点阵,Delaunay 于 1933 年根据晶体的 14 种 Bravias 空间点阵类型的对称性和点阵参数的几何数据,推出 24 种 Wigner-Seitz 多面体,如图 9.1.8 所示。

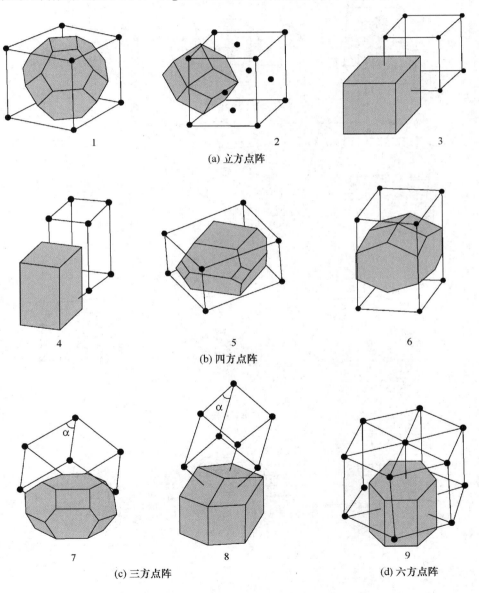

(a) 立方点阵

(b) 四方点阵

(c) 三方点阵 (d) 六方点阵

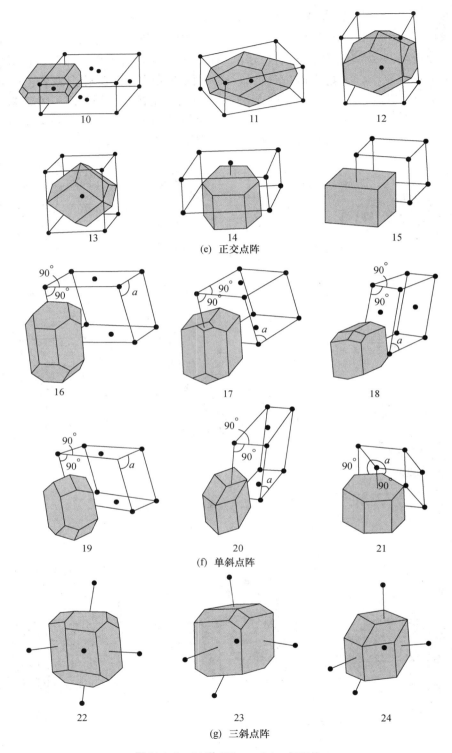

图 9.1.8　24 种 Wigner-Seitz 多面体

在晶体点阵中,Wigner-Seitz 多面体具有下列特性:

(1) 这些多面体像平行六面体的晶胞一样,可以不留空隙地堆砌出整个空间,所以文献中称它为 Wigner-Seitz 晶胞(Wigner-Seitz cell)。由于本书的主题是多面体以及避免和前面讨论的晶胞概念相混淆,故改冠以多面体的名称。

(2) Wigner-Seitz 多面体全部是平行多面体,即它是由一对一对的平行而相同的多边形面围合而成,它可以是平行六面体,也可以是多达六七对平行面组成的十二面体和十四面体。

(3) Wigner-Seitz 多面体中只包含一个点阵点,它处在多面体中心位置,是简单的单位。它的形状完全由点阵点周围邻近的点阵点在空间的分布所决定,它反映了点阵点的配位和环境。

(4) Wigner-Seitz 多面体全部为凸多面体,它的对称性和晶体点阵的点群相同,都是中心对称的多面体。

晶体点阵的倒易点阵的 Wigner-Seitz 多面体是固体物理中计算能带时用到的最便捷的结构单元,它在物理中有重要意义。Wigner-Seitz 多面体在结构化学中的作用尚有待探索研究。

9.2 晶体外形多面体

9.2.1 晶体外形多面体的特征

在人们心目中,晶体是那些亮晶晶的物体,它们晶莹透明、晶面光洁、晶棱笔直,美丽而完整,具有多面体的外形。图 9.2.1 示出一些晶体的多面体外形。晶体的外形由它的内部结构所决定,是晶体外观所表现的特性之一。

由于在一定条件下晶体是热力学的平衡态,每一种确定组成的固态化合物对应着一种晶体。又由于原子间作用力的制约,晶体倾向于形成凸多面体的形状。有关多面体的各种知识为研究晶体的生长、晶体的外形、晶体的对称性、晶体切割加工成元件的方法以及晶体物理性质的研究等等,提供了重要的基础。有关晶体的多面体外形知识也是寻矿探宝的重要依据。

化学反应和工业生产所得的固态产品中,大多数是晶体,例如食盐、砂糖、草酸、尿素、碳酸氢铵等。当仔细观察每种晶体的形状,例如一粒一粒地对比数以百计的单晶冰糖的晶粒,虽然不可能找到两粒在大小和形状上完全相同的晶体,但可以判断它们确实是同一品种的晶粒。究竟这些晶粒之间有哪些差异,又有哪些相同之处呢?

晶粒间的差异是由于晶体结晶生长时周围环境不同所引起。一颗晶粒在生长过程中不同的晶面生长速度不完全相同,使得由对称性联系的晶面大小形状不同,甚至使有的晶面逐渐消失而不出现,晶体的形态因晶面的大小和形状差别各不相同。

同一种晶体,它的内部结构相同,点阵结构当然也相同。晶体的点阵结构使晶体能自发地生长成凸多面体。每个凸多面体中晶面的数目(f)、顶点的数目(v)和晶棱的数目(e)一定符合 Euler 规则,即

$$f+v=e+2$$

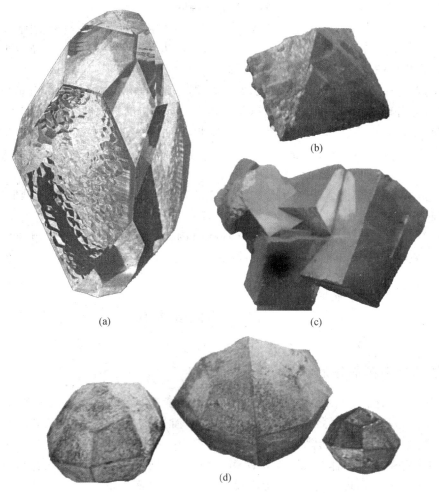

图 9.2.1 一些晶体的多面体外形

(a) 石英(SiO_2),**(b)** 萤石(CaF_2),**(c)** 黄铁矿(FeS_2),**(d)** 白榴石($KAlSi_2O_6$)

若观察到晶体中出现凹多面体的晶粒,则这颗晶粒一定是由双晶或晶体的连生等情况所引起。

由于同一种晶体的内部点阵结构相同,对应晶面之间的夹角恒等,不会随着晶面大小的不同而改变。这一规律早在 1669 年由 Steno(斯丹诺)提出,称为晶面夹角守恒定律(law of constancy of interfacial angle)。某些晶面夹角的具体数值是每种晶体特有的常数。通过对晶面间夹角的测定可以判别晶体的品种。以此定律为依据,通过对晶面间角度的测量和晶面的投影,可以揭示出晶体的对称性,绘制出理想的晶体形态图,为几何晶体学一系列规律的研究打下基础,并为晶体的内部结构的探索给出有益的启发。图 9.2.2 示出各种外形的石英晶体中,相应的晶面夹角都是一个确定的数值:

$$\angle(r,m)=141.78°, \quad \angle(r,z)=133.55°, \quad \angle(m,m)=120°$$

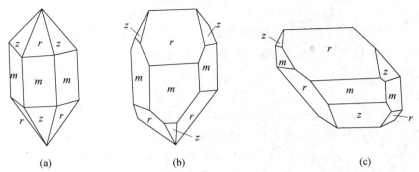

图 9.2.2 晶面夹角守恒定律示例（不同形状的石英晶体相应的晶面 m, r, z 间的夹角）

9.2.2 晶体外形多面体的理想形态

晶体外形多面体的理想形态,是指在多面体中晶面的大小形状以及面的数目和排布都符合对称性的要求。例如,一个和 4 重轴垂直的晶面一定是正四边形面;和 4 重轴平行的晶面一定有 4 个面,它们大小和形状都相同。

晶体外形中晶面的理想形态可分为两类:一类是指一个晶体的全部晶面相互间由对称性联系,它们等大同形,这种晶体的形态称为单形;另一类是一个晶体的理想外形由两种或两种以上相互没有对称性联系的晶面组成,称为聚形。

根据实际的晶体形态的对称性和晶面间的夹角数据,可以绘制出晶体的理想形态。图 9.2.3 示出若干晶体的理想形态。图中 (a) 氯化钠 $NaCl$,(b) 明矾 $KAl(SO_4)_2$,(c) 石榴子石 $(Mg, Fe, Mn)_3 Al_2 [SiO_4]_2$ 和 (d) 方解石 $CaCO_3$,这四个外形都是单形;(e) 金红石 TiO_2,(f) 硫酸镁(泻盐)$MgSO_4 \cdot 7H_2O$ 和 (g) 硫酸铜(胆矾)$CuSO_4 \cdot 5H_2O$,这三个外形都是聚形。

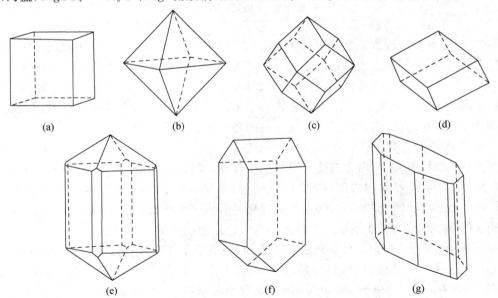

图 9.2.3 若干晶体的理想形态:(a) 氯化钠,(b) 明矾,
(c) 石榴子石,(d) 方解石,(e) 金红石,(f) 硫酸镁,(g) 硫酸铜

9.2.3 单形

单形是指一个晶体多面体中,全部的晶面彼此都能按对称性操作而重复的一组晶面的组合。在晶体理想形态的单形中,各个晶面不仅形状和大小等同,各个晶面的物理性质和晶面纹理等也是等同的。

根据晶体所属点群的对称性,可以从一个起始晶面通过点群的全部对称操作导出一个单形的全部晶面。起始晶面和对称元素相对位置不同,可导出不同的单形。一个点群的晶体可能有几种不同的单形。C_i-$\bar{1}$ 点群只有一种单形,称为平行双面,面数为 2,晶面指标为 (hkl)。C_{4h}-$4/m$ 可导出三种单形:垂直于 4 重轴的 (001) 面为平行双面,面数为 2;平行于 4 重轴的 (110) 面为四方柱,面数为 4;和对称轴斜交的一般形 (hkl) 面为四方锥,面数为 8。O_h-$m\bar{3}m$ 点群有 7 种单形,列于表 9.2.1 中。

表 9.2.1　O_h-$m\bar{3}m$ 点群的 7 种单形

单形名称	晶面数目	晶面指数	起始晶面和对称元素关系(括号中数字为图 9.2.5 中的编号)
六八面体	48	(hkl)	和 3 个晶轴相截均不相等(20)
三角三八面体	24	$(hhl)\,h>l$	处在 x,y 轴平分线,相截并等长,和 z 轴相交。8 个晶面相聚于晶轴(17)
四角三八面体	24	$(hhl)\,h<l$	处在 x,y 轴平分线,相截并等长,和 z 轴相交,4 个晶面相聚于晶轴(18)
八面体	8	(111)	和 3 重轴垂直,和 3 个轴相截并等长(16)
四六面体	24	$(hk0)$	和 z 轴平行,在 x,y 轴之间,相截不等长(27)
菱形十二面体	12	(110)	和 z 轴平行,在 x,y 轴平分线上(30)
立方体	6	(100)	和四重轴(x 轴)垂直(26)

将 32 种点群逐一进行分析可得晶体中全部可能单形,总数为 146 种。由于不同的点群可以具有相同的单形,例如立方晶系的 5 种点群都有立方体单形。当不考虑单形的对称性质,仅考虑其几何特征,如单形的几何形状、组成单形的晶面数目、晶面之间的几何关系等,而将不同点群的相同单形进行归并,可得 47 种晶体学单形。可以画出这些单形单独存在时晶面的形状、晶面与晶轴的关系等内容。单形可从不同的角度进行如下的分类:

1. 开放形和闭合形

所有晶体的外形,在几何上都是封闭的凸多面体。但就外形中的每一种单形而言,有的可以由一种单形的各个晶面构成闭合的凸多面体,如立方体、五角十二面体等。但是有的单形的全部晶面却无法形成闭合的凸多面体,如四方柱。若由一种单形本身的晶面即能围成闭合的凸多面体者,称为闭合形;凡是单形的晶面不能形成封闭空间的称为开放形。47 种单形中,有 17 种单形属于开放形,如图 9.2.4 所示。其余 30 种属于闭合形,如图 9.2.5 所示。

在低级晶系的 7 种单形中,有 5 种是开放形,闭合形只有 2 种,都只存在于正交晶系中。中级晶系可能存在 27 种单形,其中开放形和闭合形分别有 14 种和 13 种。高级晶系的 15 种单形全部都是闭合形。

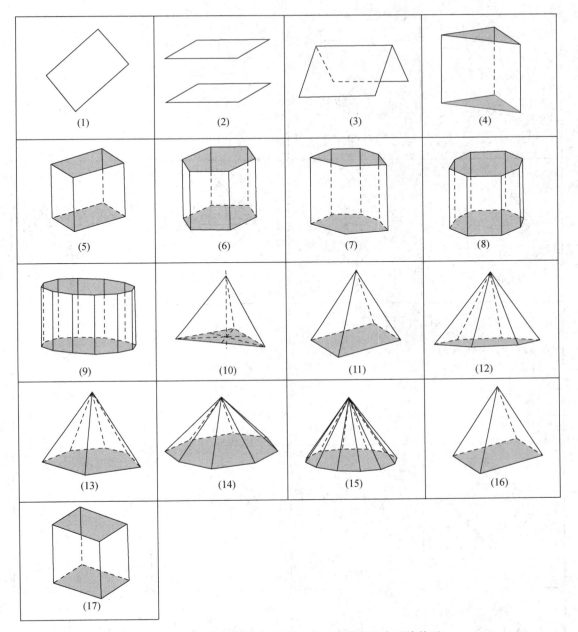

图 9.2.4　17 种开放形单形(图中带有阴影的面为开放的面)

(1) 单面 monohedron,　　(2) 平行双面 pinacoid,　　(3) 双面 dihedron,

(4) 三方柱 trigonal prism,　　(5) 四方柱 tetragonal prism,　　(6) 六方柱 hexagonal prism,

(7) 复三方柱 ditrigonal prism,　　(8) 复四方柱 ditetragonal prism,　　(9) 复六方柱 dihexagonal prism,

(10) 三方锥 trigonal pyramid,　　(11) 四方锥 tetragonal pyramid,　　(12) 六方锥 hexagonal pyrmid,

(13) 复三方锥 ditrigonal pyramid,　　(14) 复四方锥 ditetragonal pyramid,　　(15) 复六方锥 dihexagonal pyramid,

(16) 正交锥 orthorhombic pyramid,　　(17) 正交柱 orthorhombic prism

215

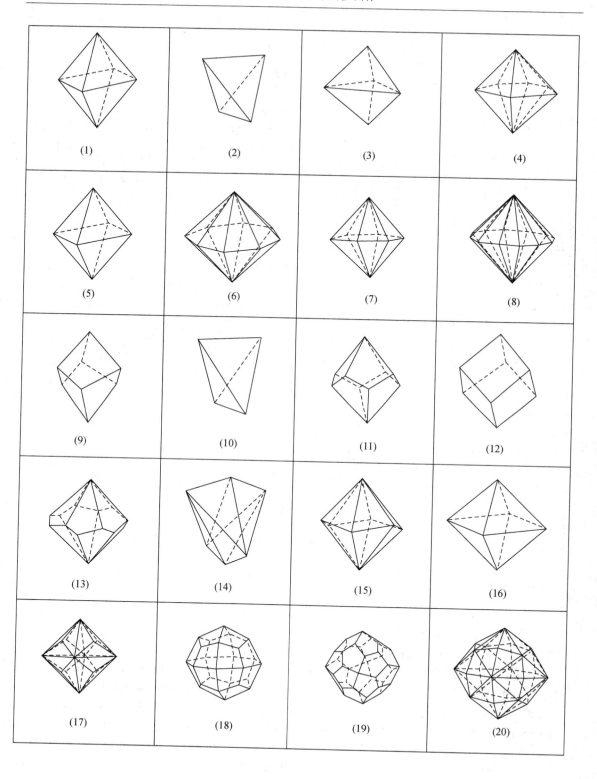

(1)　　　　　　(2)　　　　　　(3)　　　　　　(4)

(5)　　　　　　(6)　　　　　　(7)　　　　　　(8)

(9)　　　　　　(10)　　　　　　(11)　　　　　　(12)

(13)　　　　　　(14)　　　　　　(15)　　　　　　(16)

(17)　　　　　　(18)　　　　　　(19)　　　　　　(20)

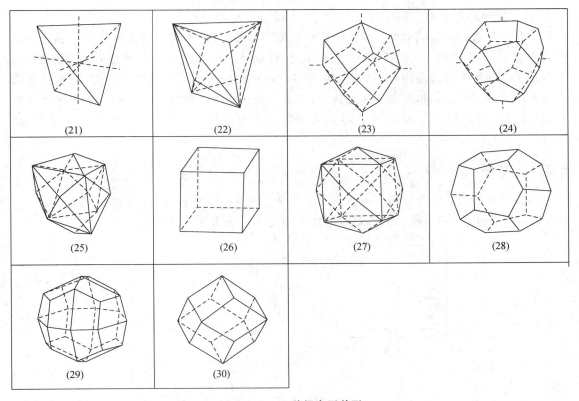

图 9.2.5　30 种闭合形单形

(1) 正交双锥 orthorhombic dipyramid,

(2) 正交四面体 orthorhombic tetrahedron,

(3) 三方双锥 trigonal dipyramid,

(4) 复三方双锥 ditrigonal dipyramid,

(5) 四方双锥 tetragonal dipyramid,

(6) 复四方双锥 ditetragonal dipyramid,

(7) 六方双锥 hexagonal dipyramid,

(8) 复六方双锥 dihexagonal dipyramid,

(9) 三方偏方面体 trigonal trapezohedron,

(10) 四方四面体 tetragonal tetrahedron,

(11) 四方偏方面体 tetragonal trapezohedron,

(12) 菱面体 rhombohedron,

(13) 六方偏方面体 hexagonal trapezohedron,

(14) 四方偏三角面体 tetragonal scalenohedron,

(15) 复三方偏三角面体 ditrigonal scalenohedron,

(16) 八面体 octahedron,

(17) 三角三八面体 trigontrioctahedron,

(18) 四角三八面体 tetragontrioctahedron,

(19) 五角三八面体 pentagontrioctahedron,

(20) 六八面体 hexaoctahedron,

(21) 四面体 tetrahedron,

(22) 三角三四面体 trigontritetrahedron,

(23) 四角三四面体 tetragontritetrahedron,

(24) 五角三四面体 pentagontritetrahedron,

(25) 六四面体 hexatetrahedron,

(26) 立方体(六面体)cube(hexahedron),

(27) 四六面体 tetrahexahedron,

(28) 五角十二面体 pentagondodecahedron,

(29) 偏方复十二面体 didodecahedron,

(30) 菱形十二面体 rhornbododecahedron

2. 一般形和特殊形

这是根据单形晶面和对称元素的相对位置来划分的。凡是晶面处于特殊位置,即晶面垂直或平行于任何对称元素,或者晶面和相同的对称元素以等同角度相交,这种单形称为特殊形。反之,若晶面处于一般位置,既不和任何对称元素垂直或平行,也不和相同的对称元素以等角相交,则这种单形称为一般形。一个点群中,只有一种一般形,它的晶面指标为(hkl)。

217

3.　固定形和可变形

一种单形若其晶面间的角度为恒定值者为固定形;不恒定而可变者为可变形。属于固定形者有单面、平行双面、三方柱、四方柱、六方柱、四面体、立方体、八面体和菱形十二面体等 9 种单形。这些单形的晶面指数全为固定的数字,如立方体(100),八面体(111)等,三斜晶系两个点群的两种单形晶面指数亦为固定数字,因为它们只有一重轴和一重反轴,空间各个方向都可选作晶轴,只要规定晶面和晶轴的关系即可。除此 9 种外,其余的单形均为可变形,如(hkl),(hk0),(hhl)等。

9.2.4　聚形

聚形是指一种晶体的外形是由两种或多种以上的单形聚合而成的多面体形态。图 9.2.6 示出由立方体单形(a)与菱形十二面体单形(b)聚合在一起形成一种聚形(c)。

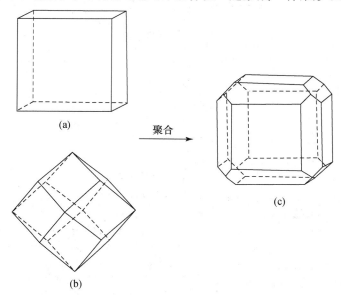

聚合 →

图 9.2.6　由立方体单形(a)与菱形十二面体单形(b)聚合而得的聚形(c)

图 9.2.4 所示的 17 种开放形单形,其本身不能构成封闭的凸多面体,它只有和其他单形聚合在一起,才能形成一定的封闭空间。对聚形而言,有多少种单形相聚,其多面体外形上就会出现多少种不同的晶面。由于单形是由对称元素联系起来的一组晶面,因此在聚形中,同一种单形晶面的大小和性质也完全相同,不同单形的晶面则性质各异。一个聚形上出现的单形种类是有限的,据分析至多只能有 7 种。但是出现单形的数目却没有限制,因为一个晶体多面体可由多个同种单形相聚,只是它们的空间方位不同而已。

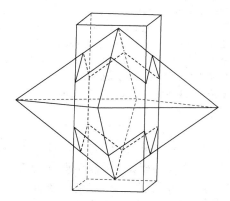

图 9.2.7　由四方柱单形及四方双锥单形组成的聚形示意图

单形的聚合不是任意的,必须是属于同一点群的单形方能相聚,即聚形的对称性必定归属于某个点群,因此聚形中的每种单形的对称性当然都与该聚形的对称性一致。

在聚形中,各单形的晶面数目及晶面的相对位置均没有改变,但由于各单形之间相互切割,致使晶面的形状和原来在单形中相比可能会有所变化。因此依据聚形中晶面的形状来判定组成该聚形的单形的名称是不可靠的。图 9.2.7 示出一个四方柱和四方双锥的聚形,其晶面的形状和单形中晶面的形状相比有着较大的差别。

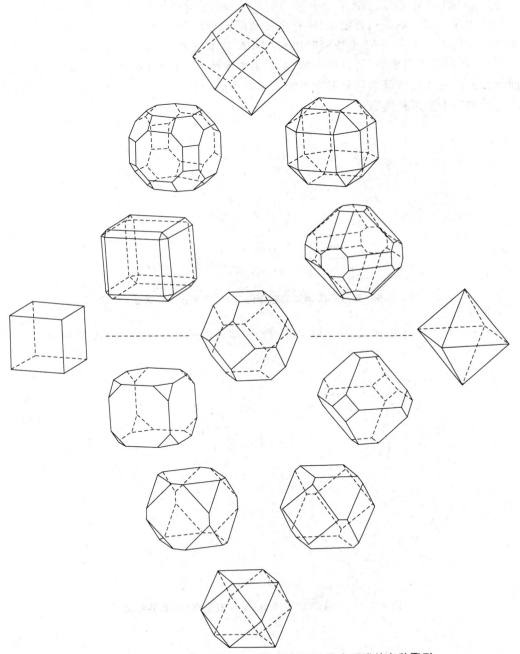

图 9.2.8 由立方体、八面体和菱形十二面体聚合而成的多种聚形
(虚线以下由八面体和立方体聚合而成;虚线以上由八面体、立方体和菱形十二面体聚合而成)

图 9.2.3(a)～(c)示出的三种晶体的理想外形,都具有 O_h 点群的对称性。从晶面指标看,图(a)的立方体由(100)晶面组成,图(b)的八面体由(111)晶面组成,图(c)的菱形十二面体由(110)晶面组成。它们分别为图 9.2.5 的 30 种闭合形单形的第 26 号、第 16 号和第 30 号单形。实际晶体外形中由这三种外形聚合而成的聚形多种多样,图 9.2.8 示出一些聚形的形状。

9.2.5　左手形和右手形多面体

晶体中只含对称轴而不含镜面、对称中心和反轴等对称元素的点群的晶体,在其单形和聚形中有可能出现左手形、右手形或同时出现两种对映体的多面体。

在 30 种封闭形单形中,斜方四面体、三方偏方面体、四方偏方面体、六方偏方面体、五角三四面体和五角三八面体等 6 种单形有可能出现左手形和右手形。图 9.2.9 示出五角三四面体的左手形和右手形两种形态。

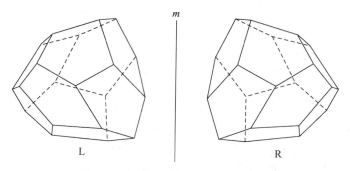

图 9.2.9　五角三四面体的左手形(L)和右手形(R)单形的形态

α-石英属 D_3-32 点群,在它的聚形中有两种对映体的外形,如图 9.2.10 所示。

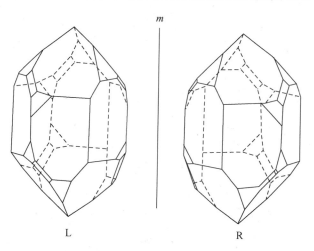

图 9.2.10　α-石英的左手形(L)和右手形(R)晶体形态

酒石酸(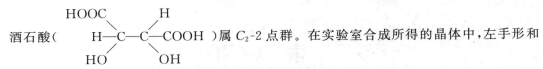)属 C_2-2 点群。在实验室合成所得的晶体中,左手形和右手形分子分别结晶成左手形和右手形多面体形态,如图 9.2.11 所示。1848 年,L. Pasteur(巴斯德)在显微镜下观察到存在两种互呈对映体的晶体外形,他仔细而勤奋地一粒一粒地将两种对映体外形分开,然后分别配成溶液测定这两种多面体外形晶体溶液的旋光度,他发现浓度相同的两种晶体溶液旋光度数虽然相同,但旋光方向相反,一个是左旋,另一个是右旋。他的这一工作第一次把一个外消旋的物质分离成旋光性质不同的两种物质,加深了对分子和晶体的结构和性质的了解,提高了对药物化学、材料化学和生物化学的认识水平。

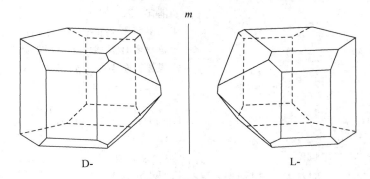

图 9.2.11   酒石酸的两种对映多面体

读者朋友们,祝你们努力学习先贤研究多面体的勤奋精神,激励自己,在工作中细心观察、动手实践、开拓创新,为人民做出更大贡献。

参 考 文 献

[1]　周公度,段连运. 结构化学基础(第 5 版)[M]. 北京:北京大学出版社,2018.

[2]　方奇,于文涛. 晶体学原理[M]. 北京:国防工业出版社,2002.

[3]　秦善,晶体学基础[M]. 北京:北京大学出版社,2004.

[4]　秦善,王长秋. 矿物学基础[M]. 北京:北京大学出版社,2006.

[5]　Rousseau J J. Basic Crystallography [M]. James A, translation to English. New York:Wiley,1998.

索　引